技工院校工学一体化课程教学资源
技工院校计算机网络应用专业工学一体化教材

小型网络安装与调试
工作页

主编　张　军

学习任务一
家庭网络安装与调试

中国劳动社会保障出版社

简介

本书为技工院校计算机网络应用专业“小型网络安装与调试”工学一体化课程的工作页，依据《计算机网络应用专业国家技能人才培养工学一体化课程标准》编写，供各地技工院校开展工学一体化教学使用。

本书主要包括家庭网络安装与调试、小型办公网络系统安装与调试、小型企业网络系统安装与调试、校园网络系统安装与调试四个学习任务，每个学习任务包含获取信息、制订计划、做出决策、实施计划、过程控制、评价反馈六个学习环节。

完成本书中学习任务所需的相关素材可通过技工教育网（https://jg.class.com.cn）下载并使用。

图书在版编目（CIP）数据

小型网络安装与调试工作页 / 张军主编．-- 北京：中国劳动社会保障出版社，2025．--（技工院校工学一体化课程教学资源）（技工院校计算机网络应用专业工学一体化教材）．-- ISBN 978-7-5167-7073-3

Ⅰ．TN915.05

中国国家版本馆 CIP 数据核字第 20256B9V56 号

小型网络安装与调试工作页

XIAOXING WANGLUO ANZHUANG YU TIAOSHI GONGZUOYE

中国劳动社会保障出版社出版发行

（北京市惠新东街 1 号　邮政编码：100029）

*

北京市艺辉印刷有限公司印刷装订　　新华书店经销

880 毫米 × 1230 毫米　16 开本　19.25 印张　431 千字

2025 年 8 月第 1 版　　2025 年 8 月第 1 次印刷

定价：50.00 元

营销中心电话：400-606-6496

出版社网址：https://www.class.com.cn

https://jg.class.com.cn

技工院校工学一体化课程教学资源

技工院校计算机网络应用专业工学一体化教材

开发院校

牵头院校： 北京市工贸技师学院

参与院校： 南京技师学院　苏州市电子信息技师学院

珠海市技师学院　淄博市技师学院

指导专家

张利芳　陈海娜　马　琳

本书编审人员

主　　编： 张　军

参　　编： 魏宝亮　孙　妍　李　永　韩　哲　许玲凤　张文库　王　俊

孙鲸鹏　张　洪　冯　彦　顾合英　史坤朋

主　　审： 邹伟民

指　　导： 张利芳

序

技工教育的本质是就业教育，其最显著的特征是职业性，其最好的培养模式就是“在工作中学习、在学习中工作”。培育大批高技能人才，既要适应新一轮科技革命和产业变革的需要，也要遵循技能人才成长发展规律，创新技能人才培养方式。推进工学一体化技能人才培养模式改革是推进校企融合、提质培优的重要途径，是技工院校服务制造业和实体经济发展的务实举措。

2009 年，人力资源社会保障部办公厅印发了《技工院校一体化课程教学改革试点工作方案》，分三批在部分技工院校试点开展工学一体化课程教学改革工作，到 2021 年已经覆盖 31 个专业 191 所部级试点院校。经过十多年的发展，理念得到认同、试点不断扩大、学生学习兴趣明显提高，取得了显著成效。2022 年 3 月，人力资源社会保障部印发了《推进技工院校工学一体化技能人才培养模式实施方案》，提出在全国技工院校大力推进工学一体化技能人才培养模式，实现百个专业、千所院校、万名教师的“百千万”工作目标，以促进技工院校人才培养模式变革、提升技能人才培养质量、带动形成技工院校改革创新新局面。

新一轮工学一体化课程教学改革开展聚焦“课程标准”“课程资源”“教师培养”三项重点工作，为持续推进技工院校工学一体化技能人才培养模式实施奠定了坚实基础。印发《〈国家技能人才培养工学一体化课程标准〉开发技术规程》，出版《工学一体化课程开发指导手册》，分三阶段指引完成 103 个专业国家技能人才培养工学一体化课程标准与课程设置方案开发；编制《工学一体化课程教学资源开发指

南》，开发第一批 14 个专业 37 门课程工学一体化课程教学资源；印发《技工院校工学一体化教师培训标准》，出版《工学一体化教师培训指导手册》，依托工学一体化教师培训基地培育师资队伍；印发《技工院校工学一体化课堂、课程、专业、院校建设标准》，出版《工学一体化课程教学实施指导手册》，指引 1 000 所技工院校对标开展工学一体化优质课堂、精品课程、示范专业、骨干院校的建设工作，实现以评促建的目标。

教材建设是教学改革成果固化的重要载体。本次工学一体化课程教学资源按照工作逻辑呈现实践、理论知识和素养，遵循工作过程六步法，从工作向“工作 + 学习”融合，通过引导问题层层递进，实现“输入—内化—输出—考核”的学习闭环，突出学生心智技能和思维的培养，强调学生个人成长的积累。近年来，通过指导专家、几百位试点院校的骨干教师以及编辑团队共同努力，产出了教学指导用书、工作页及答案、信息页及数字资源等形式的系列教材学材，以满足技工院校的教学使用需求。

本系列教材及配套资源的出版，不仅是对本轮技工院校工学一体化技能人才培养模式改革工作的阶段性总结，也是打通从课程标准到课堂实施最后一公里的全新尝试，意义深远。希望全国技工院校将推行工学一体化技能人才培养模式作为创新人才培养模式、提高人才培养质量的重要抓手，为加快培养具有良好工作思维与习惯、自主学习意识与能力、精湛专业技艺与技能的复合型技能人才作出新的更大贡献！

技工教育和职业培训教学指导委员会

2025 年 4 月

目录

学习任务一
家庭网络安装与调试

任务描述

任务情境

张先生居住在某小区一个面积为 100 m^2 的两居室内，全家共有 2 台台式计算机、1 台笔记本电脑、2 台平板电脑、3 部手机以及 1 台网络打印机。为实现智能化生活，同时兼顾高效办公需求，某工作日，张先生联系某信息科技有限公司，提出实现家庭内终端设备能通过有线、无线方式接入互联网，同时计算机间能实现文件共享及网络打印等功能的需求。

网络工程师从项目经理处接到上述任务后，按照任务单、《无线路由器安装指南》、《无线路由器用户手册》、《打印机安装操作手册》，根据公司业务流程与客户进行电话沟通并预约上门时间，准备工具和材料，到达客户家中进行现场勘察，与客户核对需求并确定方案，在客户居住地进行现场施工，工作内容包括网络设备的安装与配置、各类终端设备的网络接入配置，配置完成后对家庭网络进行测试，测试通过后，将家庭网络测试单、验收单等材料交付项目经理。

网络工程师在工作过程中应严格按照《基于以太网技术的局域网（LAN）系统验收测试方法》（GB/T 21671—2018）、《网络工程验收标准》（GB/T 51365—2019）、《综合布线系统工程设计规范》（GB 50311—2016）等国家标准和规范的要求实施任务，同时参阅《无线路由器安装指南》《无线路由器用户手册》《打印机安装操作手册》，严格执行行业企业安全守则、操作规范和 6S 管理规定等相关规定。

任务要求

1. 无线路由器的安装应符合以下要求。

（1）无线路由器安装在全屋中央、不遮挡无线信号的位置，线路连接正确，外观整齐、线束整理美观，不影响房间整体布局。

（2）无线路由器和台式计算机连接网线标签信息明确，便于将来的故障处理和网络升级。

2. 无线路由器的配置应符合以下要求。

（1）设置无线路由器管理账号和密码，准确填写网络运营商提供的参数，无线接入安全性高，不采用弱密码和身份代表性密码。

（2）无线终端设备能通过无线账号密码认证方式接入家庭网络。

（3）准确选择无线协议，保证无线网络性能。

3. 终端设备的网络接入配置应符合以下要求。

（1）台式计算机通过有线方式连接上网，能够访问家庭内其他台式计算机及笔记本电脑的共享文件。

（2）笔记本电脑通过无线方式连接上网，能够访问家庭内台式计算机的共享文件。

（3）手机、平板电脑等终端设备通过无线方式连接接入家庭网络，无线信号满足网速要求。

（4）网络打印机接入家庭网络，台式计算机及笔记本电脑能够通过网络进行文件打印。

任务资料

一、家庭户型图

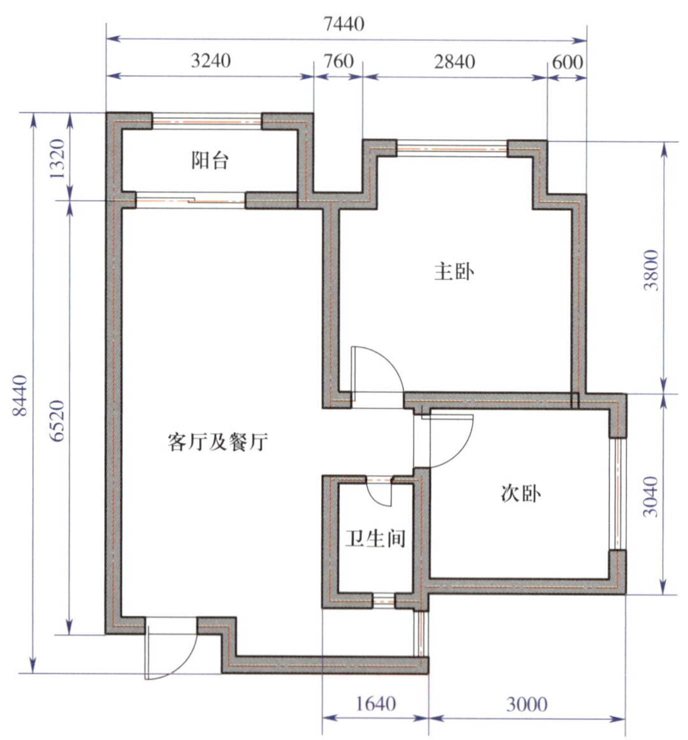

二、设备清单

序号	产品名称	数量	单位	备注
1	宽带 Modem（调制解调器）	1	台	
2	无线路由器	1	台	
3	非网管交换机	1	台	
4	台式计算机	2	台	
5	笔记本电脑	1	台	
6	平板电脑	2	台	
7	手机	3	部	
8	网络打印机	1	台	

三、任务单

<table>
<tr><td>编号</td><td>JT-0808-011</td><td>派工时间</td><td>2025 年 4 月 8 日</td></tr>
<tr><td>施工地点</td><td colspan="3">× × 省 × × 市 × × 区 × × 号 × × 小区 4 号楼 3 单元 302</td></tr>
<tr><td>派工人</td><td>李经理</td><td>工作人员</td><td>王 × ×</td></tr>
<tr><td>工时</td><td>4</td><td>任务交付时间</td><td>2025 年 4 月 8 日</td></tr>
<tr><td>工作内容</td><td colspan="3">张先生居住在某小区一个面积为 100 m² 的两居室内，全家共有 2 台台式计算机、1 台笔记本电脑、2 台平板电脑、3 部手机以及 1 台网络打印机，需要进行网络连接，实现智能化生活，同时兼顾高效办公需求
要求利用有线网络与无线网络技术，合理规划及安装合适的网络设备，实现以下功能：家庭内终端设备能通过有线、无线方式安全接入互联网，台式计算机与笔记本电脑能够实现文件共享及网络打印等</td></tr>
<tr><td>完成情况</td><td></td><td>工作人员签字</td><td></td></tr>
<tr><td>注意事项</td><td colspan="3">1. 遵守作业中的安全要求
2. 严格按照操作规程进行操作</td></tr>
<tr><td>备注</td><td colspan="3"></td></tr>
</table>

学习目标及学时

1. 能阅读任务单，准确提取交付时间、地点、内容等任务基本信息与网络使用需求关键信息，完成需求分析表。

2. 能进行实施现场勘察，选择组网方式与互联网接入方式，详细记录多媒体信息箱、网络信息点及终端设备信息，选定无线路由器安装位置，绘制布置草图。

3. 能依据终端设备信息与联网需求，编制 IP 地址规划表，依据任务资料与现场勘察情况，绘制详细准确的网络拓扑图。

4. 能参考消费级网络设备安装与配置的步骤与内容，编写安装与配置流程，领取工具、材料设备，并依据 IP 地址规划表等资料，编制网络安装与调试实施方案。

5. 能依据消费级网络设备安装与配置流程和拓扑图，安装消费级网络设备并加电自检，完成无线路由器的基础配置。

6. 能依据 IP 地址规划表，完成台式计算机、笔记本电脑、手机、平板电脑、网络打印机等设备的有线和无线网络连接配置，并在计算机中添加网络打印机。

7. 能依据业务需求与实施方案，进行网络测试并填写测试报告，整理文档并进行用户满意度调查，填写验收单。

8. 能展示 IP 地址规划表、网络拓扑图、消费级网络设备安装与配置流程，听取反馈意见并修改，提升实施方案质量。在教师指导下，梳理工作步骤，总结工作经验。

9. 在任务完成过程中，具备与人交流、解决问题、自我管理等通用职业能力，以及质量意识、成本意识、服务意识等职业素养。

20 学时

学习路径

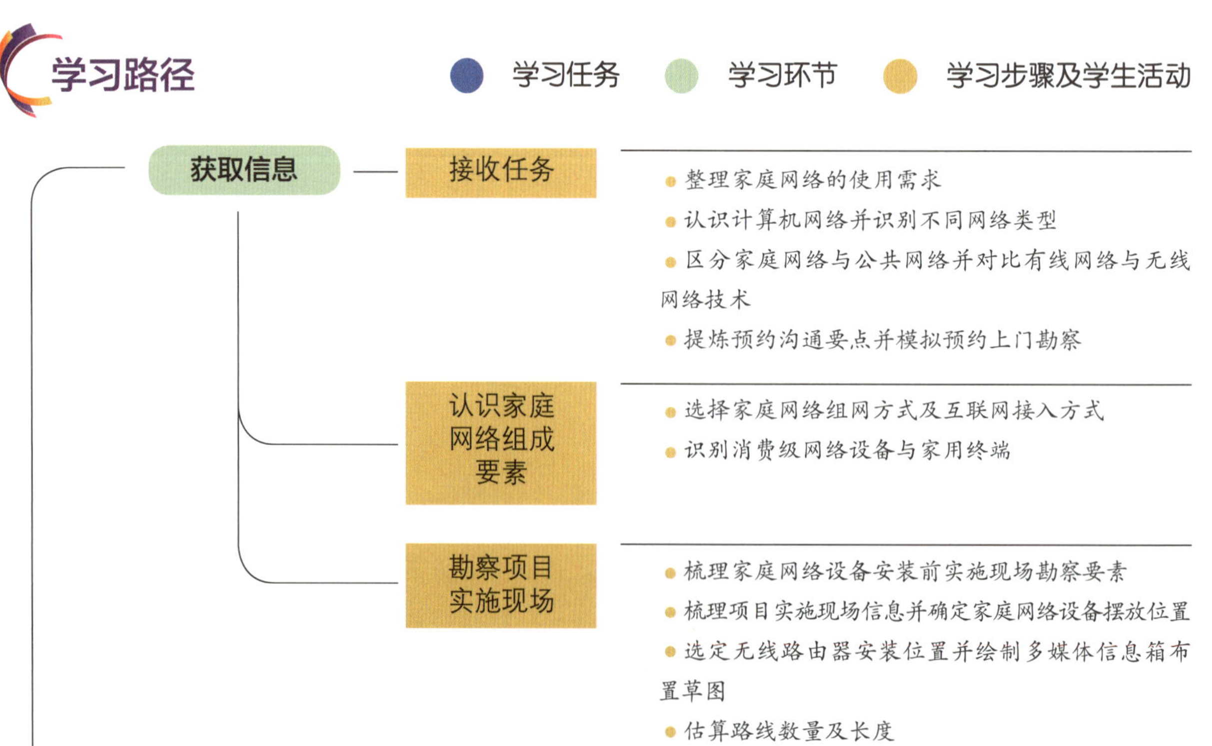

家庭网络安装与调试

制订计划

梳理家庭网络实施流程并制订工作计划

- 梳理家庭网络安装与调试实施流程
- 制订家庭网络安装与调试工作计划

认识 IP 地址

- 识记 IP 地址组成结构并识别不同 IP 地址类型
- 认识子网掩码并识别特殊 IP 地址
- 区分 IP 地址获取方式

编制家庭网络 IP 地址规划表

- 识读 IP 地址规划表
- 完成家庭网络 IP 地址规划表

绘制家庭网络拓扑图

- 识别常见网络拓扑结构并区分其优缺点
- 辨认拓扑图元素并梳理绘制拓扑图的基本步骤
- 完成家庭网络拓扑图

梳理消费级网络设备安装与配置流程

- 梳理消费级网络设备安装步骤与安装内容
- 梳理无线路由器的配置步骤与配置内容

准备工具、材料和设备

- 认识网络设备安装与调试工具
- 编制工具、材料和设备清单

编制家庭网络安装与调试实施方案

做出决策

汇报家庭网络安装与调试实施方案

- 提炼家庭网络安装与调试实施方案的汇报要点
- 完成家庭网络安装与调试实施方案的汇报展示并总结技巧

检查并修改家庭网络安装与调试实施方案

- 检查并修改家庭网络 IP 地址规划表
- 检查并修改家庭网络拓扑图
- 检查并修改消费级网络设备安装与配置流程

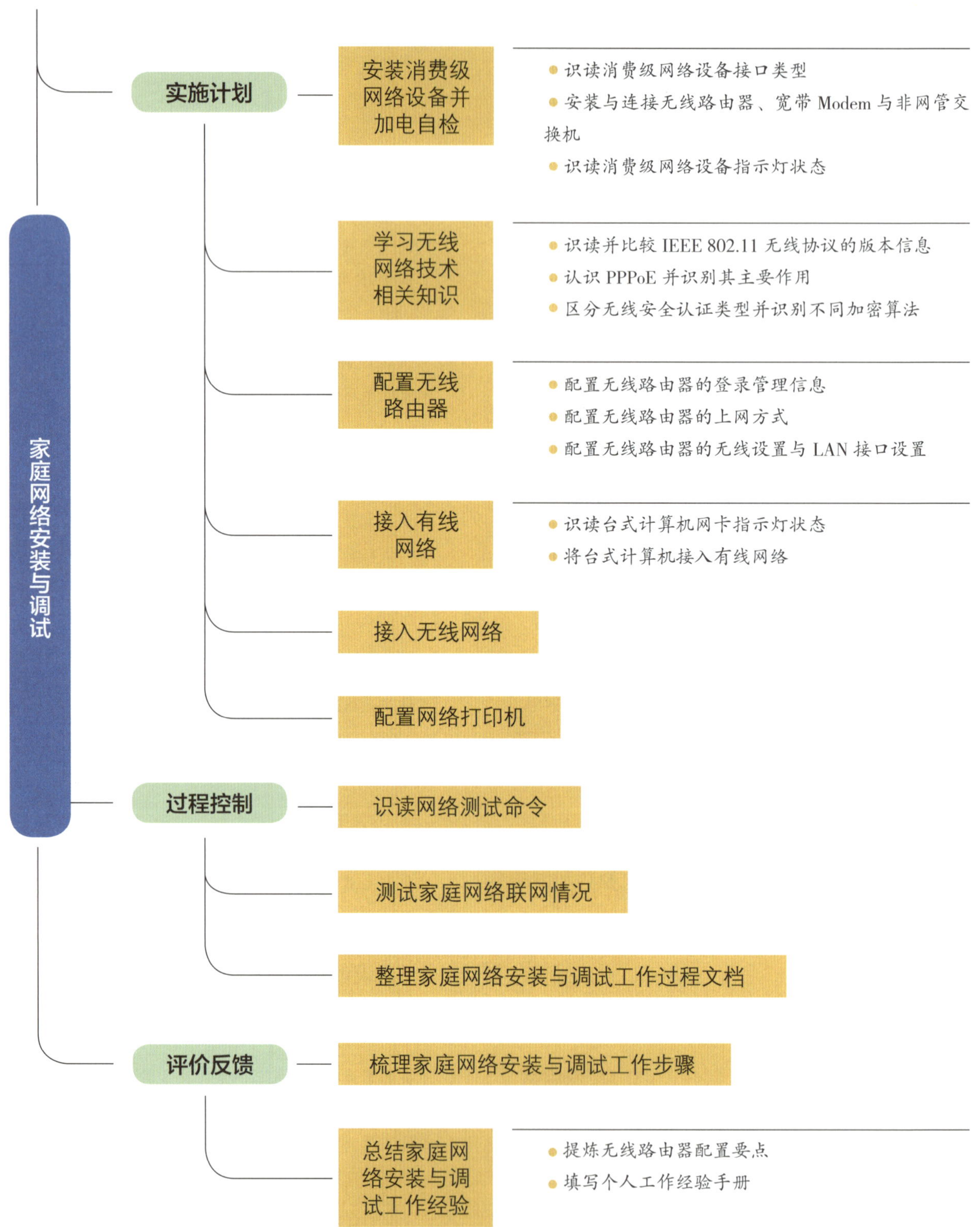
家庭网络安装与调试
实施计划
安装消费级网络设备并加电自检
识读消费级网络设备接口类型
安装与连接无线路由器、宽带 Modem 与非网管交换机
识读消费级网络设备指示灯状态
学习无线网络技术相关知识
识读并比较 IEEE 802.11 无线协议的版本信息
认识 PPPoE 并识别其主要作用
区分无线安全认证类型并识别不同加密算法
配置无线路由器
配置无线路由器的登录管理信息
配置无线路由器的上网方式
配置无线路由器的无线设置与 LAN 接口设置
接入有线网络
识读台式计算机网卡指示灯状态
将台式计算机接入有线网络
接入无线网络
配置网络打印机
过程控制
识读网络测试命令
测试家庭网络联网情况
整理家庭网络安装与调试工作过程文档
评价反馈
梳理家庭网络安装与调试工作步骤
总结家庭网络安装与调试工作经验
提炼无线路由器配置要点
填写个人工作经验手册

学习环节一 获取信息

学习目标

1. 能与小组成员共同阅读任务单，采用信息记录法与关键词提取法，提取任务交付时间、项目实施地点、家庭网络的使用需求、有线与无线连接技术等信息，填写家庭网络安装与调试任务需求分析表，具有与人交流的能力。

2. 能与小组成员合作进行实施现场勘察，选择合适的组网方式及互联网接入方式，梳理家庭网络安装调试实施现场勘察要素，收集多媒体信息箱、网络信息点及终端设备的位置信息，选定无线路由器安装位置，绘制多媒体信息箱布置草图。

建议学时

4 学时

学习要求

序号	学习步骤	学习内容	学时	备注
1	接收任务	1. 家庭网络安装与调试任务单信息的收集与整理（实践） 2. 计算机网络的基本概念（理论） 3. 计算机网络的分类（理论） 4. 家庭网络与公共网络的区别（理论） 5. 有线网络技术与无线网络技术的区别（理论） 6. 预约沟通的环节和要点（实践） 7. 与人交流的能力（素养）	1.5	
2	认识家庭网络组成要素	1. 家庭网络组网方式的选择（实践） 2. 家庭网络互联网接入方式（理论） 3. 消费级网络设备的功能及应用场景（理论） 4. 消费级网络设备及家用终端的识别（实践）	1	

续表

序号	学习步骤	学习内容	学时	备注
3	勘察项目实施现场	1. 家庭网络设备安装前环境勘察要素（理论） 2. 家庭网络设备摆放位置的查找（实践） 3. 无线路由器安装位置的选定（实践） 4. 多媒体信息箱的内部布局（理论） 5. 跳线数量及长度的估算（实践）	1.5	

一、接收任务

（一）整理家庭网络的使用需求

1. 查阅信息页中的任务单信息提取案例，阅读任务资料中的任务单，提取基本信息并在任务单中画出关键字。

2. 查阅信息页中的家庭网络典型使用需求，分析本学习任务，整理家庭网络的使用需求，填入表 1-1-1 中。

表 1-1-1　　家庭网络安装与调试任务需求分析

序号	分析项目	需求分析描述		
1	联网设备种类及数量	联网设备	数量	联网方式
				□有线　□无线
				□有线　□无线
				□有线　□无线
				□有线　□无线
				□有线　□无线
2	文件传输			
3	打印功能			
4	其他补充需求内容			

（二）认识计算机网络并识别不同网络类型

1. 查阅信息页中的计算机网络基础知识，认识计算机网络并复述其基本概念，体会其应用场景，区分其组成要素，完成以下问题。

（1）在某公司局域网中，员工可以通过计算机网络访问服务器中的技术文档，这主要体现了计算机网络的（　　）特点。【单选题】

A. 资源共享　　B. 分布处理　　C. 数据通信　　D. 提高系统可靠性

（2）计算机网络由（　　）组成。【多选题】

A. 计算机系统　　B. 通信链路与通信设备

C. 网络协议　　D. 网络软件

2. 查阅信息页中计算机网络分类的相关内容，比较并区分不同的计算机网络类型，填入表 1-1-2 中。

表 1-1-2 计算机网络类型

序号	描述	网络类型	英文简称	覆盖距离
1	覆盖较小地理区域，通常用于连接位于同一建筑物或位置相对较近的设备			
2	覆盖较大地理区域，通常覆盖整个城市或主要城区			
3	覆盖更大的地理区域，通常连接不同城市、地区、国家甚至大洲的设备			
4	通过无线信号进行通信，广泛应用于各个领域			

（三）区分家庭网络与公共网络并对比有线网络与无线网络技术

1. 查阅信息页中关于家庭网络应用场景的描述，说明家庭网络的基本概念，完成以下问题。

（1）家庭网络是针对家庭环境的上网需求而设计的，主要用于家庭成员之间的________和________，同时可以满足对________的访问需求。

（2）家庭网络通过________和________技术，实现家庭成员在家中任何地点都能连接到网络的使用需求。

2. 查阅信息页中家庭网络与公共网络区别的相关内容，对比家庭网络与公共网络的使用范围、使用者等信息，填入表 1-1-3 中。

表 1-1-3 家庭网络与公共网络的区别

序号	项目	家庭网络	公共网络
1	使用范围		
2	使用者		
3	设备性能要求		
4	接入方式		

3. 查阅信息页中有线网络与无线网络技术区别的相关内容，对比有线网络与无线网络技术的优势和劣势，填入表 1-1-4 中。

表 1-1-4 有线网络与无线网络技术的区别

序号	项目	有线网络技术	无线网络技术
1	终端接入		
2	稳定性		
3	维护成本		
4	灵活性		

（四）提炼预约沟通要点并模拟预约上门勘察

1. 查阅信息页中的预约沟通案例，梳理沟通环节，提炼预约沟通要点，对预约沟通环节进行排序，并将各环节与对应的预约沟通要点用线连接起来。

序号	预约沟通环节
（ ）	确认勘察相关信息
（ ）	协商并确定勘察时间
（ ）	询问客户需求与了解现场情况
（ ）	自我介绍与确认对方身份
（ ）	确认勘察安排并结束通话

预约沟通要点

- 工程师姓名与所属公司
- 确认接电话者是否为客户本人
- 想要实现的家庭网络功能
- 现有网络设备和布局
- 是否有特殊的网络要求或已知的问题
- 客户方便的上门时间
- 工程师可用的时间
- 双方达成一致的勘察日期和时间
- 勘察地点的具体地址
- 现场的安全指南或特殊进入指令
- 客户的联系方式（以便在需要时沟通）
- 重复确认勘察日期、时间和地点

2. 查阅信息页中的预约沟通案例，模拟预约上门勘察，记录在上门安装服务前需要沟通的内容，并参考表 1-1-5 中的话术将对话补充完整。

表 1-1-5 沟通内容及话术

角色	沟通内容
工程师	您好，我是 ×× 公司的工作人员，请问您是 ×× 先生 / 女士吗?
客户	我是 ××。
工程师	
客户	4 月 20 日周六上午吧。
工程师	
客户	已经有网络布线了。

续表

角色	沟通内容
工程师	
客户	没有特殊要求，就是需要家用计算机、平板电脑和手机能够联网。
工程师	
客户	有2台台式计算机、1台笔记本电脑、2台平板电脑、3部手机，还有一台网络打印机。
工程师	
客户	无线网络和有线网络都要有，计算机之间能实现文件共享，台式计算机和笔记本电脑都能通过网络使用网络打印机。
工程师	
客户	好的，希望您能按时到来。
话术示例	
A. 家庭网络在使用过程中主要有哪些应用？ B. 非常感谢您的配合。那我们就预定在本周六上午进行安装。届时请您留意我们的到来，再次感谢您的选择和信任，期待为您服务。 C. 您家有几台计算机？还有哪些与网络相关的设备？ D. 是否有特殊的网络设备需求或家中是否有需要特别注意的事项，如宠物、小孩、易碎物品等？ E. 为了不影响您的日常生活，我们想确认一个您方便的时间段，请问什么时候对您来说比较合适呢？我们可以根据您的时间来安排上门勘察。 F. 请问目前室内布网线了吗？	

3. 回顾预约上门勘察的过程，体会与人交流能力的重要性，完成以下问题。

（1）以下关于网络工程师与客户交流中行为的表述，不妥当的是（　　）。【单选题】

A. 清晰明确地解释技术术语和概念

B. 频繁打断客户，强行推销自己的解决方案

C. 认真倾听客户的需求和反馈

D. 及时回复客户的邮件和电话

（2）作为网络工程师，对于提升交流能力的重要性，下列选项中最符合你观点的选项是（　　）。【单选题】

A. 非常重要，有助于更好地与团队成员、客户和管理层沟通，提高工作效率和客户满意度

B. 较为重要，虽然技术能力是关键，但良好的交流能力也是必不可少的

C. 一般重要，只要技术能力过硬，交流能力不是最关键的

D. 不太重要，技术能力才是最重要的，交流能力可以稍逊一筹

二、认识家庭网络组成要素

（一）选择家庭网络组网方式及互联网接入方式

1. 查阅信息页中家庭网络组网方式的相关内容，区分不同组网方式的应用场景和优缺点，并选择本学习任务的组网方式，填入表 1–1–6 中。

表 1–1–6 家庭组网方式对比和选择

序号	组网方式	应用场景	优点	缺点	是否适合本任务实施
1	单臂路由组网				□是 □否
2	AC+AP 组网				□是 □否
3	Mesh 组网				□是 □否
4	电力线组网				□是 □否
5	无线桥接组网				□是 □否
6	FTTR 组网				□是 □否

2. 查阅信息页中的家庭网络互联网接入方式，辨别不同互联网接入方式的特点，并选择本学习任务的互联网接入方式，填入表 1–1–7 中。

表 1–1–7 互联网接入方式及其特点

序号	互联网接入方式	特点	是否适合本任务实施
1	光纤宽带		□是 □否
2	5G 网络		□是 □否
3	广电网络		□是 □否

（二）识别消费级网络设备与家用终端

1. 查阅信息页中对消费级网络设备的介绍，识别消费级网络设备的功能与应用场景，将正确的功能描述、应用场景描述的字母填入表 1–1–8 中。

表 1-1-8　　消费级网络设备的功能与应用场景

<table>
<tr><th>序号</th><th>设备名称</th><th>功能</th><th>应用场景</th><th>功能描述</th><th>应用场景描述</th></tr>
<tr><td>1</td><td>宽带 Modem</td><td></td><td></td><td rowspan="3">A. 一种不具备网络管理功能的交换机，主要为用户提供基本的网络连接和数据转发服务
B. 用于用户上网，是带有无线网络功能的路由器。它可以将家中的宽带网络信号通过天线转发给附近的无线网络设备（如笔记本电脑、手机、平板电脑等）
C. 一种将数字信号转换为模拟信号，或将模拟信号转换为数字信号的设备</td><td rowspan="3">A. 通常用于将家庭或企业中的光纤或电缆信号转换为数字信号，以便与路由器等设备进行通信
B. 通常用于小型企业或家庭网络环境，能够满足基本的网络通信需求
C. 在家庭和企业网络中广泛应用，方便用户在没有线缆连接的情况下接入网络</td></tr>
<tr><td>2</td><td>无线路由器</td><td></td><td></td></tr>
<tr><td>3</td><td>非网管交换机</td><td></td><td></td></tr>
</table>

2. 查阅信息页中的家用终端介绍，识别其外观并与消费级网络设备进行区分，完成以下问题。

（1）以下关于不同终端设备连接方式的说法中，错误的有（　　）。【多选题】

A. 台式计算机因为位置相对固定，有线连接会比无线连接更加稳定，所以在家庭中一般优先选择有线连接

B. 因为便携性和安全性等原因，笔记本电脑应优选有线连接

C. 手机因为小巧、方便携带，一般使用无线连接，家庭用户通常也没有通过转接线进行有线连接上网的需求

D. 平板电脑的无线连接与其他设备的无线连接没有区别，且内容与手机无线连接部分相同

E. 为保证房间美观，网络摄像头一般选用无线连接，且可以安装在房屋相对中心的位置以便监控到家庭中绝大部分房间

F. 网络打印机虽然可以通过无线连接进行网络打印，但有线传输在任何情况下都优于无线传输

（2）判断表 1-1-9 中图示设备的类型、名称及是否在本任务中使用，填写在表中。

表 1-1-9　　家庭网络设备信息

序号	设备图片	设备类型	设备名称	是否在本任务中使用
1		□消费级网络设备 □家用终端		□是　□否

续表

序号	设备图片	设备类型	设备名称	是否在本任务中使用
2		□消费级网络设备 □家用终端		□是　□否
3		□消费级网络设备 □家用终端		□是　□否
4		□消费级网络设备 □家用终端		□是　□否
5		□消费级网络设备 □家用终端		□是　□否
6		□消费级网络设备 □家用终端		□是　□否
7		□消费级网络设备 □家用终端		□是　□否

三、勘察项目实施现场

（一）梳理家庭网络设备安装前实施现场勘察要素

查阅信息页中的项目实施现场勘察单，梳理家庭网络设备安装前实施现场勘察要素，在表 1–1–10 中勾选。

表 1-1-10　　勾选家庭网络实施现场勘察要素

□多媒体信息箱位置	□网络信息点位置	□环境温、湿度
□大功率用电需求	□家庭布局	□跳线长度
□终端设备位置	□网络设备安装位置	□地板承重能力
□用户上网需求	□终端设备数量	□墙壁与障碍物

（二）梳理项目实施现场信息并确定家庭网络设备摆放位置

1. 查阅信息页中的家庭网络设备摆放位置描述，梳理项目实施现场信息，确定并分别用●与▲在图 1-1-1 中标注出多媒体信息箱与网络信息点的位置。

2. 查阅信息页中的家庭网络设备摆放位置描述，梳理项目实施现场信息，确定并分别用■与◆在图 1-1-1 中标注出网络打印机与台式计算机的位置。

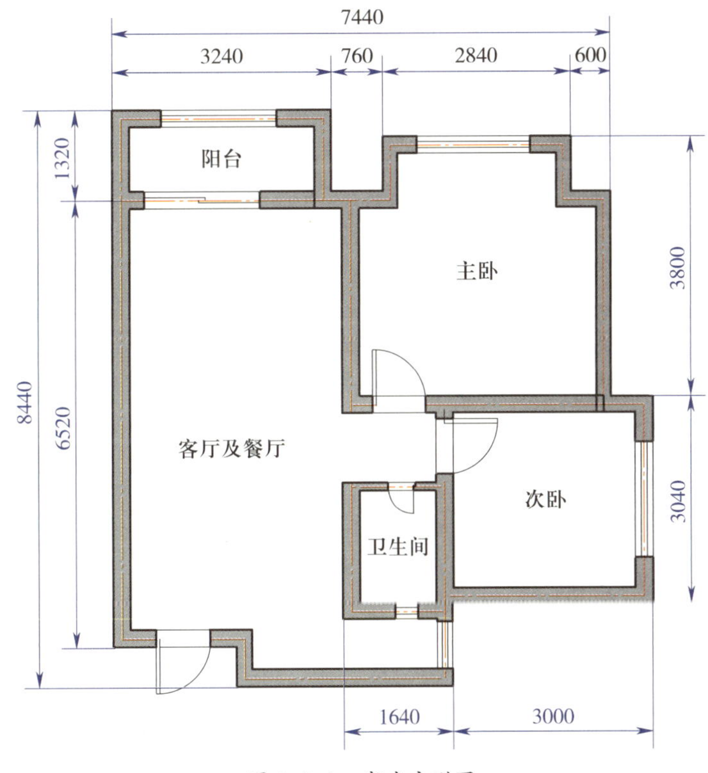

图 1-1-1　家庭户型图

（三）选定无线路由器安装位置并绘制多媒体信息箱布置草图

1. 查阅信息页中的无线路由器安装案例与安装位置注意事项，查看家庭户型图并选定无线路由器安装位置，在图 1-1-1 中用★标注出无线路由器的安装位置。

2. 查阅信息页中的多媒体信息箱布局图例，绘制多媒体信息箱布置草图。

多媒体信息箱布置草图：

（四）估算跳线数量及长度

1. 根据多媒体信息箱、网络信息点、网络打印机、台式计算机的摆放位置与无线路由器的安装位置，估算跳线数量及长度，填入表 1-1-11 中。

表 1-1-11　　家庭网络安装与调试现场勘察信息记录表

甲方		施工位置			施工小组	
小组负责人		勘察日期			勘察次数	第　次
多媒体信息箱位置						
网络信息点位置						
组网方式						
互联网接入方式						

终端设备信息	摆放位置	跳线根数 / 根	跳线长度
无线路由器			
非网管交换机			

续表

宽带 Modem			
台式计算机			
网络打印机			
是否符合施工要求	□是 □否	说明	

2. 根据表 1-1-12 所列“家庭网络安装与调试现场勘察信息记录表”考核项目评分表对本环节进行评价。

表 1-1-12 “家庭网络安装与调试现场勘察信息记录表”考核项目评分表

考核项目：家庭网络安装与调试现场勘察信息记录表 组别：

评价项目	评分细则	自评（占比 10%）	互评（占比 20%）	师评（占比 70%）	总分
1. 多媒体信息箱位置与网络信息点位置	多媒体信息箱位置与网络信息点位置，共计 4 分。位置描述准确、合理，符合安全与布线规范计 4 分；位置基本合理但存在小瑕疵计 3 分；位置不合理或未准确描述计 2 分或 1 分；位置不合理且描述不正确计 0 分				
2. 组网方式与互联网接入方式	组网方式与互联网接入方式，共计 4 分。组网方式适合家庭网络布局，接入方式正确，各占 2 分。错一处扣 2 分，不倒扣				
3. 终端设备信息	终端设备信息，共计 10 分。各终端设备摆放位置合理，跳线根数、长度记录准确，错一处或遗漏一处扣 1 分，不倒扣				
4. 是否符合施工要求判断	是否符合施工要求判断，共计 2 分。判断正确且理由合理、充分计 2 分；判断正确但理由不够合理、充分计 1 分；判断错误计 0 分				
考核项目得分					

学习环节二 制订计划

学习目标

1. 能采用小组合作的方式，依据家庭网络安装与调试工作流程，梳理工作步骤与工作内容，制订工作计划。

2. 能采用小组合作的方式，依据终端设备的数量、类型、位置等信息，对比有线联网与无线联网需求，编制家庭网络 IP 地址规划表。

3. 能采用小组合作的方式，依据家庭户型图、设备清单等资料，绘制家庭网络拓扑图，确保网络拓扑图绘制详细、网络结构准确，图中的网络设备名称标注准确、联网方式连线正确、有线与无线终端设备区分清晰。

4. 能采用小组合作的方式，参考消费级网络设备安装与配置的步骤与内容，梳理消费级网络设备安装与配置流程，确保配置流程齐全、步骤完整、内容正确。

5. 能采用小组合作的方式，编制工具、材料和设备清单，领取相应数量和种类的工具、材料、设备，确保材料无浪费，具有成本意识。

6. 能采用小组合作的方式，依据 IP 地址规划表、网络拓扑图等资料，编制家庭网络安装与调试实施方案。

建议学时

6 学时

学习要求

序号	学习步骤	学习内容	学时	备注
1	梳理家庭网络实施流程并制订工作计划	1. 家庭网络安装与调试实施流程的梳理（实践） 2. 家庭网络安装与调试工作计划的制订（实践）	1	

续表

序号	学习步骤	学习内容	学时	备注
2	认识 IP 地址	1. IP 地址的基本概念（理论） 2. IP 地址的分类（理论） 3. 子网掩码的应用（实践） 4. 特殊 IP 地址的分类（理论） 5. IP 地址的获取方式（理论）	1	
3	编制家庭网络 IP 地址规划表	1. IP 地址规划表的识读（实践） 2. 家庭网络 IP 地址的规划（实践） 3. 家庭网络 IP 地址规划表的编制（实践）	1	
4	绘制家庭网络拓扑图	1. 网络拓扑结构的类型及优缺点（理论） 2. 拓扑图元素的辨认（实践） 3. 绘制网络拓扑图的基本步骤（理论） 4. 家庭网络拓扑结构的选定（实践） 5. 家庭网络拓扑图的绘制（实践）	1	
5	梳理消费级网络设备安装与配置流程	1. 消费级网络设备安装步骤与安装内容的梳理（实践） 2. 无线路由器配置步骤与配置内容的梳理（实践）	1	
6	准备工具、材料和设备	1. 网络设备安装与调试工具的种类和用途（理论） 2. 家庭网络设备安装与调试工具的选择（实践） 3. 组网材料的选择（实践） 4. 成本意识（素养）	0.5	
7	编制家庭网络安装与调试实施方案	家庭网络安装与调试实施方案的组成要素（理论）	0.5	

一、梳理家庭网络实施流程并制订工作计划

（一）梳理家庭网络安装与调试实施流程

查阅信息页中家庭网络安装与调试实施流程的相关内容，梳理工作步骤与工作内容，填入表 1–2–1 中。

表 1–2–1　　　　家庭网络安装与调试实施流程

序号	工作步骤	工作内容
1		
2		
3		

续表

序号	工作步骤	工作内容
4		
5		
6		
7		
8		
9		
10		
11		

（二）制订家庭网络安装与调试工作计划

依据梳理出的实施流程，预测完成工作的时间节点，制订工作计划，确定小组分工，填入表 1–2–2 中。

表 1–2–2　　家庭网络安装与调试工作计划

序号	工作内容	计划完成时间	姓名
1	填写任务分析表	接单后第 1 天	李 ××
2			
3			
4			
5			
6			
7			
8			
9			

续表

序号	工作内容	计划完成时间	姓名
10			
11			

二、认识 IP 地址

（一）识记 IP 地址组成结构并识别不同 IP 地址类型

1. 查阅信息页中的 IP 地址基础知识，识记 IP 地址组成结构，明确 IP 地址的作用，完成以下问题。

（1）IP 地址由________位二进制数组成，通常表示为________个十进制数，每个数在________~________之间，用点号分隔，如 192.168.1.1。

（2）IP 地址的作用是____。

2. 查阅信息页中 IP 地址分类的相关内容，识别不同 IP 地址类型，完成以下问题。

（1）每个 IP 地址由两部分组成，分别为________和________。同一个网络上所有主机的________相同，________不同。

（2）IP 地址根据________位数和________位数的不同分为 5 种类型：A 类地址、B 类地址、C 类地址、D 类地址和 E 类地址。

（3）哪几类 IP 地址是基本类？哪几类 IP 地址作为多播和保留使用？

基本类：________________________________

多播和保留使用：________________________________

（4）IP 地址对每类地址的前几位都有规定，如对 A 类地址，规定网络号为 8 位，最前面的一位数值为“0”，在图 1-2-1 中补充各类型 IP 地址前几位的数值。

0	网络号（7b）	主机号（24b）	A类地址
||	网络号（14b）	主机号（16b）	B类地址
|||	网络号（21b）	主机号（8b）	C类地址
||||			D类地址
|||||			E类地址

图 1-2-1　各类型 IP 地址

（5）将 A、B、C 三类 IP 地址的相关信息填入表 1-2-3 中。

表 1-2-3　　A、B、C 三类 IP 地址的相关信息

IP 地址类型	最大网络数	第一个可用的网络号	最后一个可用的网络号	每个网络中的最大主机数	私网 IP 地址段
A 类					
B 类					
C 类					

（二）认识子网掩码并识别特殊 IP 地址

1. 查阅信息页中子网掩码的相关内容，认识子网掩码的作用，复述按照 IP 地址分配规则，利用子网掩码识别 IP 地址的网络号和主机号的方法，完成以下问题。

（1）子网掩码的主要作用是____。

（2）利用子网掩码识别 IP 地址中的网络号是通过将 IP 地址和子网掩码转换为________，并进行按位与运算来实现的。子网掩码中，1 在 IP 地址中对应的部分代表________，0 对应的部分代表________。

2. 查阅信息页中对特殊 IP 地址的介绍，识别特殊 IP 地址的类型和用途，填入表 1-2-4 中。

表 1-2-4　　特殊 IP 地址的类型和用途

序号	网络号	主机号	IP 地址类型和用途
1	Any	全 0	
2	Any	全 1	
3	127	Any	
4	全 0		
5	全 1		全网广播地址，代表所有节点

（三）区分 IP 地址获取方式

1. 查阅信息页中 IP 地址获取方式的相关内容，区分 IP 地址动态获取和静态获取的优缺点与应用场景，填入表 1-2-5 中，并完成以下问题。

表 1-2-5 IP 地址获取方式对比

序号	获取方式	优点	缺点	应用场景
1	动态获取			
2	静态获取			

（1）以下设备配置 IP 地址时，通常采用动态 IP 地址获取方式的是（　　）。【单选题】

A. 银行的数据中心服务器

B. 学校的网络打印服务器

C. 小区居民家中的智能电视（通过家庭网络连接）

D. 政府机关的内部办公系统服务器

（2）在一个咖啡馆提供的免费无线网络中，为了方便管理顾客设备的网络访问，应该为每一个接入的设备分配静态 IP 地址。（　　）【判断题】

2. 查阅信息页中 IP 地址获取方式的相关内容，梳理 IP 地址动态获取和静态获取的一般步骤，完成以下问题。

（1）在 Windows 操作系统中，通常在“____________________”属性中设置 IP 地址获取方式。

（2）自动获取 IP 地址是通过 DHCP（中文名称为________________）实现的。

（3）在配置静态 IP 地址和动态 IP 地址时，均应打开设备的网络设置中的网络协议属性窗口。对于静态获取方式，需要选择“使用下面的 IP 地址”并输入相关信息；对于动态获取方式，需要选择“自动获得 IP 地址”。(　　)【判断题】

三、编制家庭网络 IP 地址规划表

（一）识读 IP 地址规划表

查阅信息页中 IP 地址规划表的基础知识，识读 IP 地址规划表样例中的条目信息，完成以下问题。

（1）从 IP 地址规划表样例可知，所有计算机 IP 地址都属于________类地址。

（2）从 IP 地址规划表样例可知，所有计算机都采用了 IP 地址________获取方式。

（二）完成家庭网络 IP 地址规划表

1. 查阅信息页中的家庭网络 IP 地址规划案例，区分家庭网络设备有线与无线联网需求，规划家庭网络 IP 地址，完成以下问题并填入表 1-2-6 中。

（1）在家庭网络 IP 地址规划案例中，智能手机的 IP 地址为 192.168.1.8。(　　)【判断题】

（2）在某家庭网络中，若台式计算机的 IP 地址为 192.168.2.30，子网掩码为 255.255.255.0，其网关地址通常为____________。

表 1-2-6　　家庭网络 IP 地址规划

序号	地理位置	设备	IP 地址	网关地址	子网掩码	备注
1	客厅	无线路由器	192.168.1.1	—	255.255.255.0	□手动配置 □自动获取
2						□手动配置 □自动获取
3						□手动配置 □自动获取
4						□手动配置 □自动获取
5						□手动配置 □自动获取
6						□手动配置 □自动获取
7						□手动配置 □自动获取
8						□手动配置 □自动获取
9						□手动配置 □自动获取
10						□手动配置 □自动获取

2. 根据表 1–2–7 所列“家庭网络 IP 地址规划表编制”考核项目评分表对本环节进行评价。

表 1–2–7 “家庭网络 IP 地址规划表编制”考核项目评分表

考核项目：家庭网络 IP 地址规划表编制 组别：

评价项目	评分细则	互评（占比 30%）	师评（占比 70%）	总分
1. 家庭网络 IP 地址规划表各组成要素信息	家庭网络 IP 地址规划表的地理位置、设备名称、IP 地址、网关地址、子网掩码、获取方式等信息准确、完整，共计 12 分。其中，地理位置描述清晰占 2 分；设备名称正确占 2 分；IP 地址准确占 2 分；网关地址无遗漏占 2 分；子网掩码匹配占 2 分；获取方式准确占 2 分；错一处或遗漏一处扣 1 分，不倒扣			
2. 家庭网络 IP 地址规划表的规范性	家庭网络 IP 地址规划表的单元格与字体匹配、协调，共计 3 分。字号过大或过小，扣 1.5 分；单元格内文字不能完整显示，扣 1.5 分			
考核项目得分				

四、绘制家庭网络拓扑图

（一）识别常见网络拓扑结构并区分其优缺点

1. 查阅信息页中网络拓扑结构的相关内容，识别常见网络拓扑结构，辨认网络拓扑图的类型，填入表 1–2–8 中。

表 1–2–8 网络拓扑结构类型

简易拓扑图	网络拓扑结构类型名称	简易拓扑图	网络拓扑结构类型名称
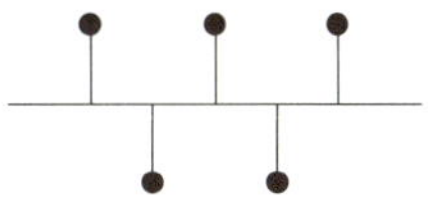			
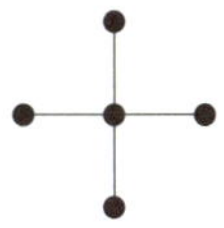		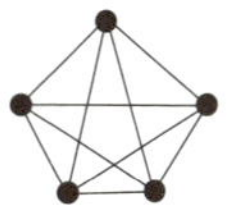	
		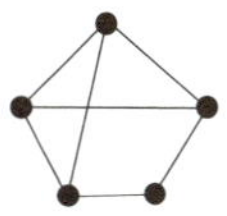	

2. 查阅信息页中网络拓扑结构的相关内容，依据常见网络拓扑结构图例，将图 1–2–2 中的空格补充完整。

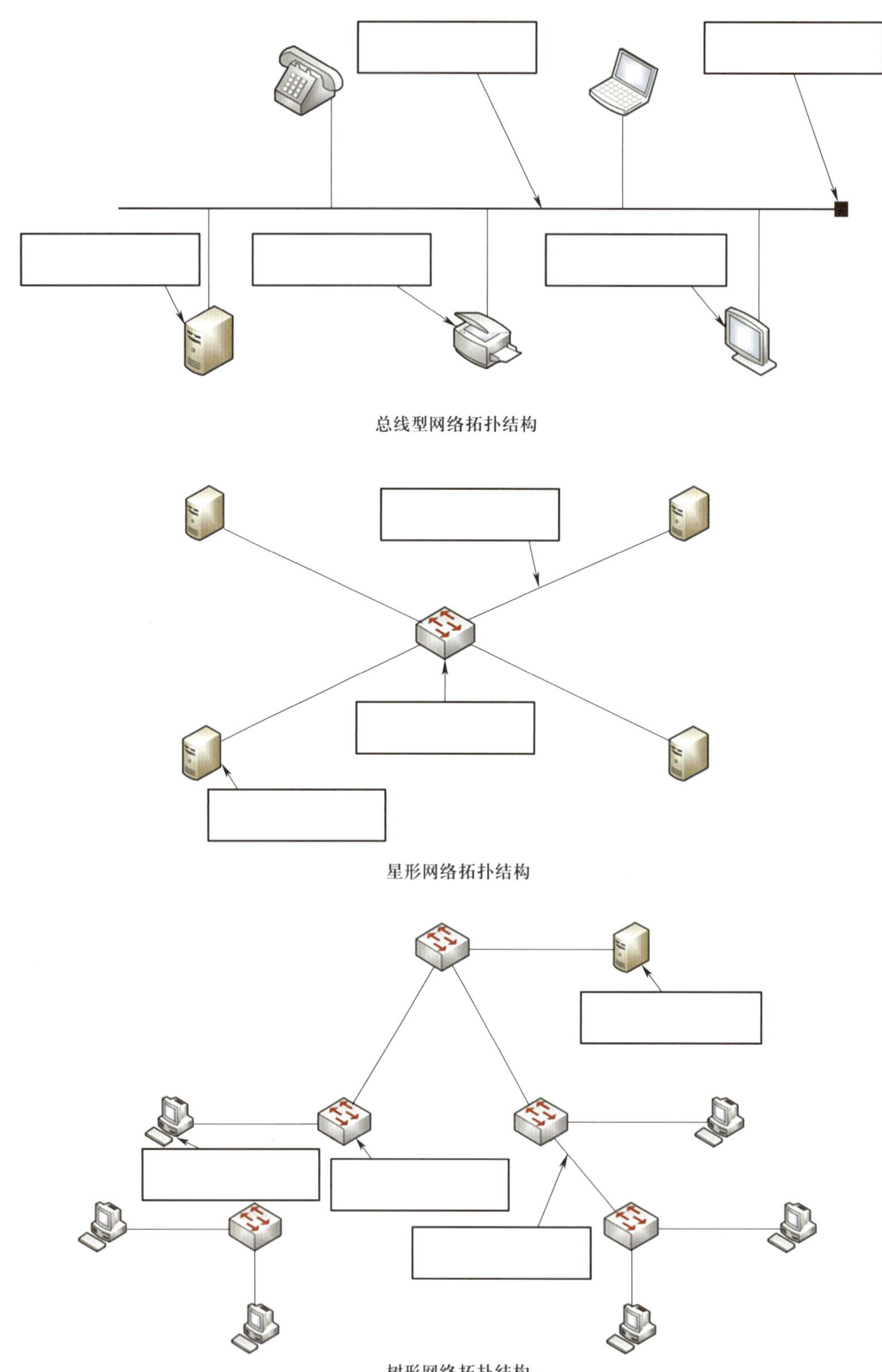
总线型网络拓扑结构

星形网络拓扑结构

树形网络拓扑结构

图 1–2–2　网络拓扑结构图

3. 查阅信息页中网络拓扑结构的相关知识，比较并区分各类型网络拓扑结构的优缺点，填入表 1–2–9 中。

表 1-2-9　　网络拓扑结构对比分析

序号	网络拓扑结构类型名称	优点	缺点
1	总线型网络拓扑结构		
2	星形网络拓扑结构		
3	树形网络拓扑结构		
4	环形网络拓扑结构		

（二）辨认拓扑图元素并梳理绘制拓扑图的基本步骤

1. 查阅信息页中的网络拓扑图元素表，辨认网络拓扑图元素，将网络拓扑图元素与对应的网络设备名称用线连接起来。

网络拓扑图元素	网络设备名称
	路由器
	交换机
	终端设备

2. 查阅信息页中的网络拓扑图绘制步骤与规范，梳理绘制网络拓扑图的基本步骤，填入表 1-2-10 中。

表 1-2-10　绘制网络拓扑图的基本步骤

序号	步骤	具体工作
1	明确网络设备和连接	列出网络中所需的设备，如路由器、交换机、服务器、客户端等，并确定设备之间的连接方式，包括有线连接和无线连接
2		
3		
4		
5		
6		

（三）完成家庭网络拓扑图

根据家庭户型图、多媒体信息箱布置草图，选定家庭网络拓扑结构，选择合适的网络拓扑图元素，绘制家庭网络拓扑图（可采用计算机绘图，打印后粘贴于此处）。

家庭网络拓扑图：

五、梳理消费级网络设备安装与配置流程

（一）梳理消费级网络设备安装步骤与安装内容

查阅信息页中的《消费级网络设备安装手册》内容节选，对照家庭户型图，明确网络设备安装位置并梳理消费级网络设备的安装步骤与安装内容，填入表 1-2-11 中。

表 1-2-11 消费级网络设备的安装步骤与安装内容

序号	安装步骤	安装内容	安装位置
1	安装宽带 Modem 并与无线路由器连接		
2			
3			

（二）梳理无线路由器的配置步骤与配置内容

1. 查阅信息页中的《无线路由器配置手册》内容节选，梳理无线路由器的配置步骤与配置内容，在表 1-2-12 中填写配置流程并选择正确的配置内容，将字母填入空格中。

表 1-2-12 无线路由器的配置步骤与配置内容

配置流程	步骤	配置内容	配置内容选项
	1		A. 设置其他参数：根据需要设置信道、传输功率等参数，提高网络稳定性和传输速度 B. 设置无线网络名称：在无线网络设置中设置 SSID（服务集标识，即无线网络名称） C. 连接路由器：通过网线将计算机与路由器连接起来，打开浏览器并输入路由器登录地址（如 192.168.0.1）
	2		
	3		

续表

配置流程	步骤	配置内容	配置内容选项
	4		D. 登录路由器：在打开的登录页面输入用户名和密码
	5		E. 设置安全模式：选择适合的安全模式并设置密码
	6		F. 保存设置：完成设置后，单击“保存”按钮使配置生效
	7		G. 检查更新：在管理界面中找到“系统设置”选项，单击“检查更新”并按照提示进行操作，以确保路由器固件是最新的

2. 根据表 1-2-13 所列“消费级网络设备安装与配置流程”考核项目评分表对本环节进行评价。

表 1-2-13　“消费级网络设备安装与配置流程”考核项目评分表

考核项目：消费级网络设备安装与配置流程　组别：

评价项目	评分细则	自评（占比 10%）	互评（占比 20%）	师评（占比 70%）	总分
1. 消费级网络设备安装流程	消费级网络设备安装流程齐全、安装步骤完整、安装内容正确，共计 6 分。错一处或遗漏一处扣 1 分，不倒扣				
2. 无线路由器配置流程	无线路由器配置流程齐全、配置步骤完整、配置内容正确，共计 6 分。错一处或遗漏一处扣 1 分，不倒扣				
3. 消费级网络设备安装与配置流程的书写	书写情况共计 3 分。书写工整、美观计 3 分；书写较为工整计 2 分；书写较乱，基本能识别计 1 分；半数内容难以识别计 0.5 分；书写混乱，无法识别计 0 分				
考核项目得分					

六、准备工具、材料和设备

（一）认识网络设备安装与调试工具

查阅信息页中工具材料的相关内容，辨识工具外观，区分不同工具的种类与用途，写出图示工具的名称并将其与相应用途连线。

工具图片	工具名称	工具的用途
	(　　　)	● 用于剥除网线外皮，是制作接头时的重要工具
	(　　　)	● 用于压接水晶头和为网线剪线剥皮
	(　　　)	● 用于测试线缆连通性和线路识别，能够检测线缆是否八芯全通，确保线路质量
	(　　　)	● 用于制作网线接头，通常每个接口需要两个水晶头（一端一个）
	(　　　)	● 用于确保设备安装稳固，避免因设备松动而导致的性能下降或故障
	(　　　)	● 用于将路由器、计算机、电视、游戏机等网络设备连接起来，实现数据的快速传输和共享

（二）编制工具、材料和设备清单

1. 选择并领取家庭网络安装与调试的工具、材料和设备，填入表 1–2–14 中。

表 1–2–14　　家庭网络安装与调试的工具、材料和设备清单

序号	名称	类别	数量及单位	备注
1				
2				
3				

续表

序号	名称	类别	数量及单位	备注
4				
5				
6				
7				

2. 回忆在领取工具、材料和设备的过程中，是否已注意避免浪费行为。以下能体现成本意识的行为有（　　）。【多选题】

A. 不查看现有材料的库存量，大量领取水晶头，以免不够用

B. 在领取网线时，为用户选择价廉物美的网线

C. 在工具箱中发现许多零散的螺钉旋具，拣选各类螺钉旋具组成一套后再领取

D. 在领取测线器后发现测线器未装电池不能使用，重新领取 1 个新的测线器

七、编制家庭网络安装与调试实施方案

查阅信息页中家庭网络安装与调试实施方案的主要内容，依据 IP 地址规划表、家庭网络拓扑图等资料，编制家庭网络安装与调试实施方案（可采用计算机编制，打印后粘贴于此处）。

家庭网络安装与调试实施方案

学习环节三 做出决策

学习目标

能采用小组汇报的方式，展示并介绍家庭网络 IP 地址规划表、拓扑图、消费级网络设备安装与配置流程，并根据反馈意见对实施方案进行修改，具有质量意识。

建议学时

2 学时

学习要求

序号	学习步骤	学习内容	学时	备注
1	汇报家庭网络安装与调试实施方案	1. 家庭网络 IP 地址规划表的汇报要点（理论） 2. 家庭网络拓扑图的汇报要点（理论） 3. 消费级网络设备安装与配置流程的汇报要点（理论） 4. 汇报展示技巧（理论）	1	
2	检查并修改家庭网络安装与调试实施方案	1. 家庭网络 IP 地址规划表正确性与规范性的识别（实践） 2. 家庭网络拓扑图的核对（实践） 3. 消费级网络设备安装与配置流程正确性的识别（实践）	1	

一、汇报家庭网络安装与调试实施方案

（一）提炼家庭网络安装与调试实施方案的汇报要点

各小组总结家庭网络安装与调试实施方案的汇报内容，提炼家庭网络安装与调试实施方案的汇报要点，填入表 1–3–1 中。

表 1-3-1 家庭网络安装与调试实施方案的汇报要点

序号	IP 地址规划表	网络拓扑图	消费级网络设备安装与配置流程
1			
2			
3			
4			

（二）完成家庭网络安装与调试实施方案的汇报展示并总结技巧

各小组对家庭网络安装与调试实施方案进行汇报，认真听取反馈意见，总结汇报展示技巧，填入表 1-3-2 中。

表 1-3-2 家庭网络安装与调试实施方案的汇报展示技巧

序号	IP 地址规划表	网络拓扑图	消费级网络设备安装与配置流程
1			
2			
3			
4			

二、检查并修改家庭网络安装与调试实施方案

（一）检查并修改家庭网络 IP 地址规划表

查阅信息页家庭网络安装与调试实施方案中的 IP 地址规划表，对照检查并判断其正确性和规范性，提出修改意见并修改 IP 地址规划表，填入表 1-3-3 中。

表 1-3-3 家庭网络 IP 地址规划表修订

序号	检查人	问题描述	修改意见
1	王 ××	在规划家庭无线终端设备的 IP 地址时，手机的 IP 地址分配方式为“手动配置”	将手机的 IP 地址分配方式修改为“自动获取”
2			
3			
4			

（二）检查并修改家庭网络拓扑图

1. 查阅信息页家庭网络安装与调试实施方案中的拓扑图，对照检查并识别正确性和规范性，提出修改意见并修改拓扑图，填入表 1-3-4 中。

表 1-3-4 家庭网络拓扑图修订

家庭网络拓扑图（修改版）
（可在计算机中修改，打印后粘贴于此处）

续表

家庭网络拓扑图绘制要点						
网络拓扑结构	网络设备间连线：□规范有规律 □混乱无规律 网络层次结构：□清晰 □模糊					
设备	类型	家用无线路由器	宽带 Modem	交换机	计算机	无线设备
	数量					
备注						

2. 根据表 1–3–5 所列“家庭网络拓扑图修改”考核项目评分表对本环节进行评价。

表 1–3–5 “家庭网络拓扑图修改”考核项目评分表

考核项目：家庭网络拓扑图修改 组别：

评价项目	评分细则	互评（占比 30%）	师评（占比 70%）	总分
1. 对照家庭网络拓扑图记录修改要点	对照家庭网络拓扑图记录修改要点，共计 5 分。其中，图标大小符合要求占 1 分；标识位置符合要求占 1 分；信息点元素符合要求占 1 分；外围元素符合要求占 1 分；网络技术标注符合要求占 1 分，错一处或遗漏一处扣 1 分			
2. 家庭网络拓扑图绘制标准	家庭网络拓扑图绘制标准（图标大小合适、标示位置明确、信息点元素齐全、外围元素合理），共计 10 分。图标大小合适占 2 分；标识位置明确占 2 分；信息点元素齐全占 2 分；外围元素合理占 2 分；网络技术标注清晰占 2 分，错一处扣 1 分，不倒扣			
考核项目得分				

（三）检查并修改消费级网络设备安装与配置流程

查阅信息页家庭网络安装与调试实施方案中网络部署的相关内容，对照检查并识别正确性和规范性，提出修改意见并修改安装与配置流程，填入表 1–3–6 中。

表 1-3-6 消费级网络设备安装与配置流程修订

序号	检查人	问题描述	修改意见
1	李 ××	无线路由器认证及加密在完成无线路由器 LAN 接口的配置之前进行	无线路由器认证及加密在完成无线路由器 LAN 接口的配置之后进行
2			
3			
4			

学习环节四 实施计划

学习目标

1. 能采用小组合作的方式，依据消费级网络设备安装与配置流程，对照家庭网络拓扑图，安装并连接宽带 Modem、无线路由器与非网管交换机，确保各设备之间连接规范，设备能正常运行。

2. 能采用小组合作的方式，依据消费级网络设备安装与配置流程，对照家庭网络拓扑图，完成无线路由器的登录管理信息、上网方式、无线与 LAN 口设置等基础配置，确保无线路由器正常工作，具有客户隐私保护意识。

3. 能采用独立工作的方式，根据 IP 地址规划表，完成台式计算机的接入有线网络配置，笔记本电脑、手机、平板电脑等设备的接入无线网络配置，确保终端设备联网并实现文件共享。

4. 能采用独立工作的方式，依据安装添加网络打印机的流程，完成网络打印机的联网接入操作，确保台式计算机及笔记本电脑能够通过网络进行文件打印。

建议学时

4 学时

学习要求

序号	学习步骤	学习内容	学时	备注
1	安装消费级网络设备并加电自检	1. 消费级网络设备的接口类型（理论） 2. 消费级网络设备的安装与连接（实践） 3. 消费级网络设备指示灯状态的含义（理论） 4. 消费级网络设备指示灯状态的识读（实践）	1	
2	学习无线网络技术相关知识	1. IEEE 802.11 系列无线协议标准（理论） 2. PPPoE 的基本概念、原理及主要作用（理论） 3. 无线安全认证及加密（理论） 4. 客户隐私保护意识（素养）	0.5	

续表

序号	学习步骤	学习内容	学时	备注
3	配置无线路由器	1. 无线路由器登录管理信息的配置（实践） 2. 无线路由器的上网方式（理论） 3. 无线路由器的无线设置与 LAN 接口设置的配置（实践）	1	
4	接入有线网络	1. 台式计算机网卡指示灯状态的含义（理论） 2. 台式计算机网卡指示灯状态的识读（实践） 3. 台式计算机静态 IP 地址的配置步骤（理论）	0.5	
5	接入无线网络	家用终端接入无线网络的操作步骤（实践）	0.5	
6	配置网络打印机	1. 网络打印机的安装步骤与安装内容（理论） 2. 网络打印机的添加（实践）	0.5	

一、安装消费级网络设备并加电自检

（一）识读消费级网络设备接口类型

1. 查阅信息页中消费级网络设备接口的相关内容，识读消费级网络设备的接口类型，在图 1-4-1 中填写相应接口的名称。

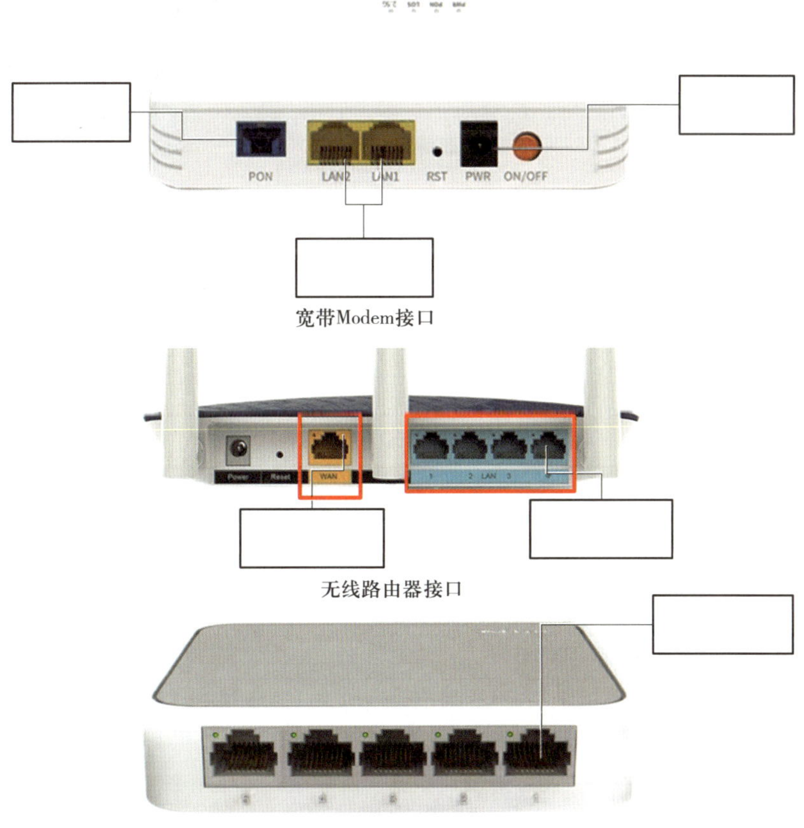

图 1-4-1 消费级网络设备接口

2. 查阅信息页中消费级网络设备接口的相关内容，区分无线路由器接口，写出 WAN 接口和 LAN 接口的用途。

（1）WAN 接口：____

____。

（2）LAN 接口：____

____。

（二）安装与连接无线路由器、宽带 Modem 与非网管交换机

查阅信息页实施方案中的消费级网络设备安装与配置流程，对照家庭网络拓扑图，明确设备连接端口，将相应的端口用线连接起来，并完成设备间的安装与连接操作。

（三）识读消费级网络设备指示灯状态

查阅信息页中消费级网络设备指示灯的相关内容，识读消费级网络设备指示灯状态的含义，辨认消费级网络设备运行状态，填入表 1-4-1 中。

表 1-4-1　　消费级网络设备指示灯信息说明

<table>
<tr><th>设备名称</th><th>指示灯名称</th><th>状态</th><th>含义</th></tr>
<tr><td rowspan="7">宽带
Modem</td><td>Power（电源）灯</td><td>保持绿色或蓝色常亮状态</td><td>________</td></tr>
<tr><td>PON（光网络）灯</td><td>保持绿色或蓝色常亮状态</td><td>________</td></tr>
<tr><td>LAN（局域网）灯</td><td>____________________</td><td>数据传输</td></tr>
<tr><td>LOS（光信号丢失）灯</td><td>灯亮起（通常是红色）</td><td>________</td></tr>
<tr><td>Phone/Voice（电话 / 语音）灯</td><td>快闪</td><td>________</td></tr>
<tr><td rowspan="2">Internet（互联网）灯</td><td>____________________</td><td>正常运行</td></tr>
<tr><td>不亮或间歇性、持续性闪烁</td><td>________</td></tr>
</table>

续表

设备名称	指示灯名称	状态	含义
无线路由器	Power（电源）灯	________	正常运行
	SYS（系统）灯	持续亮起或按一定频率闪烁	________
	WAN（广域网）灯	________	正常运行
		熄灭或闪烁	________
	LAN（局域网）灯	持续亮起	________
		________	无法连接
	Wi-Fi（无线网络）灯	持续亮起	________
		熄灭或闪烁	________
非网管交换机	Power（电源）灯	________	正常运行
	Speed（速度）灯	绿色常亮	________
		________	数据传输
	Link/Act（连接/活动）灯	绿色常亮	________
		________	数据传输

二、学习无线网络技术相关知识

（一）识读并比较 IEEE 802.11 无线协议的版本信息

1. 查阅信息页中 IEEE 802.11 无线协议标准的相关内容，识读并比较 IEEE 802.11 无线协议的版本信息，填入表 1-4-2 中。

表 1-4-2 IEEE 802.11 无线协议版本信息

序号	IEEE 802.11 无线协议版本	发布日期	频段	带宽	最大吞吐量
1	802.11-1997				
2	802.11b				
3	802.11a				
4	802.11g				
5	802.11n（Wi-Fi 4）				
6	802.11ac（Wi-Fi 5）				
7	802.11ax（Wi-Fi 6）				
8	802.11ax（Wi-Fi 6E）				
9	802.11be（Wi-Fi 7）				

2. 查看无线路由器背面的铭牌确定其型号，登录官方网站查询对应的无线协议版本并记录。

（1）无线路由器型号：________________________________。

（2）协议版本：________________________________。

（二）认识 PPPoE 并识别其主要作用

查阅信息页中 PPPoE 的相关内容，认识 PPPoE 并复述其基本概念与工作原理，识别 PPPoE 的主要作用，完成以下问题。

（1）PPPoE（Point-to-Point Protocol Over Ethernet），中文称为__________协议，是将__________封装在__________框架中的一种________协议。由于协议中集成了 PPP，所以能实现传统以太网不能提供的________、________以及________等功能。

（2）梳理 PPPoE 会话建立过程，将正确描述的字母填入表 1-4-3 中。

表 1-4-3　PPPoE 会话建立过程

序号	阶段	建立过程	描述
1	发现阶段		A. 包含两部分：PPP 协商阶段和 PPP 报文传输阶段
2	会话阶段		B. 会话建立以后的任意时刻，发送报文介绍 PPPoE 会话
3	会话总结阶段		C. 获取对方以太网地址，以及确定唯一的 PPPoE 会话

（3）解读 PPPoE 五类报文含义，将正确描述的字母填入表 1-4-4 中。

表 1-4-4　PPPoE 五类报文

序号	报文类型	报文含义	描述
1	PADI		A. PPPoE 发现请求报文
2	PADO		B. PPPoE 发现提供报文
3	PADR		C. PPPoE 发现终止报文
4	PADS		D. PPPoE 发现初始报文
5	PADT		E. PPPoE 发现会话确认报文

（三）区分无线安全认证类型并识别不同加密算法

1. 查阅信息页中无线安全认证及加密的相关内容，区分不同无线安全认证类型，识别不同的加密算法，填入表 1-4-5 中。

表 1-4-5 无线安全认证及加密对比

序号	Wi-Fi 安全协议	密钥管理方法	加密长度	使用的协议
1	WEP			
2	WPA			
3	WPA2			
4	WPA3			

2. 在配置密码的过程中，需要注意保护用户隐私，学习相关知识，完成以下问题。

（1）在配置密码保护用户隐私时，以下做法中不推荐的是（　　）。【单选题】

A. 要求密码包含大小写字母、数字和特殊字符的组合，以增强密码复杂度

B. 允许用户使用与其个人信息（如生日、电话号码等）直接相关的密码

C. 鼓励用户为每个重要账户设置唯一的密码，避免重复使用

D. 使用安全的密码管理工具或加密方法来存储密码，避免明文存储

（2）关于客户隐私保护，（　　）行为体现了网络工程师的职业素养。【单选题】

A. 在未获得客户明确同意的情况下，将客户的网络配置信息（包括密码）分享给第三方进行故障排除

B. 在安装过程中，详细记录客户的个人信息和网络使用习惯，以便后续推销相关产品和服务

C. 始终遵守隐私保护原则，仅在客户明确授权的情况下访问和处理客户的网络和个人信息，并确保这些信息的安全

D. 安装完毕，将客户的网络密码以明文形式保存在个人笔记或电子设备中，以备不时之需

三、配置无线路由器

（一）配置无线路由器的登录管理信息

1. 查阅信息页实施方案中的消费级网络设备安装与配置流程，选择连接方式，登录无线路由器管理界面，配置其登录管理信息，完成以下问题。

（1）登录无线路由器管理界面时需要使用其 IP 地址等基本信息。根据本学习任务的无线路由器铭牌，示例如图 1-4-2 所示，记录登录所需的信息。

产品名称：Wi-Fi 6 千兆双频路由器	管理地址：http://zte.home
产品型号：ZXHNE2631	或：http://192.168.5.1
电源：12V===1A	CMIIT ID=2022AP2077
Wi-Fi 名称：ZTE-A6Hd7F	Wi-Fi 密码：hsue9765
用户名称：admin	用户密码：admin

图 1-4-2　无线路由器铭牌示例

无线路由器型号：____________________。登录地址：____________________。

用户名（如有）：____________________。密码（如有）：____________________。

（2）将在计算机上登录无线路由器 Web 管理界面的过程叙述补充完整。

1）将计算机与无线路由器的________________接口通过网线连接。

2）在计算机上打开网络浏览器，在地址栏输入________________。

3）在登录窗口中输入（或设置）管理员用户名________和密码________。

2. 将通过手机无线方式登录无线路由器 Web 管理界面步骤的叙述补充完整。

（1）使用手机连接路由器 Wi-Fi，Wi-Fi 名称（SSID）可在路由器背部铭牌中查看。

Wi-Fi 名称（SSID）：__________________。

（2）打开手机浏览器，自动跳转到或手动登录管理界面，修改并记录管理员密码。

管理员密码：__________________。

（二）配置无线路由器的上网方式

查阅信息页中无线路由器上网方式的相关内容，对比无线路由器不同上网方式，填入表 1-4-6 中，选择本学习任务无线路由器的上网方式并完成配置。

表 1-4-6　无线路由器上网方式对比

序号	上网方式	区别
1	PPPoE	
2	动态 IP 地址	
3	静态 IP 地址	
本学习任务选择____________上网方式并完成配置		

（三）配置无线路由器的无线设置与 LAN 接口设置

1. 查阅信息页中 2.4 GHz 与 5 GHz 无线网络技术的相关内容，比较其优缺点，填入表 1–4–7 中。

表 1–4–7 2.4 GHz 和 5 GHz 无线网络技术优缺点对比

序号	频段	优点	缺点
1	2.4 GHz		
2	5 GHz		

2. 进入路由器管理界面，找到无线设置界面，分别设置 2.4 GHz 和 5 GHz 无线网络的名称和密码，填入表 1–4–8 中。

表 1–4–8 2.4 GHz 和 5 GHz 的无线设置信息

序号	频段	名称	密码
1	2.4 GHz		
2	5 GHz		

3. 查阅信息页实施方案中的 IP 地址规划表，进入路由器管理界面，修改 LAN 口的 IP 地址，完成以下问题。

（1）进入路由器管理界面，找到________设置界面，LAN 口 IP 地址分配选择________，设置路由器的 IP 地址为________________，子网掩码为________________。

（2）记录本学习任务中无线路由器的配置信息，填入表 1–4–9 中。

表 1–4–9 无线路由器的配置信息

序号	参数	配置信息
1	无线信道	
2	认证类型	
3	无线模式	
4	频段带宽	

4. 根据表 1-4-10 所示“无线路由器配置”考核项目评分表对本环节进行评价。

表 1-4-10　“无线路由器配置”考核项目评分表

考核项目：无线路由器配置　　组别：

评价项目	评分细则	互评（占比 30%）	师评（占比 70%）	总分
1. 小组合作情况	小组成员之间配合默契、积极参与、善于沟通，共计 3 分。小组合作很好，善于团结合作和化解矛盾计 3 分；小组合作好，能够团结合作和化解矛盾计 2 分；小组合作一般，大多数情况下能团结合作计 1 分；小组合作很差，不能团结合作和化解矛盾计 0 分			
2. 无线路由器登录管理信息的配置	无线路由器登录管理信息的配置，共计 4 分。其中，登录管理界面占 2 分；创建新管理员、设置强密码占 2 分。错一处扣 2 分，不倒扣			
3. 无线路由器上网方式的配置	无线路由器上网方式的配置，共计 2 分。根据情况合理选择上网方式占 1 分；确保与运营商提供的一致，并实现上网功能占 1 分			
4. 无线路由器无线设置与 LAN 接口设置的配置	无线路由器无线设置与 LAN 接口设置的配置，共计 16 分。其中，开启 2.5 GHz 和 5 GHz 无线网络占 2 分；分别设置 2.5 GHz 和 5 GHz 无线网络名称和密码占 4 分；设置无线信道、频段带宽、无线模式、认证类型占 8 分；设置 LAN IP 地址占 2 分。错一处或遗漏一处扣 2 分			
考核项目得分				

四、接入有线网络

（一）识读台式计算机网卡指示灯状态

查阅信息页中台式计算机网卡指示灯的相关内容，观察并识读网卡指示灯工作状态，将正确选项填入表 1-4-11 的空格中。

表 1-4-11　台式计算机网卡指示灯信息

连接指示灯		速度指示灯	
状态	描述	状态	描述
灭		灭	
橙色亮		橙色亮	
橙色闪烁		绿色亮	
A. 已连接　B. 数据活跃　C. 没有数据		A. 有故障　B. 速度为 1 Gbit/s　C. 速度为 100 Mbit/s	

（二）将台式计算机接入有线网络

1. 查阅信息页中静态 IP 地址配置步骤的相关内容，依据 IP 地址规划表，配置台式计算机的 IP 地址，接入有线网络并联网测试，将配置步骤填入图 1-4-3 中。

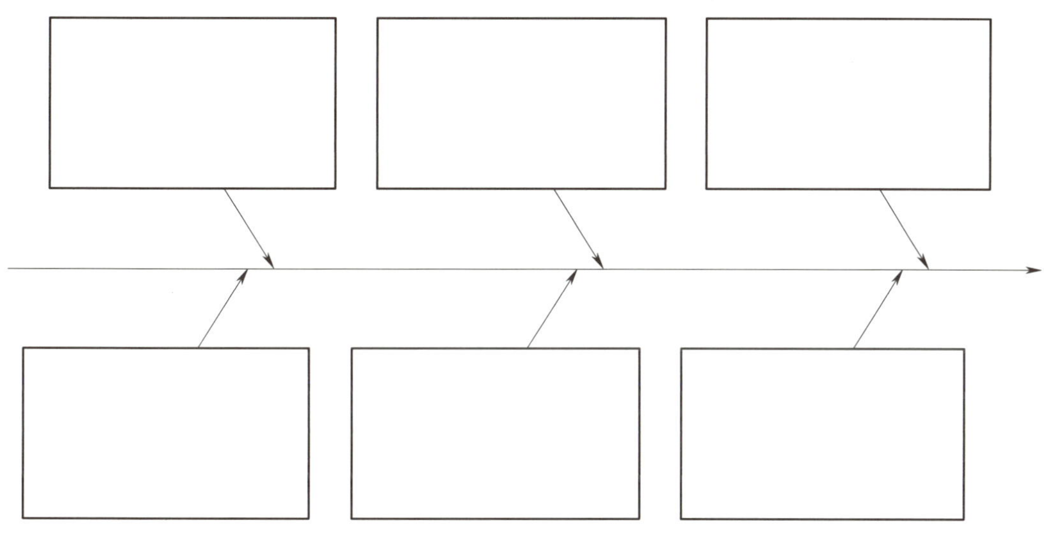

图 1-4-3　台式计算机 IP 地址配置步骤

2. 记录本学习任务中，台式计算机 IP 地址各项参数的配置信息，填入表 1-4-12 中。

表 1-4-12　台式计算机 IP 地址各项参数的配置信息

序号	参数	配置信息
1	IP 地址	
2	默认网关	
3	子网掩码	
4	首选 DNS 服务器	

五、接入无线网络

1. 参照表 1-4-13 中的图示，按照笔记本电脑接入无线网络的操作步骤说明进行设置，接入无线网络并进行联网测试，记录无线网络信息，填入表 1-4-13 中。

表 1-4-13　笔记本电脑接入无线网络的操作步骤

序号	图示	操作步骤说明
1		在任务栏中，找到并单击网络图标；如果 Wi-Fi 处于关闭状态，单击“WLAN”按钮将其打开

续表

序号	图示	操作步骤说明
2	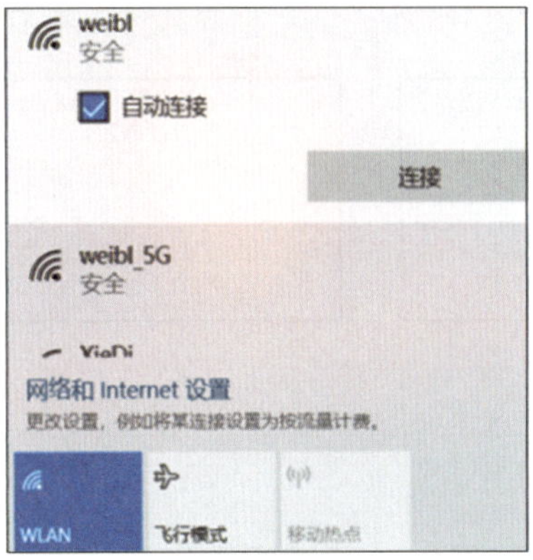 weibl 安全 自动连接 连接 weibl_5G 安全 网络和 Internet 设置 更改设置，例如将某连接设置为按流量计费。 WLAN 飞行模式 移动热点	在打开的网络列表中，找到要连接的 Wi-Fi 名称（SSID），单击该名称
3	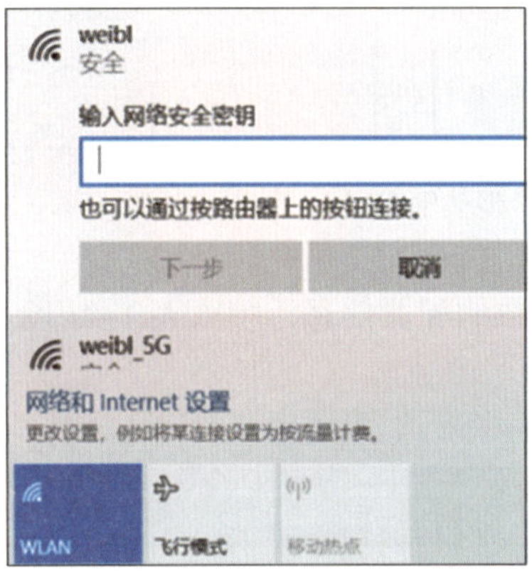 weibl 安全 输入网络安全密钥 也可以通过按路由器上的按钮连接。 下一步 取消 weibl_5G 网络和 Internet 设置 更改设置，例如将某连接设置为按流量计费。 WLAN 飞行模式 移动热点	输入网络安全密钥（即 Wi-Fi 密码），然后单击“下一步”按钮
4	 ENG	此时笔记本电脑右下角状态栏中出现无线网络标志，表示已经连接上无线网络
5	 属性 SSID: weibl_5G 协议: Wi-Fi 5 (802.11ac) 安全类型: WPA2-个人 网络频带: 5 GHz 网络通道: 36 IPv6 地址: 2408:8215:1536:8040:fc02: 本地链接 IPv6 地址: fe80::fc02:3fb2:f47f:8f91%1 IPv6 DNS 服务器: fe80::1%11 IPv4 地址: 192.168.1.46 IPv4 DNS 服务器: 192.168.1.1	笔记本电脑接入无线网络的信息如下： SSID：__________ 网络频带：__________ 协议：__________ 安全类型：__________ IPv4 地址：__________

2. 查阅信息页中手机或平板电脑接入无线网络操作步骤的相关内容，按照操作步骤进行设置，接入无线网络进行联网测试，记录无线网络信息，填入表 1-4-14 中。

表 1-4-14 手机或平板电脑无线网络配置步骤

序号	操作步骤
1	
2	
3	
4	
5	接入无线网络的信息如下： SSID：________ 网络频带：________ 连接速度：________ 安全类型：________ IPv4 地址：________

六、配置网络打印机

查阅信息页中网络打印机的安装流程，梳理网络打印机的安装步骤与安装内容，添加网络打印机并进行联网测试，将正确描述的字母填入表 1-4-15 中“安装内容”列相应的空格中。

表 1-4-15 网络打印机安装流程

序号	安装步骤	安装内容	描述
1	硬件连接与 IP 地址设置		A. 设置 IP 地址
			B. 下载驱动程序
2	创建网络端口		C. 连接硬件
			D. 搜索与手动添加
3	安装打印驱动程序		E. 测试打印
			F. 安装与创建程序
4	添加网络打印机		G. 选择端口类型
			H. 选择与安装驱动程序
			I. 设置共享
5	完成与测试		J. 完成添加
			K. 选择添加方式

学习环节五 过程控制

学习目标

1. 能采用小组合作的方式，依据业务需求与实施方案，选择网络测试命令，进行家庭网络测试，确保各计算机间共享文件访问正常，各计算机网络打印功能正常，填写家庭网络测试报告。

2. 能采用小组合作的方式，对实施过程中产生和使用的文档进行命名、存档，确保交付内容完整、格式正确，填写家庭网络安装与调试验收单，具有服务意识。

建议学时

2 学时

学习要求

序号	学习步骤	学习内容	学时	备注
1	识读网络测试命令	网络测试命令的基础知识（理论）	0.5	
2	测试家庭网络联网情况	1. 网络测试命令的使用（实践） 2. 网络测试数据的记录（实践） 3. 共享文件的访问（实践） 4. 网络打印功能的测试（实践） 5. 家用终端联网情况的查看（实践） 6. 家庭网络安装与调试测试报告的填写（实践）	1	
3	整理家庭网络安装与调试工作过程文档	1. 文档的整理（实践） 2. 家庭网络安装与调试验收单的填写（实践） 3. 服务意识（素养）	0.5	

一、识读网络测试命令

查阅信息页中网络测试命令的相关内容，识读其主要功能、语法格式和常用参数以及返回信息的含义，完成以下问题。

（1）持续不断地向某个 IP 地址发送 ping 请求，应该使用 ping 命令的________参数来实现。

（2）发送 5 个 ping 请求到目标主机，并将响应中的 IP 地址解析为对应的主机名，实现这一功能的命令为________________________。

（3）测试到某个服务器的网络连接，并设置数据包在到达目标之前通过的最大路由器数量（TTL）为 10，实现这一功能的命令为________________________。

（4）明确 ipconfig 命令的参数含义，将参数与对应的含义用线连接起来。

参数	含义
/all	清除 DNS 解析缓存，用于解决缓存内容损坏的问题，可提高安全性和加快 Web 浏览速度
不加参数	显示所有配置信息，如显示相关的 DNS 服务器等，如果有多个网卡，则显示所有控制器的 IP 地址、默认网关和子网掩码
/release	更新 IP 地址，有多个网络适配器时可以指明特定的适配器
/renew	仅查看 IP 地址、子网掩码和网关
/flushdns	显示来自 DNS 解析缓存的内容
/registerdns	释放 IP 地址，有多个网络适配器时可以指示特定的适配器
/displaydns	更新所有 DHCP 租约，重新注册 DNS 名称，解决客户端和 DNS 服务器之间的动态更新问题

二、测试家庭网络联网情况

1. 使用 ipconfig 命令查看本机网卡配置，记录并核对返回的 IP 地址、子网掩码、默认网关等信息，填入表 1-5-1 中。

表 1-5-1　　IP 参数设置检查

测试命令	ipconfig/all
IP 地址	
子网掩码	
默认网关	

2. 查阅信息页中共享文件访问与网络打印功能的测试方法，完成家庭网络终端设备的联网测试，识读测试结果并判断其功能是否正常，将结果记录下来。

（1）共享文件访问功能：□正常　□异常

（2）网络打印功能：□正常　□异常

（3）问题描述：____。

（4）解决方法：____。

3. 根据网络测试命令的返回信息与终端设备的联网测试结果，查看指定设备的连接、连通情况，测试家庭网络的联网情况，填入表 1-5-2 中。

表 1-5-2　　家庭网络安装与调试测试报告

<table>
<tr><td rowspan="2">基本信息</td><td>安装日期</td><td>安装地点</td><td>安装人员</td><td>客户姓名</td><td>联系电话</td></tr>
<tr><td></td><td></td><td></td><td></td><td></td></tr>
<tr><td rowspan="9">配置设置</td><td colspan="5">路由器登录信息</td></tr>
<tr><td colspan="2">IP 地址</td><td>用户名</td><td colspan="2">密码</td></tr>
<tr><td colspan="2"></td><td></td><td colspan="2"></td></tr>
<tr><td colspan="5">Wi-Fi 设置</td></tr>
<tr><td colspan="2">SSID（网络名称）</td><td>密码</td><td colspan="2">加密方式</td></tr>
<tr><td colspan="2"></td><td></td><td colspan="2"></td></tr>
<tr><td colspan="5">其他特殊设置（如穿墙模式、频道选择等）</td></tr>
<tr><td colspan="5"></td></tr>
<tr><td colspan="5"></td></tr>
<tr><td colspan="6">设备及功能调试情况</td></tr>
<tr><td>序号</td><td>设备及功能名称</td><td colspan="2">实施情况</td><td>数量（次数）</td><td>测试结果</td></tr>
<tr><td>1</td><td>宽带 Modem</td><td colspan="2">安装与调试</td><td>1</td><td>□正常　□异常</td></tr>
<tr><td>2</td><td>无线路由器</td><td colspan="2">安装与调试</td><td>1</td><td>□正常　□异常</td></tr>
<tr><td>3</td><td>台式计算机</td><td colspan="2">网络连接与测试</td><td>2</td><td>□正常　□异常</td></tr>
<tr><td>4</td><td>笔记本电脑</td><td colspan="2">网络连接与测试</td><td>1</td><td>□正常　□异常</td></tr>
<tr><td>5</td><td>手机或平板电脑</td><td colspan="2">网络连接与测试</td><td>5</td><td>□正常　□异常</td></tr>
</table>

续表

设备及功能调试情况				
序号	设备及功能名称	实施情况	数量（次数）	测试结果
6	网络打印机	网络连接与安装测试	1	□正常　□异常
7	共享文件	网络共享配置与测试	2	□正常　□异常
8	网络测试速度	下载速度：　　上传速度：		□正常　□异常
9	网络稳定性测试	持续时间：　　掉线次数：		□正常　□异常
10	设备连接测试	所有设备均已成功连接到网络，无设备出现连接问题或信号弱的情况		□正常　□异常
备注				
测试负责人				

三、整理家庭网络安装与调试工作过程文档

1. 查阅信息页中的家庭网络安装与调试施工验收材料归档样例，结合本学习任务的施工过程材料资料，整理归档材料，填入表 1-5-3 中。

表 1-5-3　　归档材料清单

序号	装订目录	文件名称	文件编号	归档日期	备注
1	项目基本信息	工作任务单	XXWL-HT-0001-V1	2025-××-××	
2					
3					
4					
5					

2. 查阅信息页中的家庭网络安装与调试验收单样例，结合本学习任务的实施情况，进行验收并填写表 1–5–4。

表 1–5–4　　家庭网络安装与调试验收单

施工地点：××省××市××区××小区 10 单元 403 室

验收日期：　　年　　月　　日

检查项	检查标准	检查结果
一、设备清单与检查		
1. 网线	网线外皮无破损，线芯完整，符合标准	□合格　□不合格
2. 路由器	路由器外观无损坏，各接口正常，指示灯显示正常	□合格　□不合格
3. 宽带 Modem	宽带 Modem 正常运行，连接稳定	□合格　□不合格
4. 无线接入点	无线接入点功能正常，信号强度良好	□合格　□不合格
5. 电源线	电源线无破损，连接牢固	□合格　□不合格
6. 安装配件	配件齐全，安装牢固	□合格　□不合格
二、网络性能检查		
1. 有线网络速度	使用专业测速工具，在多个有线连接设备上进行测试，下载速度为签约带宽的 90% 及以上，上传速度符合预期	□合格　□不合格
2. 无线网络速度	在不同房间测试无线网络速度，平均下载速度为签约带宽的 70% 左右，满足日常使用需求	□合格　□不合格
3. 网络稳定性	连续测试 24 h，网络未出现掉线、卡顿等不稳定情况	□合格　□不合格
三、其他检查		
1. 设备摆放	路由器和宽带 Modem 放置在通风良好、便于操作的位置，无线接入点安装位置合理，信号覆盖范围广	合格□　不合格□
2. 线路布局	网线沿墙角、线槽等合理布线，整齐美观，未出现缠绕、拉扯等情况	合格□　不合格□
3. 安全性能	设备设置了安全密码，防止未经授权的访问，未发现网络安全漏洞	合格□　不合格□
四、用户反馈		
用户对本次家庭网络安装与调试项目的满意度：□非常满意　□满意　□一般　□不满意		
意见反馈：		
五、验收结论		
根据以上检查结果，本次家庭网络安装与调试项目：□合格　□不合格		
客户签字：	施工人员签字：	

3. 根据验收单中的满意度填写结果，回顾在家庭网络安装与调试过程中，服务意识是否到位，可以采取哪些改进的措施，完成以下问题。

（1）在家庭网络安装与调试服务的验收单满意度反馈中，评估服务意识到位情况的最直接指标是（　　）。【单选题】

A. 安装速度的快慢　　B. 技术人员解决问题的专业能力

C. 沟通顺畅度与客户满意度评价　　D. 网络连接的稳定性

（2）为了提升家庭网络安装与调试服务中的服务意识，最关键的改进措施是（　　）。【单选题】

A. 增加技术人员数量以缩短等待时间

B. 更新网络设备以提高连接速度

C. 定期进行服务意识培训，加强客户沟通技巧

D. 扩大服务覆盖范围，增加服务网点

4. 根据表 1-5-5 所列“家庭网络安装与调试项目交付”考核项目评分表对本环节进行评价。

表 1-5-5　“家庭网络安装与调试项目交付”考核项目评分表

考核项目：家庭网络安装与调试项目交付　　组别：

评价项目	评分细则	自评（占比 10%）	互评（占比 20%）	师评（占比 70%）	总分
1. 小组活动组织效果及成员表现	小组成员之间分工合作、积极参与、态度认真，共计 4 分。分工明确、参与度高、态度认真计 4 分；分工模糊、参与度中等、态度一般计 3 分；分工模糊、参与度低、态度一般计 2 分；分工混乱、参与度低、态度一般计 1 分；分工混乱、参与度低、态度差计 0 分				
2. 交付流程执行力度、材料准备情况、语言沟通行为表现	交付流程执行力度、材料准备情况、语言沟通行为表现，共计 6 分。其中，交付流程完整占 2 分；材料准备齐全占 2 分；语言使用规范占 2 分				
考核项目得分					

学习环节六 评价反馈

学习目标

能在教师指导下，梳理家庭网络安装与调试工作步骤，总结工作经验，确保工作步骤提取完整、顺序正确、描述清晰，具有自我管理能力。

建议学时

2 学时

学习要求

序号	学习步骤	学习内容	学时	备注
1	梳理家庭网络安装与调试工作步骤	家庭网络安装与调试的工作步骤（实践）	1	
2	总结家庭网络安装与调试工作经验	1. 无线路由器的部署经验（理论） 2. 自我管理能力（素养）	1	

一、梳理家庭网络安装与调试工作步骤

根据测试结果和客户满意度反馈，复盘、梳理工作步骤，提炼工作的不足之处和改进措施。

（1）工作中的不足之处：______________________________。

（2）改进措施：______________________________

____

______________________________。

二、总结家庭网络安装与调试工作经验

（一）提炼无线路由器配置要点

总结无线路由器部署经验，提炼无线路由器配置要点，填入表 1–6–1 中。

表 1–6–1 无线路由器部署经验

序号	配置要点	操作说明
1		
2		
3		
4		
5		
6		
7		
8		
9		
10		

（二）填写个人工作经验手册

1. 查看信息页中家庭网络安装与调试工作经验的相关内容，结合本任务施工实际情况，总结个人工作经验，填入表 1–6–2 中。

表 1-6-2　　个人工作经验手册

<table>
<tr><th colspan="12">准备工作</th></tr>
<tr><td colspan="3">工具准备</td><td colspan="3">材料准备</td><td colspan="3">环境了解</td><td colspan="3">安全准备</td></tr>
<tr><td colspan="3"></td><td colspan="3"></td><td colspan="3"></td><td colspan="3"></td></tr>
<tr><th colspan="12">网络布局规划</th></tr>
<tr><td colspan="4">确定网络需求</td><td colspan="4">设计网络拓扑图</td><td colspan="4">选择网络设备</td></tr>
<tr><td colspan="4"></td><td colspan="4"></td><td colspan="4"></td></tr>
<tr><th colspan="12">安装调试步骤</th></tr>
<tr><td colspan="4">安装网络设备</td><td colspan="4">制作网线</td><td colspan="4">连接网络设备</td></tr>
<tr><td colspan="4"></td><td colspan="4"></td><td colspan="4"></td></tr>
<tr><td colspan="4">配置网络设备</td><td colspan="4">测试网络连接</td><td colspan="4">优化网络性能</td></tr>
<tr><td colspan="4"></td><td colspan="4"></td><td colspan="4"></td></tr>
<tr><th colspan="12">常见问题及解决方法</th></tr>
<tr><td colspan="3">网络连接不稳定</td><td colspan="3">无法上网</td><td colspan="3">无线信号弱</td><td colspan="3">设备不兼容</td></tr>
<tr><td colspan="3"></td><td colspan="3"></td><td colspan="3"></td><td colspan="3"></td></tr>
<tr><th colspan="12">后续维护与保养</th></tr>
<tr><td colspan="4">定期检查网络设备</td><td colspan="4">更新网络设备</td><td colspan="4">客户教育与培训</td></tr>
<tr><td colspan="4"></td><td colspan="4"></td><td colspan="4"></td></tr>
<tr><th colspan="2">总结</th><td colspan="10"></td></tr>
</table>

2. 在工作过程中，需要具备较强的自我管理能力。自我管理能力具体体现在提升工作效率、____________、促进个人成长、____________和提升抗压能力等。

3. 汇总本学习任务中各考核项目评价得分，填入表 1-6-3 中。

表 1-6-3　　“家庭网络安装与调试”学习任务成绩表

<table>
<tr><th rowspan="2">考核项目</th><th rowspan="2">配分 / 分</th><th colspan="3">考核方式及权重 /%</th><th rowspan="2">考核项目得分</th></tr>
<tr><th>自评</th><th>互评</th><th>师评</th></tr>
<tr><td>家庭网络安装与调试现场勘察信息记录表（学习成果）</td><td>20</td><td>10</td><td>20</td><td>70</td><td></td></tr>
<tr><td>家庭网络 IP 地址规划表编制（技能考核）</td><td>15</td><td>0</td><td>30</td><td>70</td><td></td></tr>
</table>

续表

考核项目	配分/分	考核方式及权重/%			考核项目得分
		自评	互评	师评	
消费级网络设备安装与配置流程（学习成果）	15	10	20	70	
家庭网络拓扑图修改（技能考核）	15	0	30	70	
无线路由器配置（技能考核）	25	0	30	70	
家庭网络安装与调试项目交付（能力素养）	10	10	20	70	
合计	100	—	—	—	

技工院校工学一体化课程教学资源
技工院校计算机网络应用专业工学一体化教材

小型网络安装与调试
工作页

主编　张　军

学习任务三
小型企业网络系统安装与调试

中国劳动社会保障出版社

简介

本书为技工院校计算机网络应用专业“小型网络安装与调试”工学一体化课程的工作页，依据《计算机网络应用专业国家技能人才培养工学一体化课程标准》编写，供各地技工院校开展工学一体化教学使用。

本书主要包括家庭网络安装与调试、小型办公网络系统安装与调试、小型企业网络系统安装与调试、校园网络系统安装与调试四个学习任务，每个学习任务包含获取信息、制订计划、做出决策、实施计划、过程控制、评价反馈六个学习环节。

完成本书中学习任务所需的相关素材可通过技工教育网（https://jg.class.com.cn）下载并使用。

图书在版编目（CIP）数据

小型网络安装与调试工作页 / 张军主编. -- 北京：中国劳动社会保障出版社，2025. --（技工院校工学一体化课程教学资源）（技工院校计算机网络应用专业工学一体化教材）. -- ISBN 978-7-5167-7073-3

Ⅰ. TN915.05

中国国家版本馆 CIP 数据核字第 20256B9V56 号

小型网络安装与调试工作页

XIAOXING WANGLUO ANZHUANG YU TIAOSHI GONGZUOYE

中国劳动社会保障出版社出版发行

（北京市惠新东街 1 号　邮政编码：100029）

*

北京市艺辉印刷有限公司印刷装订　　新华书店经销

880 毫米 ×1230 毫米　16 开本　19.25 印张　431 千字

2025 年 8 月第 1 版　　2025 年 8 月第 1 次印刷

定价：50.00 元

营销中心电话：400-606-6496

出版社网址：https://www.class.com.cn

https://jg.class.com.cn

技工院校工学一体化课程教学资源

技工院校计算机网络应用专业工学一体化教材

开发院校

牵头院校： 北京市工贸技师学院

参与院校： 南京技师学院　苏州市电子信息技师学院

珠海市技师学院　淄博市技师学院

指导专家

张利芳　陈海娜　马　琳

本书编审人员

主　　编： 张　军

参　　编： 魏宝亮　孙　妍　李　永　韩　哲　许玲凤　张文库　王　俊

孙鲸鹏　张　洪　冯　彦　顾合英　史坤朋

主　　审： 邹伟民

指　　导： 张利芳

序

技工教育的本质是就业教育，其最显著的特征是职业性，其最好的培养模式就是“在工作中学习、在学习中工作”。培育大批高技能人才，既要适应新一轮科技革命和产业变革的需要，也要遵循技能人才成长发展规律，创新技能人才培养方式。推进工学一体化技能人才培养模式改革是推进校企融合、提质培优的重要途径，是技工院校服务制造业和实体经济发展的务实举措。

2009 年，人力资源社会保障部办公厅印发了《技工院校一体化课程教学改革试点工作方案》，分三批在部分技工院校试点开展工学一体化课程教学改革工作，到 2021 年已经覆盖 31 个专业 191 所部级试点院校。经过十多年的发展，理念得到认同、试点不断扩大、学生学习兴趣明显提高，取得了显著成效。2022 年 3 月，人力资源社会保障部印发了《推进技工院校工学一体化技能人才培养模式实施方案》，提出在全国技工院校大力推进工学一体化技能人才培养模式，实现百个专业、千所院校、万名教师的“百千万”工作目标，以促进技工院校人才培养模式变革、提升技能人才培养质量、带动形成技工院校改革创新新局面。

新一轮工学一体化课程教学改革开展聚焦“课程标准”“课程资源”“教师培养”三项重点工作，为持续推进技工院校工学一体化技能人才培养模式实施奠定了坚实基础。印发《〈国家技能人才培养工学一体化课程标准〉开发技术规程》，出版《工学一体化课程开发指导手册》，分三阶段指引完成 103 个专业国家技能人才培养工学一体化课程标准与课程设置方案开发；编制《工学一体化课程教学资源开发指

南》，开发第一批 14 个专业 37 门课程工学一体化课程教学资源；印发《技工院校工学一体化教师培训标准》，出版《工学一体化教师培训指导手册》，依托工学一体化教师培训基地培育师资队伍；印发《技工院校工学一体化课堂、课程、专业、院校建设标准》，出版《工学一体化课程教学实施指导手册》，指引 1 000 所技工院校对标开展工学一体化优质课堂、精品课程、示范专业、骨干院校的建设工作，实现以评促建的目标。

教材建设是教学改革成果固化的重要载体。本次工学一体化课程教学资源按照工作逻辑呈现实践、理论知识和素养，遵循工作过程六步法，从工作向“工作 + 学习”融合，通过引导问题层层递进，实现“输入—内化—输出—考核”的学习闭环，突出学生心智技能和思维的培养，强调学生个人成长的积累。近年来，通过指导专家、几百位试点院校的骨干教师以及编辑团队共同努力，产出了教学指导用书、工作页及答案、信息页及数字资源等形式的系列教材学材，以满足技工院校的教学使用需求。

本系列教材及配套资源的出版，不仅是对本轮技工院校工学一体化技能人才培养模式改革工作的阶段性总结，也是打通从课程标准到课堂实施最后一公里的全新尝试，意义深远。希望全国技工院校将推行工学一体化技能人才培养模式作为创新人才培养模式、提高人才培养质量的重要抓手，为加快培养具有良好工作思维与习惯、自主学习意识与能力、精湛专业技艺与技能的复合型技能人才作出新的更大贡献！

技工教育和职业培训教学指导委员会

2025 年 4 月

目录

学习任务三
小型企业网络系统安装与调试

任务描述

任务情境

某物流公司网络系统建成于 2013 年，网络覆盖行政部、财务部、人力资源部、物流部、仓库部和销售部 6 个部门，网络系统对内支持物流出入库系统、OA（办公自动化）管理系统、资源共享、电子邮件、云桌面服务器等业务需求，对外为企业客户提供 Web 网页物流订单服务。随着公司业务的不断扩大，对网络系统稳定性提出了更高的要求，拟通过新增一台核心交换机，实现接入交换机分别与两台核心交换机连接的冗余要求，有效提升网络系统的可靠性。

网络工程师从项目经理处接到上述任务后，按照任务单、网络系统建设项目设计方案、《交换机安装操作手册》，听取项目经理对网络系统建设项目设计方案的解读，到项目实施现场进行勘察，与企业交流沟通业务需求，确定项目实施的相关内容并协助项目经理编制网络系统建设项目实施方案后，进入企业进行现场施工，工作内容包括交换机的 SSH 远程管理配置、MSTP 配置，核心交换机的链路聚合配置、VRRP 配置，服务器交换机的基本 ACL 配置等，配置完成后对网络系统进行测试，测试通过后进入试运行阶段，试运行结束后，将网络系统建设项目设计方案、实施方案、设备到货验收单及网络系统测试报告等材料交付项目经理并配合完成验收。

网络工程师在工作过程中应严格按照《基于以太网技术的局域网（LAN）系统验收测试方法》（GB/T 21671—2018）、《网络工程验收标准》（GB/T 51365—2019）、《综合布线系统工程设计规范》（GB 50311—2016）等国家标准和规范的要求实施任务，同时参阅《交换机安装操作手册》，严格执行行业企业安全守则、操作规范和 6S 管理规定等相关规定。

任务要求

1. 接入交换机的配置应符合以下要求：

（1）部署 2 条物理链路且连接准确，实现接入交换机与核心交换机之间的链路备份。

（2）SSH 远程管理服务类型、认证方式配置正确，实现接入交换机的远程安全登录和配置管理。

（3）启用 MSTP，避免发生网络环路。

2. 核心交换机的配置应符合以下要求：

（1）SSH 远程管理的服务类型、认证方式配置正确，实现核心交换机的远程安全登录和配置管理。

（2）MSTP 配置要求核心交换机上的 VLAN 与生成树实例映射关系正确，实现网络无环路及负载均衡功能。

（3）链路聚合创建的聚合组类型正确、接口加入准确，实现链路带宽的扩充与备份。

（4）VRRP 配置正确，创建 VRRP 组并为 VRRP 组配置虚拟 IP 地址，通过 VRRP 优先级的调整配置主备交换机，实现 VRRP 可靠性及负载均衡功能。

3. 服务器交换机的配置应符合以下要求：

（1）部署 2 条物理链路且连接准确，实现服务器交换机与核心交换机之间的链路备份。

（2）SSH 远程管理的服务类型、认证方式配置正确，实现服务器交换机的远程安全登录和配置管理。

（3）启用 MSTP，避免发生网络环路。

（4）基本 ACL 规则制定精准且部署正确，实现对服务器访问的有效控制。

任务资料

1. 设备清单

序号	产品名称	规格	数量	备注
接入交换机				
1	二层交换机	24 端口电接、4 万兆光接口、单电源	6	原有
2	光模块	万兆、单模	12	原有

续表

序号	产品名称	规格	数量	备注
核心交换机				
1	三层交换机主机	双引擎、双电源、双风扇、6个业务槽位	1	新增
2	以太网光接口业务板	24端口电接口、万兆	1	新增
3	电接口以太网业务版	24端口电接口、万兆	1	新增
4	光模块	万兆、单模	24	新增
5	三层交换机主机	双引擎、双电源、双风扇、6个业务槽位	1	原有
6	以太网光接口业务板	24端口电接口、万兆	1	原有
7	电接口以太网业务版	24端口电接口、万兆	1	原有
8	光模块	万兆、单模	24	原有
服务器交换机				
1	二层交换机	24端口电接口、4万兆光接口、单电源	1	原有
2	光模块	万兆、单模	2	原有

2. 网络系统拓扑图

改造前：

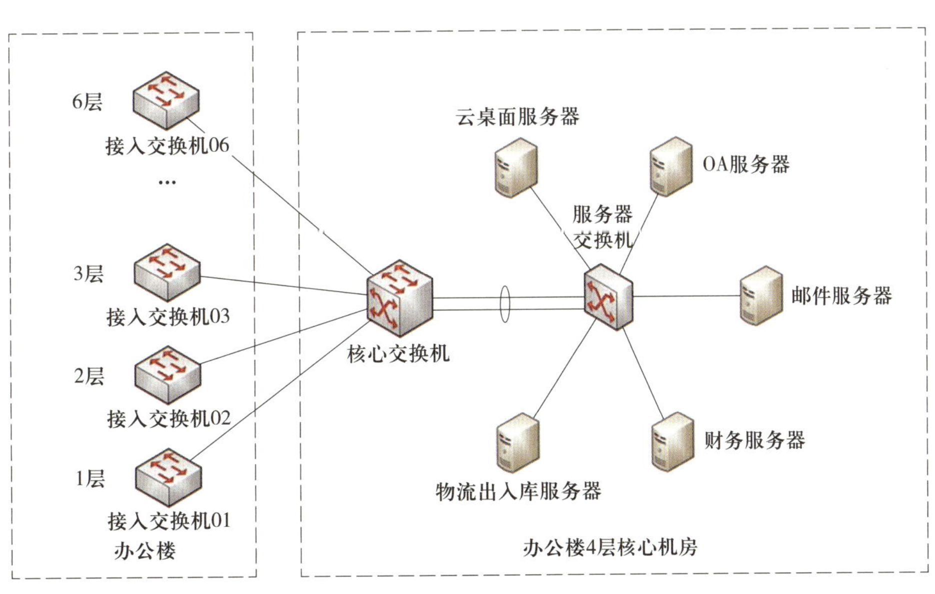

改造后：

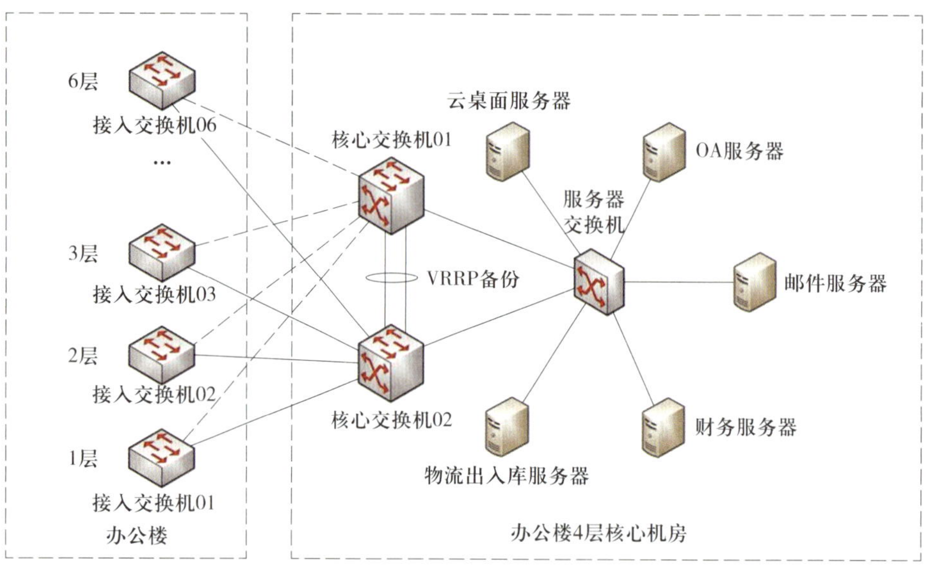

3. IP 地址及 VLAN 划分规则

采用 C 类地址段 192.168.0.0 至 192.168.255.255 作为小型企业网络系统内部使用（VLAN ID 和网段地址一一对应，如 192.168.10.0 网段对应 VLAN ID 为 10），分配原则如下：

（1）按部门划分 VLAN：每个部门的 VLAN 使用 1 个 C 类网段。

（2）网络设备管理地址：192.168.1.0 网段。

（3）服务器地址：192.168.100.0 网段。

（4）VRRP 虚拟 IP 地址：192.168.××.254，×× 为 VLAN ID。

4. 任务单

客户名称	×× 省 ×× 市 ××× 区 ×× 号 ×× 物流公司	联系人姓名	王 ××	部门及职务	网络中心负责人
		办公电话	57876××××	传真	57876××××
		手机	131××××××××	E-mail	12345@××.com
施工单位	×× 信息科技有限公司	联系人姓名	李 ××	部门及职务	技术部项目经理
		办公电话	8876××××	传真	8876××××
		手机	189××××××××	E-mail	12345@××.com
工作内容	1. 任务概况 某物流公司网络系统建成于 2013 年，现需要对现有网络系统进行升级改造，新增核心交换设备，接入层交换机、服务器交换机与两台核心交换机连接，两台核心交换机采用双链路连接，为企业网络提供网络冗余功能和快速转发功能，提升网络可靠性，实现内网用户对服务器资源访问的有效访问控制 2. 具体要求 （1）接入交换机、服务器交换机与核心交换机通过 SSH 实现设备远程管理				

续表

<table>
<tr><td rowspan="1">工作内容</td><td>（2）接入交换机、服务器交换机与核心交换机通过配置 VRRP+MSTP，实现办公网络系统的稳定可靠运行
（3）核心交换机之间采用端口聚合实现线路的扩容及备份
（4）服务器交换机通过 ACL 技术实现内网用户对服务器资源访问的有效控制。内网用户获授权可访问云桌面、OA 管理系统及电子邮件服务器，财务服务器仅限财务部员工访问，物流出入库服务器则面向物流部、仓库部与销售部职工开放访问权限
3. 升级改造后的小型企业网络系统拓扑图
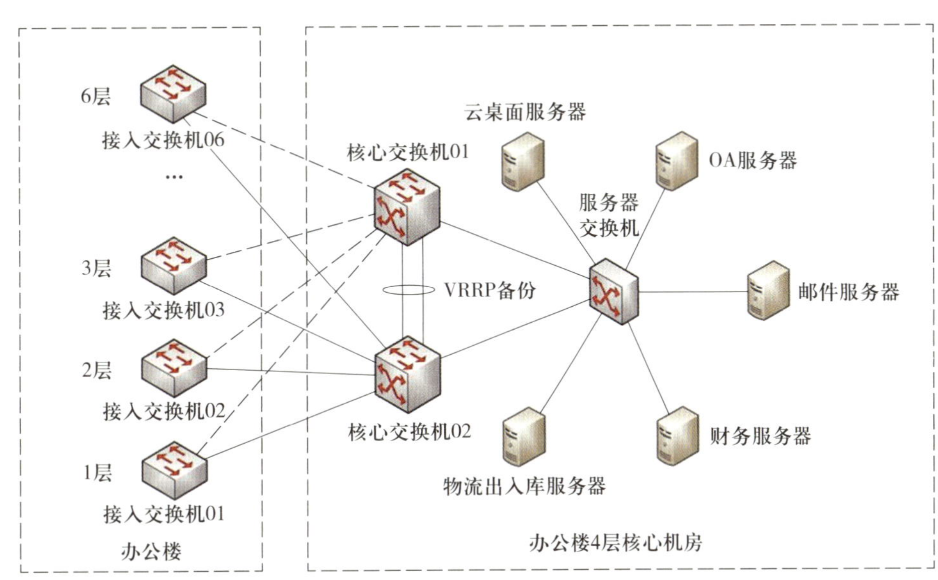

4. 任务时间安排：2025 年 ×× 月 ×× 日—2025 年 ×× 月 ×× 日
5. 任务实施地点：×× 省 ×× 市 ××× 区 ×× 号 ×× 物流公司</td></tr>
<tr><td>项目验收</td><td>施工人员工作态度是否端正：□是 □否
本次施工是否已解决问题：□是 □否
是否按时完成：□是 □否
客户评价：□非常满意 □基本满意 □不满意
客户签字：</td></tr>
</table>

学习目标及学时

1. 能阅读任务单并解读项目设计方案，准确提取任务基本信息与双核心网络架构、VRRP 技术等关键信息，完成需求分析表，结合现场勘察，绘制布置草图。

2. 能识别双核心交换网络架构和功能，阐述核心交换机关键参数并说明选用理由，明确项目实施的网络技术，提炼 IP 地址组成要素并编制网络技术汇报提纲。

3. 能依据项目设计方案、IP 地址及 VLAN 划分规则、各部门业务访问需求，编制 IP 地址规划表，并绘制详细准确的网络拓扑图。

4. 能参考网络技术配置步骤与配置内容，编写交换机的配置流程，并依据 IP 地址规划表、网络拓扑图等资料，编制项目实施方案。

5. 能依据交换机的配置流程、IP 地址规划表和拓扑图，完成交换机的配置。

6. 能依据业务需求与项目实施方案，进行网络测试，判断测试结果并填写测试报告，收集与整理项目验收材料，组织项目验收并完成验收流程、填写验收报告。

7. 能展示 IP 地址规划表、网络拓扑图、交换机配置流程，听取反馈意见并修改，绘制甘特图。能在教师指导下，总结工作经验，分析并实现新增需求。

8. 在任务完成过程中，具备语言表达、自主学习、与人合作等通用职业能力，时间意识、标准意识等职业素养，耐心专注、实事求是的劳动精神等思政素养。

建议学时

44 学时

学习路径

● 学习任务　● 学习环节　● 学习步骤及学生活动

获取信息

- 接收任务并解读小型企业网络系统建设项目设计方案
  - 明确小型企业网络系统的使用需求
  - 提取核心交换机、双核心网络架构、VRRP 技术、IP 地址规划等信息
- 勘察项目实施现场
  - 勘察学习工作站并记录环境数据
  - 选定核心交换机安装位置并绘制核心机房机柜布置草图
- 识别核心交换机和网络技术的应用场景
  - 识别接入交换机与核心交换机的应用场景
  - 识别 SSH 技术、MSTP 技术、链路聚合、VRRP 技术、ACL 技术的应用场景
- 明确小型企业网络系统建设项目设计方案
  - 识别小型企业网络系统的网络架构
  - 阐述核心交换机关键参数并说明选用理由
  - 明确小型企业网络系统所用网络技术的适用性
  - 提炼小型企业网络系统 IP 地址的组成要素
  - 编制小型企业网络系统网络技术汇报提纲

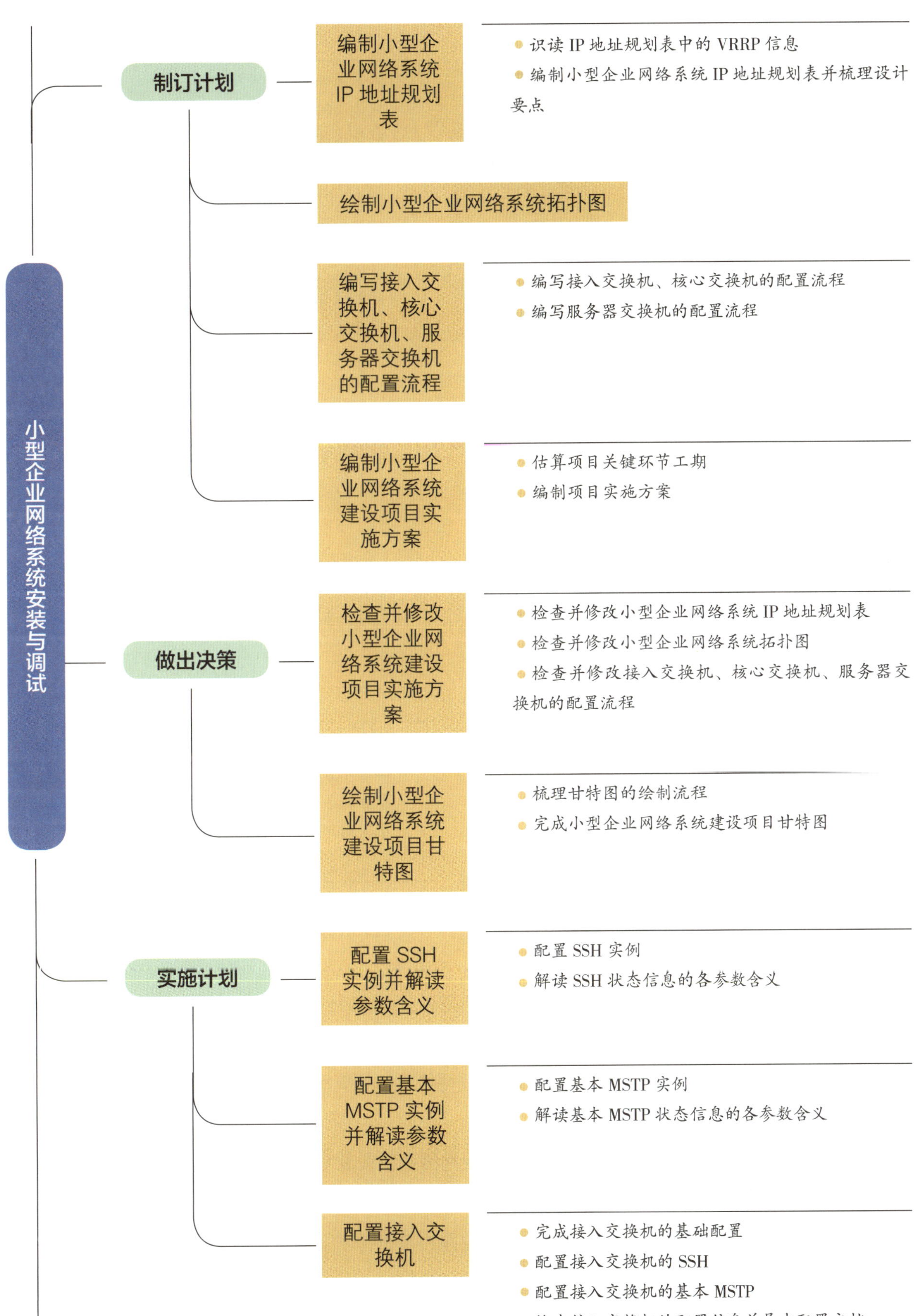
小型企业网络系统安装与调试
制订计划
编制小型企业网络系统IP地址规划表
识读IP地址规划表中的VRRP信息
编制小型企业网络系统IP地址规划表并梳理设计要点
绘制小型企业网络系统拓扑图
编写接入交换机、核心交换机、服务器交换机的配置流程
编写接入交换机、核心交换机的配置流程
编写服务器交换机的配置流程
编制小型企业网络系统建设项目实施方案
估算项目关键环节工期
编制项目实施方案
做出决策
检查并修改小型企业网络系统建设项目实施方案
检查并修改小型企业网络系统IP地址规划表
检查并修改小型企业网络系统拓扑图
检查并修改接入交换机、核心交换机、服务器交换机的配置流程
绘制小型企业网络系统建设项目甘特图
梳理甘特图的绘制流程
完成小型企业网络系统建设项目甘特图
实施计划
配置SSH实例并解读参数含义
配置SSH实例
解读SSH状态信息的各参数含义
配置基本MSTP实例并解读参数含义
配置基本MSTP实例
解读基本MSTP状态信息的各参数含义
配置接入交换机
完成接入交换机的基础配置
配置接入交换机的SSH
配置接入交换机的基本MSTP
检查接入交换机的配置信息并导出配置文档

小型企业网络系统安装与调试

- **配置高级MSTP、链路聚合、VRRP 实例并解读参数含义**
  - 配置高级 MSTP 实例
  - 解读高级 MSTP 状态信息的各参数含义
  - 配置链路聚合实例
  - 解读链路聚合状态信息的各参数含义
  - 配置 VRRP 实例
  - 解读 VRRP 状态信息的各参数含义
- **配置核心交换机**
  - 完成核心交换机的基础配置
  - 配置核心交换机的高级 MSTP、链路聚合、VRRP
  - 检查核心交换机的配置信息并导出配置文档
- **应用 MSTP、VRRP 技术**
  - 判断 MSTP、VRRP 技术在案例中的可用性
  - 解析配置思路并确定关键技术参数
- **配置基本 ACL 实例并解读参数含义**
  - 配置基本 ACL 实例
  - 解读基本 ACL 状态信息的各参数含义
- **配置服务器交换机**
  - 完成服务器交换机的基础配置
  - 配置服务器交换机的基本 ACL
  - 检查服务器交换机的配置信息并导出配置文档
  - 配置新增 ACL 功能
- **过程控制**
  - **测试小型企业网络系统**
    - 核验使用需求，选定测试点并编写测试用例
    - 测试小型企业网络系统并截图保存测试结果
  - **收集与整理小型企业网络系统建设项目验收材料**
  - **验收小型企业网络系统并填写验收报告**
- **评价反馈**
  - **总结小型企业网络系统安装与调试工作经验**
  - **实现小型企业网络系统新增需求**

学习环节一　获取信息

学习目标

1. 能独立阅读任务单与小型企业网络系统建设项目设计方案，采用信息记录法与关键词提取法提取任务交付时间、项目实施地点、小型企业网络系统的使用需求、双核心网络架构、VRRP 技术、IP 地址规划等信息，填写小型企业网络系统安装与调试任务需求分析表。

2. 能与小组成员合作进行项目实施现场勘察，采用实地勘察法，收集核心机房的位置及环境信息，明确可供新增核心交换机安装的位置及尺寸，绘制核心机房机柜布置草图，满足空间分布利于散热的要求。

3. 能与小组成员合作，采用小组讨论与汇报的方式，识别双核心交换网络架构和功能，阐述核心交换机关键参数并说明选用理由，明确项目实施的网络技术，提炼 IP 地址组成要素并编制网络技术汇报提纲，具有较好的语言表达能力和自主学习能力。

建议学时

6 学时

学习要求

序号	学习步骤	学习内容	学时	备注
1	接收任务并解读小型企业网络系统建设项目设计方案	1. 小型企业网络系统安装与调试任务单信息的收集与明确（实践） 2. 核心交换机板卡与模块的识别（实践） 3. 小型企业网络系统改造前后网络功能的对比（实践） 4. 单核心网络与双核心网络的区别（理论） 5. IP 地址规划表的类型（理论）	1	

续表

序号	学习步骤	学习内容	学时	备注
2	勘察项目实施现场	1. 设备安装场所的环境需求（理论） 2. 核心机房环境勘察数据的记录（实践） 3. 核心机房环境标准的分析（实践） 4. 核心交换机安装位置的选定（实践）	1	
3	识别核心交换机和网络技术的应用场景	1. 二层交换机与三层交换机的区别（理论） 2. SSH 技术的应用场景（理论） 3. MSTP 技术的应用场景（理论） 4. 链路聚合的应用场景（理论） 5. VRRP 技术的应用场景（理论） 6. ACL 技术的应用场景（理论）	1.5	
4	明确小型企业网络系统建设项目设计方案	1. 双核心网络架构和功能的识别（实践） 2. 核心交换机选用理由的判断（实践） 3. 双核心网络架构适用性的解读（实践） 4. 小型企业网络系统 IP 地址的组成要素（理论） 5. 语言表达能力（素养）	2.5	

一、接收任务并解读小型企业网络系统建设项目设计方案

（一）明确小型企业网络系统的使用需求

查阅任务单及信息页中小型企业网络系统典型使用需求的相关内容，分析本学习任务，明确小型企业网络系统的使用需求，填入表 3–1–1 中。

表 3–1–1　　小型企业网络系统安装与调试任务需求分析

序号	需求分析描述
1	网络管理员对网络设备能够进行________________
2	当一台核心交换机发生单点故障时，切换到另一台核心交换机，保证网络系统正常运行，具有____________性
3	内网用户可以被授权访问________服务器、________服务器、________服务器
4	财务服务器仅授权________部门员工访问；物流出入库服务器授权______________、______________、______________部门职工访问

（二）提取核心交换机、双核心网络架构、VRRP 技术、IP 地址规划等信息

1. 查阅信息页项目设计方案中的设备选型与核心交换机板卡模块信息，提取交换机信息，将交换机板卡模块名称的字母填在相应图片下的空格中。

A. 24 端口光接口以太网业务板　　B. 24 端口电接口以太网业务板

C. 光模块　　D. 电源模块　　E. 交换机主机

2. 查阅信息页项目设计方案中的拓扑图（改造后），对比单、双核心网络拓扑结构的差异，明确改造信息，在图 3-1-1 中标注小型企业网络系统的改造信息。

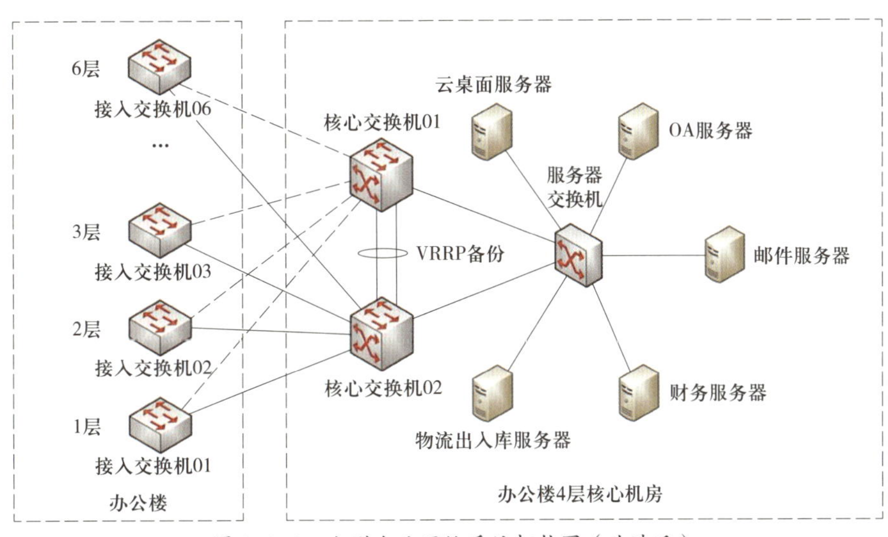

图 3-1-1　小型企业网络系统拓扑图（改造后）

3. 查阅信息页项目设计方案中网络技术的相关内容，预想网络设备所使用的网络技术，在表 3-1-2 中勾选相应选项。

表 3-1-2　小型企业网络系统网络技术使用

序号	设备名称	网络技术
1	核心交换机	□ SSH 技术　□ VLAN 技术　□链路聚合　□ VRRP 技术 □基本 ACL 技术
2	接入交换机	□ SSH 技术　□ VLAN 技术　□链路聚合　□ VRRP 技术 □基本 ACL 技术
3	服务器交换机	□ SSH 技术　□ VLAN 技术　□链路聚合　□ VRRP 技术 □基本 ACL 技术

4. 查阅信息页项目设计方案中的 IP 地址及 VLAN 划分规则与学习任务二信息页中的 IP 地址规划设计思路，分析本学习任务的 IP 地址及 VLAN 划分规则，完成以下问题。

在本学习任务中，需要编制（　　）IP 地址规划表。【多选题】

A. 部门

B. 服务器

C. 用户终端设备

D. 网络设备管理

E. 核心交换机 VRRP 相关

F. 访问控制

二、勘察项目实施现场

（一）勘察学习工作站并记录环境数据

1. 查阅信息页中的设备安装场所环境需求，勘察学习工作站，分析交换机安装的环境条件，完成以下问题。

（1）交换机的工作环境温度建议为 0 ~ 45 ℃。（　　）【判断题】

（2）交换机机柜前后可与墙面或其他设备背靠背放置。（　　）【判断题】

（3）交换机工作地最好不要与电力设备的接地装置或防雷接地装置合用，并尽可能相距远一些。（　　）【判断题】

2. 勘察学习工作站，提取并记录环境数据，填入表 3-1-3 中。

表 3-1-3　　学习工作站勘察情况

机房环境				
勘察项目	温度	湿度	清洁度	照明
数据				
是否符合要求				

机柜布局							
勘察项目	尺寸	布局	空间	电源	散热	接地	防静电
数据							
是否符合要求							

（二）选定核心交换机安装位置并绘制核心机房机柜布置草图

查阅信息页中的升级前机柜示意图例与机柜内网络设备安装注意事项，选定核心交换机的安装位置，绘制核心机房机柜布置草图。

核心机房机柜布置草图：

三、识别核心交换机和网络技术的应用场景

（一）识别接入交换机与核心交换机的应用场景

查阅信息页中关于二层交换机与三层交换机区别的相关内容，识别并区分交换机的应用场景，对图 3-1-2 中的设备进行标注并回答问题。

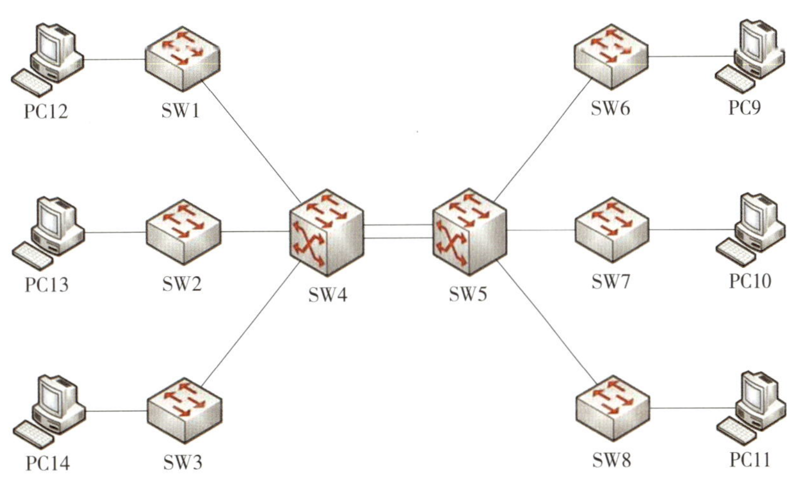

图 3-1-2 某小型企业网络系统拓扑图

图 3-1-2 中的接入交换机有__________________，核心交换机有__________________。

（二）识别 SSH 技术、MSTP 技术、链路聚合、VRRP 技术、ACL 技术的应用场景

查阅信息页中的 SSH 技术、MSTP 技术、链路聚合、VRRP 技术、ACL 技术的应用场景，识别并说明其应用场景，完成以下问题。

（1）某网络运维工程师需要实施远程管理服务器、传输文件、执行远程命令等工作，应使用_______技术；如执行简单的远程登录和命令行操作以及网络设备的初始配置时，应使用_______技术。

（2）从防止环路的技术角度考虑，可以采用（　　）生成树协议；从提高网络的可扩展性、生成树的独立性的技术角度考虑，可以采用（　　）生成树协议。【单选题】

A. STP　　B. RSTP　　C. MSTP　　D. 其他方式

（3）通过部署链路聚合技术，可以提高网络带宽，解决网络负载均衡问题。（　　）【判断题】

（4）在多台设备上部署 VRRP，其中一台设备发生故障，其他设备无法替代其工作。（　　）【判断题】

（5）某企业服务器资源被恶意访问，造成信息泄露，为保证数据安全，可以使用__________实现对访问服务器资源的有效控制。

四、明确小型企业网络系统建设项目设计方案

（一）识别小型企业网络系统的网络架构

查阅信息页学习任务二项目实施方案的需求分析中改造后拓扑图，对比本学习任务的改造后拓扑图，识别双核心网络架构和功能，在表 3-1-4 中勾选相应选项。

表 3-1-4　小型办公网络系统与小型企业网络系统对比

序号	对比项	小型办公网络系统	小型企业网络系统
1	网络规模	□复杂　□单一	□复杂　□单一
2	网络系统功能	□设备冗余　□链路冗余	□设备冗余　□链路冗余
3	组网方式	□双核心双链路备份组网 □单一接入交换机组网	□双核心双链路备份组网 □单一接入交换机组网
4	网络可靠性	□高　□低	□高　□低

（二）阐述核心交换机关键参数并说明选用理由

1. 查阅信息页中不同型号核心交换机产品属性的相关内容，阐述核心交换机关键参数及其含义，在表 3-1-5 中勾选相应选项。

表 3-1-5　核心交换机产品信息

序号	参数	核心交换机 S3000	核心交换机 S5000	核心交换机 S7000
1	包转发率	660 Mp/s	2 800 Mp/s	72 000 Mp/s
2	业务槽位	/	/	6
3	链路冗余技术	□支持链路聚合	□支持链路聚合	□支持链路聚合
4	设备冗余技术	□ STP、RSTP、PVST □支持 VRRP	□ STP、RSTP、PVST □支持 VRRP	□ STP、RSTP、PVST □支持 VRRP
5	设备高度	1RU	1RU	13RU
6	硬件冗余	□冗余主控 □冗余模块化电源	□冗余主控 □冗余模块化电源	□冗余主控 □冗余模块化电源

2. 查阅信息页项目设计方案中的网络架构拓扑图（改造后），依据核心交换机在网络中的位置等信息，完成以下问题并说明选用理由。

（1）小型企业网络系统升级改造后所使用的核心交换机应用于（□核心层　□汇聚层　□接入层），需要具有高速可靠的性能要求。

（2）S7000 交换机的__________、__________、__________等技术参数能够满足该项业务对网络性能和可靠性的要求。

（三）明确小型企业网络系统所用网络技术的适用性

1. 查阅信息页“MSTP+ 链路聚合 +VRRP”组网案例与项目设计方案中的需求分析，分析网络技术所解决的小型企业网络系统功能，明确其适用性，填入图 3-1-3 中。

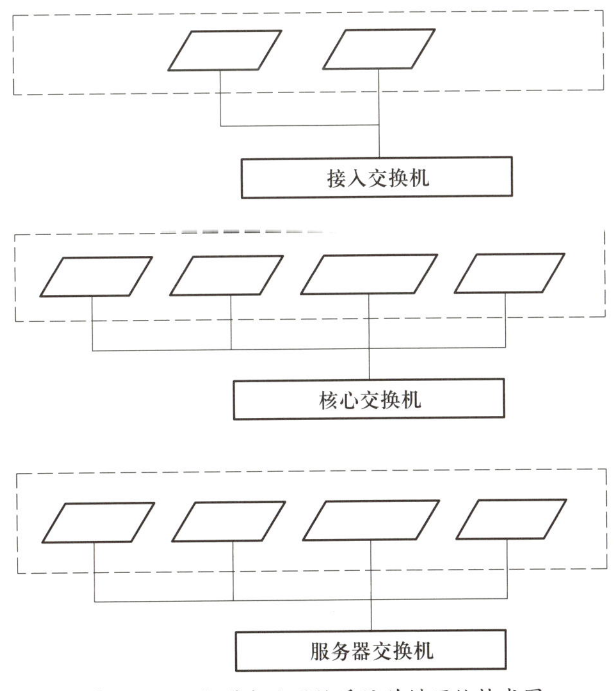

图 3-1-3　小型企业网络系统关键网络技术图

2. 根据表 3-1-6 所列“小型企业网络系统建设项目实施网络技术适用性的明确”考核项目评分表对本环节进行评价。

表 3-1-6 “小型企业网络系统建设项目实施网络技术适用性的明确”考核项目评分表

考核项目：小型企业网络系统建设项目实施网络技术适用性的明确　　　组别：

评价项目	评分细则	自评（占比 20%）	互评（占比 30%）	师评（占比 50%）	总分
1. 自主学习能力表现	小组所有成员积极参与资料查阅，主动寻找多种可靠的网络技术资料来源，共计 5 分。自觉自主学习且相关网络技术资料来源于官方技术文档或专业技术网站计 5 分，教师提醒后自主学习计 4 分，教师提供充分学习资料后进行学习计 3 分，需要同伴提醒与帮助后进行学习计 2 分，无法自主学习计 0 ~ 1 分				
2. 网络技术适用性的明确	SSH 技术、MSTP 技术、链路聚合、VRRP 技术适用性的明确，共计 10 分。其中，SSH 技术软硬件支持信息占 1 分、应用场景占 1.5 分，MSTP 技术软硬件支持信息占 1 分、应用场景占 1.5 分，链路聚合软硬件支持信息占 1 分、应用场景占 1.5 分，VRRP 技术软硬件支持信息占 1 分、应用场景占 1.5 分。错一处或遗漏一处扣 1 ~ 1.5 分				
考核项目得分					

（四）提炼小型企业网络系统 IP 地址的组成要素

1. 查阅信息页中的各类 IP 地址组成要素及样例，分析 IP 地址组成要素的含义，完成以下问题。

（1）在设置网络架构的过程中，确定部门 IP 地址设置范围大小（或掩码长度）的关键因素是（　　）。【单选题】

A. 部门内主机数量　　　　B. 部门数量

C. 子网数量　　　　D. 其他因素

（2）网络设备管理 IP 地址的网关功能可以通过部署默认路由来实现。（　　）【判断题】

（3）在 VRRP 相关 IP 地址设置过程中，可以将虚拟 IP 地址作为主机的网关地址。（　　）【判断题】

2. 查阅信息页中的各类 IP 地址组成要素及样例，依据项目设计方案，提炼小型企业网络系统 IP 地址组成要素，完成以下问题。

（1）部门 IP 地址：部门 +VLAN ID+（　　　　）+ 子网掩码 +（　　　　）。

（2）网络设备管理 IP 地址：设备名称 + 端口类型 +（　　　　）+ 子网掩码 + 网关。

（3）VRRP 相关 IP 地址：（　　　　）+IP 地址。

（五）编制小型企业网络系统网络技术汇报提纲

1. 查阅信息页项目设计方案中网络技术的相关内容，整理小型企业网络关键技术，对“某物流公司网络系统建设项目网络技术汇报提纲”进行补充（可采用电子版形式）。

某物流公司网络系统建设项目网络技术汇报提纲

1. SSH 技术

（1）________________，（2）________________，……

2. ________

（1）________________，（2）________________，……

3. ________

（1）________________，（2）________________，……

4. ________

（1）________________，（2）________________，……

5. ________

（1）________________，（2）________________，……

2. 总结汇报过程中发现的语言表达问题，并提供解决方法，将问题和对应的解决方法用线连接起来。

问题	解决方法
语言断续	加强逻辑思考训练
表达不清	认真地接受他人的反馈
专业术语不准确	加强写作能力训练
表达紧张	加强专业术语的使用
逻辑不清	加强口语练习

学习环节二 制订计划

学习目标

1. 能采用小组合作的方式，依据 IP 地址及 VLAN 划分规则，厘清各部门业务访问需求，编制小型企业网络系统 IP 地址规划表。

2. 能采用独立工作与小组合作相结合的方式，依据项目设计方案和 IP 地址规划表，绘制小型企业网络系统拓扑图，确保网络结构清晰且无设备遗漏，图中的 SSH 管理网段标记准确、MSTP 主备根桥标注清晰、链路聚合示意明确、VRRP 主备网关注释醒目、基本 ACL 放行信息准确，具有耐心、专注的劳动精神。

3. 能采用小组合作的方式，参考 SSH 技术、MSTP 技术、链路聚合、VRRP 技术、ACL 技术的配置步骤与配置内容，编写接入交换机、核心交换机、服务器交换机的配置流程，确保网络设备配置流程齐全、步骤完整、内容正确。

4. 能采用小组合作的方式，依据 IP 地址规划表、网络拓扑系统图、网络设备配置流程等资料，编制小型企业网络系统建设项目实施方案，具有与人合作能力。

建议学时

10 学时

学习要求

序号	学习步骤	学习内容	学时	备注
1	编制小型企业网络系统 IP 地址规划表	1. IP 地址规划表中 VRRP 信息的识读（实践） 2. 小型企业网络系统 IP 地址规划表的编制（实践） 3. 小型企业网络系统 IP 地址规划表的设计要点（理论）	3	
2	绘制小型企业网络系统拓扑图	1. 小型企业网络系统拓扑图的绘制要点（理论） 2. 小型企业网络系统拓扑图的绘制（实践） 3. 耐心、专注的劳动精神（素养）	2	

续表

序号	学习步骤	学习内容	学时	备注
3	编写接入交换机、核心交换机、服务器交换机的配置流程	1. SSH 技术的配置步骤与配置内容（理论） 2. MSTP 技术的配置步骤与配置内容（理论） 3. 链路聚合的配置步骤与配置内容（理论） 4. VRRP 技术的配置步骤与配置内容（理论） 5. ACL 技术的配置步骤与配置内容（理论）	3	
4	编制小型企业网络系统建设项目实施方案	1. 项目关键环节工期的估算（实践） 2. 项目实施方案内容的编制（实践） 3. 与人合作能力（素养）	2	

一、编制小型企业网络系统 IP 地址规划表

（一）识读 IP 地址规划表中的 VRRP 信息

查阅信息页中对 IP 地址规划表 VRRP 信息的介绍，识读 VRRP 相关 IP 地址规划表样例中的 VRRP 信息，若网络中新增加 VLAN 30，则重新编制规划表，填入表 3-2-1 中。

表 3-2-1　VRRP 相关 IP 地址规划表样例（新）

序号	设备名称	VLAN ID	VLAN 接口 IP 地址	VRRP 备份组 ID	VRRP 虚拟 IP 地址
1	SWA	10		10	
2	SWB	10		10	

（二）编制小型企业网络系统 IP 地址规划表并梳理设计要点

1. 查阅信息页项目设计方案中的 IP 地址及 VLAN 划分规则，提炼网段信息，完成以下问题并编制 1 条 IP 地址信息，以此类推，填入表 3-2-2 中。

（1）部门 IP 地址规划表（行政部）：VLAN ID 为____，网段地址为________________，网关地址为________________。

（2）服务器 IP 地址规划表（云桌面服务器）：VLAN ID 为____，服务器地址为________________，网关地址为________________，在备注栏中填写允许访问的 VLAN 信息。

（3）网络设备管理 IP 地址规划表（接入交换机 SW1）：网络地址为________________，虚拟网关地址为________________，在备注栏中填写管理 VLAN 信息。

（4）核心交换机VRRP虚拟IP地址规划表（核心交换机01）：VLAN ID为10，网络地址为__________，网关地址为__________。

表 3-2-2　小型企业网络系统 IP 地址规划

部门 IP 地址规划表				
部门	VLAN ID	网段地址	网关地址	备注
行政部				
财务部				
人力资源部				
物流部				
仓库部				
销售部				
服务器 IP 地址规划表				
服务器名	VLAN ID	网络地址	网关地址	备注
云桌面服务器				
OA管理系统服务器				
电子邮件服务器				
财务服务器				
物流出入库服务器				
网络设备管理 IP 地址规划表				
设备名称	设备命名	网络地址	网关地址	备注
接入交换机	SW1			
	SW2			
	SW3			
	SW4			
	SW5			
	SW6			
服务器交换机	SW7			
核心交换机	LSW1			
	LSW2			

续表

核心交换机 IP 地址规划表						
设备名称	设备命名	VLAN ID	VLAN 接口 IP 地址	VRRP 备份组 ID	VRRP 虚拟 IP 地址	备注
核心交换机 01	LSW1					
核心交换机 02	LSW2					

2. 查阅信息页学习任务二中的 IP 地址规划表，与本任务进行比较，梳理小型企业网络系统 IP 地址规划表的设计要点，完成以下问题。

（1）在 VRRP 相关 IP 地址规划表中，VLAN 接口 IP 地址与 VRRP 虚拟 IP 地址可以为同一个 IP 地址。（　　）**【判断题】**

（2）对于一个小型企业网络，如果网络中有多个 VRRP 组，VRRP 虚拟 IP 地址的规划应该符合（　　）规则。**【单选题】**

A. 所有组都使用相同的 VRRP 虚拟 IP 地址以便管理

B. 每个组都选择不同网段的 VRRP 虚拟 IP 地址

C. 尽量选择连续的 IP 地址作为 VRRP 虚拟 IP 地址

D. 根据设备的性能来分配 VRRP 虚拟 IP 地址

二、绘制小型企业网络系统拓扑图

1. 查阅信息页中的双核心网络架构拓扑图样例，提取并梳理小型企业网络系统拓扑图（网络技术）的绘制要点，将以下空格补充完整。

（1）在配置 SSH 的网络设备附近标注该网络设备的__________、__________和__________。

（2）在配置 MSTP 的网络设备附近标注__________、__________和__________。

（3）在配置链路聚合的网络设备附近标注__________和__________。

（4）在配置 VRRP 的网络设备附近标注__________、__________和__________。

（5）在配置基本 ACL 的网络设备附近标注应用的__________信息及__________信息。

2. 根据双核心网络架构在拓扑图中的绘制要点，绘制小型网络系统拓扑图（采用电子版形式），并进行核对检查，填入表 3-2-3 中。

表 3-2-3　　小型企业网络系统拓扑图网络技术核对表

<table>
<tr><td>网络拓扑结构</td><td colspan="5">网络设备间连线：□规范有规律　□混乱无规律
网络层次结构：□清晰　□模糊</td></tr>
<tr><td rowspan="2">网络设备</td><td>类型</td><td>接入交换机</td><td>核心交换机</td><td>服务器交换机</td><td>服务器</td></tr>
<tr><td>数量</td><td></td><td></td><td></td><td></td></tr>
<tr><td>SSH</td><td colspan="5">1. 用户名:______；密码:__________
2. 管理 IP 地址
LSW1:__________；LSW2:__________；
SW1:__________；SW2:__________；SW3:__________；
SW4:__________；SW5:__________；SW6:__________；SW7:__________</td></tr>
<tr><td>MSTP</td><td colspan="5">1. 核心交换机 MSTP 配置
MSTP 域名为________、域等级为____，部署 instance 1、instance 2；其中______________________________映射到 instance 1，____________________映射到 instance 2；LSW2 为 instance1 的________根桥，instance2 的________根桥；LSW1 为 instance1 的________根桥，instance 2 的________根桥
2. 接入层、服务器交换机 MSTP 配置
MSTP 域名为________、域等级为____，配置 MSTP 生成树实例为 instance 1、instance 2，将____________________映射到 instance 1，____________________映射到 instance 2</td></tr>
<tr><td>链路聚合</td><td colspan="5">1. 链路聚合组 ID:____；链路类型:________；放行 VLAN:______；link-aggregation mode:________
2. 核心交换机____________________和____________________端口加入链路聚合（聚合组为________）功能配置部署</td></tr>
</table>

续表

VRRP	核心交换机 VRRP vrid:__________ VRRP virtual-ip:__________ __________
基本 ACL	服务器交换机：应用在连接______服务器、______服务器的接口，分别仅允许______、______、______、______访问

3. 回忆在绘制拓扑图的过程中是否具备耐心专注的劳动精神，通过组内或组间多次仔细核对(　　)可提升网络拓扑图绘制的质量。【多选题】

A. 网络设备类型、数量

B. 设备间的介质类型、端口类型及端口编号

C. 网络关键技术在不同设备上的配置信息

D. VLAN、IP 地址、子网网段、网关等信息

三、编写接入交换机、核心交换机、服务器交换机的配置流程

(一)编写接入交换机、核心交换机的配置流程

1. 查阅信息页中的 SSH 技术、MSTP 技术、链路聚合、VRRP 技术配置步骤与配置内容，梳理流程、整理步骤、提炼要点，完成以下问题。

(1)关于 SSH 的配置，以下说法中错误的是(　　)。【单选题】

A. SSH 配置部署前要先配置密钥

B. SSH 用户的服务类型可以配置为 SFTP 类型

C. SSH 配置在接口模式下

D. 在 vty 用户视图模式下可进行 SSH 和 telnet 配置部署

(2)MSTP 域名、修订级别可以不统一。(　　)【判断题】

(3)(　　)可以保证链路聚合配置的正确性。【多选题】

A. link-aggregation mode 需统一

B. 允许通过的 VLAN ID 需统一

C. 本地设备链路聚合组与对端设备的链路聚合组编号必须对应

D. 链路类型必须为 Trunk 模式

(4)配置 VRRP 技术过程中，Master 角色的 priority-value 的值要高于 Backup 角色的 priority-value 的值。(　　)【判断题】

2. 查阅信息页中的 SSH 技术、MSTP 技术、链路聚合、VRRP 技术配置步骤与配置内容，编写接入交换机、核心交换机的配置流程，填入表 3-2-4 中。

表 3-2-4　　接入交换机、核心交换机的配置流程

接入交换机的配置流程		
配置流程	配置步骤	配置内容
设备命名	（可参照学习任务二相关内容，此处略去）	
管理 IP 地址	（可参照学习任务二相关内容，此处略去）	
SSH 远程管理		
启动 MSTP		
VLAN 划分	（可参照学习任务二相关内容，此处略去）	
Trunk 部署	（可参照学习任务二相关内容，此处略去）	
核心交换机的配置流程		
配置流程	配置步骤	配置内容
设备命名	（可参照学习任务二相关内容，此处略去）	
管理 IP 地址	（可参照学习任务二相关内容，此处略去）	
SSH 远程管理	（可参照接入交换机的 SSH 远程管理配置，此处略去）	
启动 MSTP（高级）		
VLAN 划分	（可参照学习任务二相关内容，此处略去）	

续表

核心交换机的配置流程		
配置流程	配置步骤	配置内容
Trunk 部署	（可参照学习任务二相关内容，此处略去）	
链路聚合		
VRRP（主）		
VRRP（备）		

3. 根据表 3-2-5 所列“核心交换机的配置流程”考核项目评分表对本环节进行评价。

表 3-2-5 “核心交换机的配置流程”考核项目评分表

考核项目：核心交换机的配置流程 组别：

评价项目	评分细则	自评（占比 20%）	互评（占比 30%）	师评（占比 50%）	总分
1. 核心交换机的配置流程	核心交换机的配置流程，共计 5 分。配置流程应齐全，错一处或遗漏一处扣 1 分，不倒扣				
2. 核心交换机高级 MSTP、链路聚合、VRRP 的配置步骤	核心交换机高级 MSTP、链路聚合、VRRP 的配置步骤，共计 5 分。配置步骤应完整，错一处或遗漏一处扣 1 分，不倒扣				
3. 核心交换机高级 MSTP、链路聚合、VRRP 的配置内容	核心交换机高级 MSTP、链路聚合、VRRP 的配置内容，共计 5 分。配置内容应正确，错一处或遗漏一处扣 1 分，不倒扣				
4. 核心交换机配置流程的书写	书写情况共计 5 分。书写工整、美观计 5 分；书写较为工整计 4 分；书写较乱，基本能识别计 3 分；半数内容难以识别计 2 分；书写混乱，无法识别计 1 分或 0 分				
考核项目得分					

（二）编写服务器交换机的配置流程

1. 查阅信息页中的 ACL 技术配置步骤与配置内容，梳理流程、整理步骤、提炼要点，完成以下问题。

（1）基本 ACL 与高级 ACL 编号可以互用。（　　）【判断题】

（2）基本 ACL 一般放置在靠近被过滤的数据源的网络设备。（　　）【判断题】

（3）一个接口针对不同协议、不同方向可以放置多个 ACL。（　　）【判断题】

2. 查阅信息页中的 ACL 技术配置步骤与配置内容，编写服务器交换机的配置流程，填入表 3-2-6 中。

表 3-2-6　服务器交换机的配置流程

配置流程	配置步骤	配置内容
设备命名	（可参照学习任务二相关内容，此处略去）	
管理 IP 地址	（可参照学习任务二相关内容，此处略去）	
SSH 远程管理	（可参照接入交换机 SSH 远程管理配置，此处略去）	
启动 MSTP	（可参照核心交换机 MSTP 配置，此处略去）	
VLAN 划分	（可参照学习任务二相关内容，此处略去）	
Trunk 部署	（可参照学习任务二相关内容，此处略去）	
基本 ACL		

四、编制小型企业网络系统建设项目实施方案

（一）估算项目关键环节工期

查阅信息页中的项目设计方案，整理项目设计方案内容、估算项目关键环节工期，填入表 3-2-7 中。

表 3-2-7　小型企业网络系统建设项目概述

小型企业网络系统网络性能（改造前）	小型企业网络系统网络性能（改造后）

续表

小型企业网络系统网络架构描述（改造前）	小型企业网络系统网络架构描述（改造后）
小型企业网络系统拓扑图（改造前）	小型企业网络系统拓扑图（改造后）

关键环节工期估算			
序号	工作内容	工期	人员安排
1	核心交换机到货安装	1天	李××、张××
2			
3			
4			
工作内容选项：网络设备调试、网络系统测试、项目验收			

（二）编制项目实施方案

1. 收集并整理学习成果，筛选出可用于编制项目实施方案的材料，在表3-2-8中勾选相应选项。

表3-2-8 编制小型企业网络系统建设项目实施方案所需材料清单

序号	材料名称	是否需要
1	小型企业网络系统安装与调试任务单	□是 □否
2	小型企业网络系统安装与调试任务需求分析表	□是 □否
3	网络技术使用表	□是 □否
4	IP地址规划表	□是 □否
5	小型企业网络系统关键网络技术图	□是 □否
6	小型企业网络系统拓扑图	□是 □否
7	关键环节工期估算表	□是 □否
8	主流核心交换机技术参数表	□是 □否
9	接入交换机配置流程	□是 □否
10	核心交换机配置流程	□是 □否
11	服务器交换机配置流程	□是 □否

2. 依据小型企业网络系统建设项目实施方案（提纲），判断上一步所选材料在项目实施方案中的位置，对提纲进行完善，编制项目实施方案（可采用电子版形式，打印后粘贴到该页中）。

小型企业网络系统建设项目实施方案（提纲）

一、需求分析

二、方案设计

1. 网络架构

2. IP 地址及 VLAN 划分规则

3. IP 地址规划表

4. 相关网络技术

5. 网络部署

三、设备选型

四、工期及施工进度安排

3. 回顾编制小型企业网络系统建设项目实施方案的过程，在工作中可通过（　　）提升与人合作的能力。**【多选题】**

A. 培养共同目标意识　　B. 学会倾听和沟通

C. 培养互相依赖的关系　　D. 学会认真评估和分工

E. 以个人为中心　　F. 强调个人英雄主义

学习环节三 做出决策

学习目标

1. 能采用小组汇报的方式，展示并说明小型企业网络系统 IP 地址规划表、拓扑图、交换机的配置流程，并根据反馈意见对项目实施方案进行修改。

2. 能采用小组讨论的方式，依据小型企业网络系统建设项目实施方案，补充项目进度控制的相关内容，完善实施方案，具有时间意识。

建议学时

2 学时

学习要求

序号	学习步骤	学习内容	学时	备注
1	检查并修改小型企业网络系统建设项目实施方案	1. 小型企业网络系统 IP 地址规划表正确性与规范性的判别（实践） 2. 小型企业网络系统拓扑图的核对（实践） 3. 交换机配置流程正确性的判别（实践）	1.5	
2	绘制小型企业网络系统建设项目甘特图	1. 甘特图的绘制流程（理论） 2. 小型企业网络系统建设项目甘特图的绘制（实践） 3. 时间意识（素养）	0.5	

一、检查并修改小型企业网络系统建设项目实施方案

（一）检查并修改小型企业网络系统 IP 地址规划表

查阅信息页项目实施方案中的 IP 地址规划表，对照检查并判别其正确性和规范性，提出修改意见并修改 IP 地址规划表，填入表 3-3-1 中。

表 3-3-1　小型企业网络系统 IP 地址规划修订

序号	检查人	问题描述	修改意见
1	张 ××	设备管理地址使用不同的 VLAN 网段的地址	建议统一使用 VLAN 1 的网段作为设备管理 IP 地址，便于设备地址划分与设备间连通测试
2			
3			
4			

（二）检查并修改小型企业网络系统拓扑图

查阅信息页项目实施方案中的拓扑图，对照检查并判别其正确性和规范性，提出修改意见并修改拓扑图，填入表 3-3-2 中。

表 3-3-2　小型企业网络系统拓扑图修订

序号	检查人	问题描述	修改意见
1	王 ××	交换机 MSTP 未标注主备根桥	在核心交换机旁编写标注信息，instance 实例、VLAN 映射关系及与核心交换机的主备根桥的关系
2			
3			
4			

（三）检查并修改接入交换机、核心交换机、服务器交换机的配置流程

1. 查阅信息页项目实施方案中的网络部署，对照检查并判别交换机配置流程的正确性，提出修改意见并修改配置流程，填入表 3-3-3 中。

表 3-3-3　小型企业网络系统交换机配置流程修订

序号	网络设备	网络技术	问题描述	修改意见
1	接入交换机	SSH 技术		
2		MSTP 技术		
3	核心交换机	SSH 技术		
4		MSTP 技术		
5		链路聚合		
6		VRRP 技术		
7	服务器交换机	SSH 技术		
8		MSTP 技术		
9		基本 ACL 技术		

2. 梳理反馈意见，分析并总结优化要点，调整小型企业网络系统建设项目实施方案（可采用电子版形式）。

二、绘制小型企业网络系统建设项目甘特图

（一）梳理甘特图的绘制流程

查阅信息页中甘特图绘制方法的相关内容，梳理甘特图的绘制流程，将绘制流程与步骤进行连线。

步骤	流程
步骤一	确定项目任务
步骤二	制定项目时间表
步骤三	确定任务的顺序和依赖关系
步骤四	估计每个任务的持续时间
步骤五	绘制甘特图

（二）完成小型企业网络系统建设项目甘特图

1. 结合甘特图的绘制流程，分解项目任务，梳理任务之间的依赖关系，确定任务时间，绘制小型企业网络系统建设项目甘特图（可采用电子版形式，打印后粘贴在此处）。

小型企业网络系统建设项目甘特图：

2. 根据表 3-3-4 所列“用于小型企业网络系统安装与调试进度控制的甘特图”考核项目评分表对本环节进行评价。

表 3-3-4 “用于小型企业网络系统安装与调试进度控制的甘特图”考核项目评分表

考核项目：用于小型企业网络系统安装与调试进度控制的甘特图 组别：

评价项目	评分细则	自评（占比 20%）	互评（占比 30%）	师评（占比 50%）	总分
1. 甘特图的绘制要点	甘特图绘制要点齐全，共计 12 分。其中，任务占 2 分，工作内容占 2 分，进度占 2 分，开始时间占 2 分，结束时间占 2 分，工时占 2 分。错一处或遗漏一处扣 2 分				
2. 甘特图的工作内容与本项目工作内容的一致性	甘特图的工作内容与本项目工作内容一致，共计 3 分。一处不匹配扣 1 分，不倒扣				
考核项目得分					

3. 回顾在绘制小型企业网络系统建设项目甘特图的过程中是否合理安排项目实施时间，以下行为符合时间意识的有（　　）。【多选题】

A. 能在第一时间与用户沟通小型网络系统网络功能需求

B. 能按照小型网络系统安装与调试商务合同制订工作计划，确保在合同期限内完成项目的交付验收

C. 能按照合同约定方式完成项目交付

D. 能科学合理地制订工作计划的关键环节，如核心交换机到货安装、网络设备调试、网络系统测试、项目验收计划及日期等

E. 能准时与用户到达工作现场沟通突发事件

学习环节四 实施计划

学习目标

1. 能采用独立工作的方式，依据接入交换机的配置流程、IP 地址规划表和拓扑图，配置接入交换机的 SSH、基本 MSTP，通过使用 SSH 及 STP 查看命令，辨识接入交换机 SSH 远程登录状态、STP 运行情况，确保 SSH 远程管理设备、双链路连接核心交换机及避免环路。

2. 能采用独立工作的方式，依据核心交换机的配置流程、IP 地址规划表和拓扑图，配置核心交换机的高级 MSTP、链路聚合、VRRP，通过使用 MSTP、链路聚合及 VRRP 查看命令，判断 MSTP 的运行情况、链路聚合状态、VRRP 运行状态，确保核心交换机之间互为备份及避免环路。

3. 能采用独立工作的方式，依据服务器交换机的配置流程、IP 地址规划表和拓扑图，配置服务器交换机的基本 ACL，通过使用 ACL 查看命令，判断 ACL 规则，确保特定用户访问特定服务器。

建议学时

16 学时

学习要求

序号	学习步骤	学习内容	学时	备注
1	配置 SSH 实例并解读参数含义	1. SSH 配置命令的解读（理论） 2. SSH 实例的配置（实践） 3. SSH 查看命令的使用（实践）	1	
2	配置基本 MSTP 实例并解读参数含义	1. 基本 MSTP 配置命令的解读（理论） 2. 基本 MSTP 实例的配置（实践） 3. 基本 MSTP 查看命令的使用（实践）	1	

续表

序号	学习步骤	学习内容	学时	备注
3	配置接入交换机	1. 接入交换机 SSH 的配置与验证（实践） 2. 网络安全意识（素养） 3. 接入交换机基本 MSTP 的配置与验证（实践）	2	
4	配置高级 MSTP、链路聚合、VRRP 实例并解读参数含义	1. 高级 MSTP 配置命令的解读（理论） 2. 高级 MSTP 实例的配置（实践） 3. 高级 MSTP 查看命令的使用（实践） 4. 链路聚合配置命令的解读（理论） 5. 链路聚合实例的配置（实践） 6. 链路聚合查看命令的使用（实践） 7. VRRP 配置命令的解读（理论） 8. VRRP 实例的配置（实践） 9. VRRP 查看命令的使用（实践）	4	
5	配置核心交换机	1. 核心交换机高级 MSTP 的配置与验证（实践） 2. 核心交换机链路聚合的配置与验证（实践） 3. 核心交换机 VRRP 的配置与验证（实践）	2	
6	应用 VRRP、MSTP 技术	1. 关键网络技术的标注（实践） 2. MSTP、VRRP 应用案例网络技术的确定（实践）	2	
7	配置基本 ACL 实例并解读参数含义	1. 基本 ACL 配置命令的解读（理论） 2. 基本 ACL 实例的配置（实践） 3. 基本 ACL 查看命令的使用（实践）	2	
8	配置服务器交换机	1. 服务器交换机基本 ACL 的配置与验证（实践） 2. 新增 ACL 功能的分析（实践）	2	

一、配置 SSH 实例并解读参数含义

（一）配置 SSH 实例

查阅信息页中的 SSH 配置实例，参照如图 3-4-1 所示拓扑图，依据组网要求与配置命令，配置 SSH 实例，填入表 3-4-1 中。

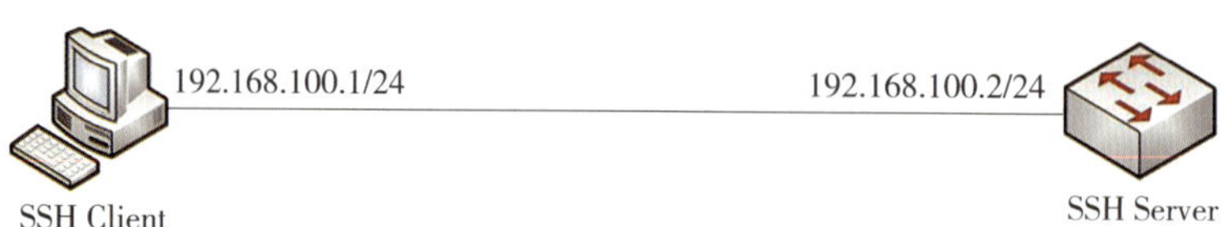

图 3-4-1　SSH 配置实例拓扑图

表 3-4-1 配置 SSH 实例

设备名	配置命令	命令说明
SSH Server	[SSHServer]interface GigabitEthernet 1/0/1 [SSHServer-GigabitEthernet1/0/1]port link-type trunk [SSHServer-GigabitEthernet1/0/1]____________	端口 GigabitEthernet1/0/1 为 Trunk 端口，并允许所有的 VLAN 通过
	[SSHServer]interface Vlan-interface 1 [SSHServer-Vlan-interface1] ip address 192.168.100.1 255.255.255.0 [SSHServer-Vlan-interface1]____________	在 SWB 上配置 VLAN 1 的地址并激活接口
	[SSHServer] public-key local create____________	生成本地非对称密钥对
	[SSHServer] ssh server enable	开启 SSH 服务功能
	[SSHServer] user-interface vty 0 4 [SSHServer-line-vty 0-4] authentication-mode ____________	进入 VTY 用户线视图并配置认证方式为 AAA 认证方式
	[SSHServer-line-vty 0-4] protocol inbound ____________	配置支持协议为 SSH
	[SSHServer] local-user student [SSHServer-luser-manage-student] password simple____________ [SSHServer-luser-manage-student] service-type____________	创建用户并进入本地用户视图，配置用户信息（密码为 student，服务类型为 SSH）
	[SSHServer-luser-manage-student]authorization-attribute user-role network-admin	配置用户信息（用户角色为网络管理员）

（二）解读 SSH 状态信息的各参数含义

1. 查阅信息页中的 SSH 查看命令，使用相关命令查看到的信息示例如图 3-4-2 所示，分析查看到的信息并解读各参数含义，判断 SSH 状态及会话连接功能，完成以下问题。

SSH 版本是________，SSH 服务器会话连接状态为__________，SSH 服务器连接的本地用户是________。

2. 查阅信息页中的 SSH 查看命令，在测试 SSH 服务功能时，若出现如图 3-4-3 所示信息，提取并判断关键信息，说明 SWA 远程登录不成功的原因。

```
[SWA]display ssh  server  status
Stelnet server: Enable
SSH version : 2.0
SSH authentication-timeout  : 60 second(s)
SSH server key generating interval  : 0 hour(s)
SSH authentication retries  : 3 time(s)
SFTP server:Disable
[SWA]display ssh  server  session
UserPid  SessID  Ver   Encrypt  State    Retries  Serv  Username
 221     0      2.0   aes128-cbc Established   0   Stelnet  student
```

图 3-4-2　SSH 服务器状态信息

```
<SWA>SSH  192.168.100.1
Username: Student
Connecting to 192.168.100.1 port 22.
Student@192.168.100.1's password:
```

图 3-4-3　SSH 会话信息

二、配置基本 MSTP 实例并解读参数含义

（一）配置基本 MSTP 实例

查阅信息页中的基本 MSTP 配置实例，参照如图 3-4-4 所示拓扑图，依据组网要求与配置命令，配置基本 MSTP 实例，填入表 3-4-2 中。

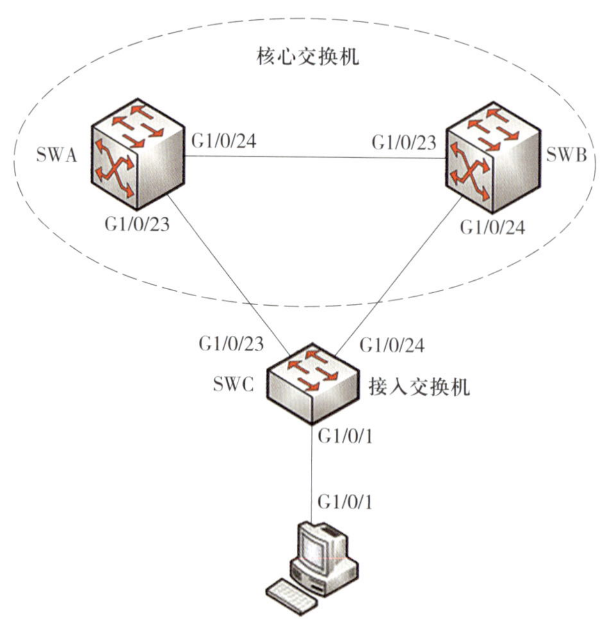

图 3-4-4　基本 MSTP 配置实例拓扑图

表 3-4-2 配置基本 MSTP 实例

设备名	配置命令	命令说明
SWC	[SWC]stp global enable	开启 STP 特性
	[SWC]stp mode mstp	配置 STP 工作模式
	[SWC]stp________________	进入 MST 域视图
	[SWC-mst-region]region-name____________	配置域名为 class
	[SWC-mst-region]________________	配置修订级别为 5
	[SWC-mst-region]instance 1 ____________	VLAN 1、VLAN 10 映射到 instance 1
	[SWC-mst-region]instance 2 ____________	VLAN 2、VLAN 20 映射到 instance 2
	[SWC-mst-region]_________________________	激活域

（二）解读基本 MSTP 状态信息的各参数含义

1. 查阅信息页中的基本 MSTP 查看命令，使用相关命令查看到的信息示例如图 3-4-5 所示，分析查看到的信息并解读各参数含义，识读交换机 SWC 上的 MSTP 状态，填入表 3-4-3 中。

```
[SWC]display stp brief
MST ID    Port                  Role  STP State   Protection
0         GigabitEthernet1/0/23 ROOT  FORWARDING  NONE
0         GigabitEthernet1/0/24 ALTE  DISCARDING  NONE
1         GigabitEthernet1/0/23 MAST  FORWARDING  NONE
1         GigabitEthernet1/0/24 ALTE  DISCARDING  NONE
2         GigabitEthernet1/0/23 MAST  FORWARDING  NONE
2         GigabitEthernet1/0/24 ALTE  DISCARDING  NONE
```

图 3-4-5 基本 MSTP 状态信息

表 3-4-3 基本 MSTP 状态信息

序号	生成树实例编号	端口编号	端口角色	端口状态
1				
2				
3				
4				

2. 查看 MSTP 状态时，未发现 instance 2 的相关信息，分析设备配置参数，选择可能的原因（□ instance 2 未配置 VLAN 的映射关系 □所有 VLAN 接口都处在 shutdown 的状态）。

三、配置接入交换机

（一）完成接入交换机的基础配置

查阅信息页项目实施方案中的接入交换机配置流程、IP 地址规划表和拓扑图，完成接入交换机的基础配置，填入表 3-4-4 中。

表 3-4-4 接入交换机的基础配置

序号	配置步骤	配置命令
1	设备命名	（可参照学习任务二相关内容，此处略去）
2	管理 IP 地址	（可参照学习任务二相关内容，此处略去）
3	VLAN 划分	（可参照学习任务二相关内容，此处略去）
4	Trunk 部署	（可参照学习任务二相关内容，此处略去）

（二）配置接入交换机的 SSH

1. 查阅信息页项目实施方案中的接入交换机配置流程、IP 地址规划表和拓扑图，配置接入交换机的 SSH，填入表 3-4-5 中。

表 3-4-5 接入交换机的 SSH 配置

<table>
<tr><th>序号</th><th colspan="2">配置步骤</th><th>配置命令</th></tr>
<tr><td colspan="4">以接入交换机 SW1 的 SSH 配置为例，依次完成接入交换机 SW2 ~ SW6 的 SSH 配置</td></tr>
<tr><td>1</td><td colspan="2">生成密钥</td><td>public-key local create________</td></tr>
<tr><td>2</td><td colspan="2">开启 SSH 服务功能</td><td>ssh server enable</td></tr>
<tr><td>3</td><td colspan="2">创建 VTY 并进入 VTY 0 ~ 4 用户界面视图</td><td>line vty 0 4</td></tr>
<tr><td>4</td><td colspan="2">配置认证方式为 AAA</td><td>authentication-mode__________</td></tr>
<tr><td>5</td><td colspan="2">配置所在用户界面支持 SSH 协议</td><td>protocol inbound________</td></tr>
<tr><td>6</td><td colspan="2">创建用户 admin 并进入本地用户视图</td><td>________________________</td></tr>
<tr><td rowspan="3">7</td><td rowspan="3">配置用户信息</td><td>密码类型为明文形式，密码为 work@123456</td><td>________________________</td></tr>
<tr><td>服务类型为 SSH</td><td>________________________</td></tr>
<tr><td>用户角色为网络管理员</td><td>authorization-attribute user-role
________________________</td></tr>
</table>

2. 回顾在配置接入交换机的 SSH 过程中是否具备网络安全意识，完成以下问题。

（1）为提升网络安全性能，在网络设备安全管理方面可以采取哪些措施？

____

____

____

（2）因为网络设备远程管理密码是由网络工程师配置的，所以网络工程师可以随意登录网络设备，随意更改设备配置参数。（　　）【判断题】

（3）可以将网络设备远程登录的密码告知亲朋好友或出售给第三方公司。（　　）【判断题】

（三）配置接入交换机的基本 MSTP

查阅信息页项目实施方案中的接入交换机配置流程、IP 地址规划表和拓扑图，配置接入交换机的基本 MSTP，填入表 3-4-6 中。

表 3-4-6　　接入交换机的基本 MSTP 配置

序号	配置步骤	配置命令
以交换机 SW1 的基本 MSTP 配置为例，依次完成接入交换机 SW2 ~ SW6 的 MSTP 协议配置		
1	开启 STP 特性	stp global enable
2	配置 STP 工作模式（MSTP）并进入 MST 域视图	stp mode________ stp region-configuration
3	配置域名为 company，域等级为 5	region-name________ revision-level________
4	配置 MST 实例并映射 VLAN 到 MSTI（实例 1 映射 vlan 10 20 30 100，实例 2 映射 vlan 1 40 50 60）	instance 1________ instance 2________
5	激活域	________region-configuration

（四）检查接入交换机的配置信息并导出配置文档

使用 SSH、MSTP 查看命令，检查接入交换机的配置信息，完成以下问题，导出接入交换机的配置文档。

（1）登录交换机设备，使用 display ssh server、display ssh session 命令查看并辨识交换机远程登录状态，将结果填入表 3-4-7 中。

表 3-4-7　　SSH 登录设备结果

序号	设备名	登录结果	错误描述
1	SW1	□正确　□错误	
2	SW2	□正确　□错误	

续表

序号	设备名	登录结果	错误描述
3	SW3	□正确 □错误	
4	SW4	□正确 □错误	
5	SW5	□正确 □错误	
6	SW6	□正确 □错误	

（2）在查看 SW1 基础配置时，查看到的信息如图 3-4-6 所示，若接口 GigabitEthernet1/0/1 或 LSW1 设备产生单点故障，会导致 VLAN____________________的数据丢失，可在接口____________________下增加______________________________命令解决。

```
interface GigabitEthernet1/0/1（上联LSW1）
port link-type trunk
port trunk permit vlan 1 10 20 30 40 50 60 100
interface GigabitEthernet1/0/2（上联LSW2）
port link-type trunk
port trunk permit vlan 1 10 20 30
```

图 3-4-6　SW1 基础配置信息

（3）在查看 SW1、SW2 基本配置时，查看到的信息如图 3-4-7 所示，在以下选项中勾选 SW2 上的 MSTP 错误。

□域名不一致　□修订级别不一致　□生成树实例与 VLAN 的映射关系不一致

SW1	SW2
stp region-configuration	stp region-configuration
region-name company	region-name company
revision-level 5	revision-level 0
instance 1 vlan 10 20 30 100	instance 1 vlan 10 20 50 100
instance 2 vlan 1 40 50 60	instance 2 vlan 1 40 30 60
active region-configuration	active region-configuration

图 3-4-7　SW1、SW2 基本配置信息

四、配置高级 MSTP、链路聚合、VRRP 实例并解读参数含义

（一）配置高级 MSTP 实例

1. 查阅信息页中的高级 MSTP 配置实例，参照图 3-4-8 所示拓扑图，依据组网要求和配置命令，配置高级 MSTP 实例，填入表 3-4-8 中。

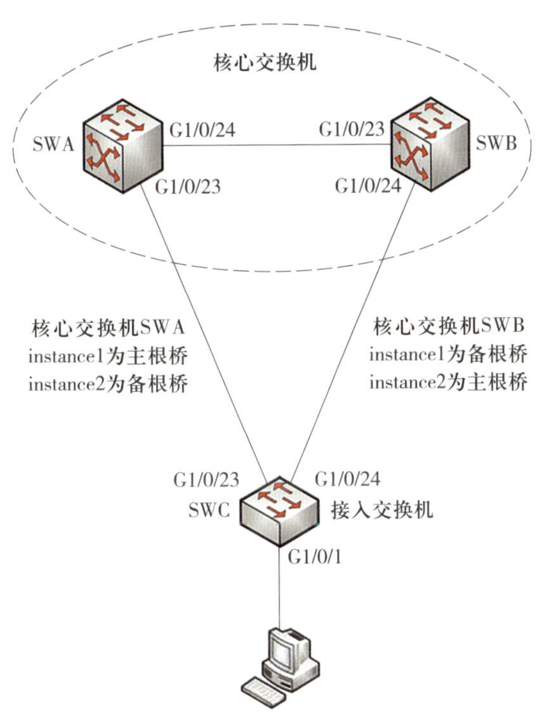

图 3-4-8　高级 MSTP 配置实例拓扑图

表 3-4-8　配置高级 MSTP 实例

设备名	配置命令	命令说明
SWA	[SWA]stp mode mstp	配置 STP 工作模式为 MSTP 模式
	[SWA] stp region-configuration	进入 MST 域视图
	[SWA-mst-region] region-name class	配置域名为 class
	[SWA-mst-region] revision-level 5	配置域等级为 5
	[SWA-mst-region] instance 1 ________________	配置 VLAN 1、VLAN 10 到 MST 实例 1
	[SWA-mst-region] instance 2 ________________	配置 VLAN 20、VLAN 30 到 MST 实例 2
	[SWA-mst-region] active ________________	激活 MST 域配置
	[SWA] ________________	SWA 为 MSTI 1 主根桥
	[SWA] ________________	SWA 为 MSTI 2 备根桥

2. 已知交换机 SWB MSTP 配置有多处错误，依据网络功能需求，参考 SWA 配置，找出 SWB 的错误配置，填入表 3-4-9 中。

表 3-4-9　　配置高级 MSTP 实例（修订）

设备名	配置命令	正确命令
SWB	[SWB] stp mode mstp	
	[SWB] stp region-configuration	
	[SWB-mst-region] region-name class	
	[SWB-mst-region] revision-level 10	
	[SWB-mst-region] instance 1 vlan 20 30	
	[SWB-mst-region] instance 2 vlan 1 10	
	[SWB-mst-region] active region-configuration	
	[SWB] stp instance 1 root primary	
	[SWB] stp instance 2 root secondary	

（二）解读高级 MSTP 状态信息的各参数含义

查阅信息页中的高级 MSTP 查看命令，使用相关命令查看到的信息示例如图 3-4-9 所示，分析查看到的信息并解读各参数含义，识读并判断 MSTP 状态及配置信息，填入表 3-4-10 中。

```
<SWA>display  stp  brief
MST ID       Port                    Role   STP State     Protection
0        GigabitEthernet1/0/23      DESI   FORWARDING    NONE
0        GigabitEthernet1/0/24      DESI   FORWARDING    NONE
1        GigabitEthernet1/0/23      DESI   FORWARDING    NONE
1        GigabitEthernet1/0/24      DESI   FORWARDING    NONE
2        GigabitEthernet1/0/23      DESI   FORWARDING    NONE
2        GigabitEthernet1/0/24      ROOT   FORWARDING    NONE
```

```
<SWB>display  stp  brief
 MST ID      Port                    Role   STP State     Protection
0        GigabitEthernet1/0/23      ROOT   FORWARDING    NONE
0        GigabitEthernet1/0/24      DESI   FORWARDING    NONE
1        GigabitEthernet1/0/23      ROOT   FORWARDING    NONE
1        GigabitEthernet1/0/24      DESI   FORWARDING    NONE
2        GigabitEthernet1/0/23      DESI   FORWARDING    NONE
2        GigabitEthernet1/0/24      DESI   FORWARDING    NONE
```

a）

<SWA>display stp instance 1 --[MSTI 1 Global Info]---- Root type : Primary root [Port25(GigabitEthernet1/0/23)] [FORWARDING] Port role : Designated Port [Port24(GigabitEthernet1/0/24)] [FORWARDING] Port role: Designated Port	<SWB>display stp instance 1 --[MSTI 1 Global Info]- Root type : Secondary root [Port25(GigabitEthernet1/0/23)] [FORWARDING] Port role : Designated Port [Port24(GigabitEthernet1/0/24)] [FORWARDING] Port role: Designated Port
<SWA>display stp instance 2 -[MSTI 2 Global Info]- Root type : Secondary root [Port24(GigabitEthernet1/0/23)] [FORWARDING] Port role : Designated Port [Port25(GigabitEthernet1/0/24)] [FORWARDING] Port role : Root Port	<SWB>display stp instance 2 --[MSTI 2 Global Info]- Root type : Primary root [Port24(GigabitEthernet1/0/23)] [FORWARDING] Port role : Designated Port [Port25(GigabitEthernet1/0/24)] [FORWARDING] Port role: Designated Port

b)

图 3-4-9 高级 MSTP 状态信息

a）简要状态信息 b）详细配置和运行状态信息

表 3-4-10 高级 MSTP 状态信息

序号	交换机名称	MSTI-ID	主、备根桥角色	端口角色及状态	MSTP 状态与要求是否一致
1					
2					
3					
4					

（三）配置链路聚合实例

1. 查阅信息页中的链路聚合配置实例，参照图 3-4-10 所示拓扑图，依据组网要求和配置命令，配置链路聚合实例，填入表 3-4-11 中。

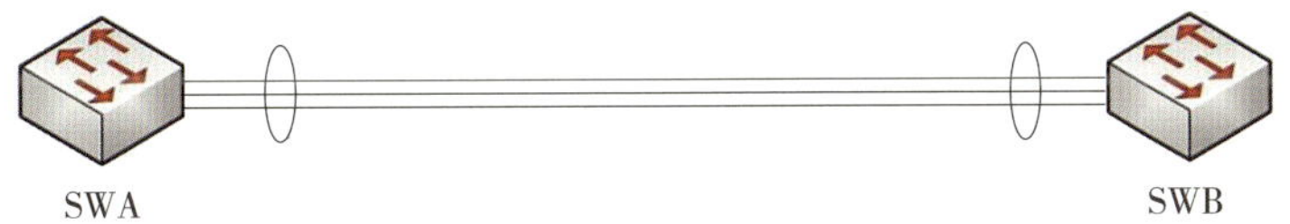

图 3-4-10 链路聚合配置实例拓扑图

表 3-4-11　配置链路聚合实例

设备名	配置命令	命令说明
SWA	[SWA]interface bridge-aggregation 1	创建二层聚合接口并进入二层聚合接口视图
	[SWA-Bridge-Aggregation1] ______________	配置聚合接口类型为 Trunk
	[SWA-Bridge-Aggregation1] port trunk permit ____ ________	配置允许放行 VLAN 为 vlan 1、vlan 10、vlan 20、vlan 30、vlan 40、vlan 50、vlan 100
	[SWA] interface GigabitEthernet1/0/1 [SWA-GigabitEthernet1/0/1] ______________	以太网接口 GigabitEthernet1/0/1 加入聚合组 1
	[SWA] interface GigabitEthernet1/0/2 [SWA-GigabitEthernet1/0/2] ______________	以太网接口 GigabitEthernet1/0/2 加入聚合组 1
	[SWA] interface GigabitEthernet1/0/3 [SWA-GigabitEthernet1/0/3] ______________	以太网接口 GigabitEthernet1/0/3 加入聚合组 1

2. 已知交换机 SWB 的链路聚合配置有多处错误，参考 SWA 配置命令，找出 SWB 错误的配置命令并纠正，填入表 3-4-12 中。

表 3-4-12　配置链路聚合实例（修订）

设备名	配置命令	正确命令
SWB	[SWB]interface bridge-aggregation 1 [SWB-Bridge-Aggregation1] port link-type trunk [SWB-Bridge-Aggregation1] port trunk permit vlan 1 10 20	
	[SWB] interface gigabitethernet 1/0/1 [SWB-GigabitEthernet1/0/1] port link-aggregation group 2	
	[SWB] interface gigabitethernet 1/0/2 [SWB-GigabitEthernet1/0/2] port link-aggregation group 2	
	[SWB] interface gigabitethernet 1/0/3 [SWB-GigabitEthernet1/0/3] port link-aggregation group 2	

（四）解读链路聚合状态信息的各参数含义

1. 查阅信息页中的链路聚合查看命令，使用相关命令查看到的信息示例如图 3-4-11 所示，分析查看到的信息并解读各参数含义，判断并说明故障原因。

<SWA>display current-configuration interface Bridge-Aggregation1 Current state: UP Line protocol state: UP port link-type trunk port trunk permit vlan 1 10 20 30 40 50 60 100 link-aggregation mode dynamic	<SWB>display current-configuration interface Bridge-Aggregation1 Current state: UP Line protocol state: UP port link-type trunk port trunk permit vlan 1 10 20 30 40 50 60 100
<SWA>display interface Bridge-Aggregation 1 Bandwidth: 3000000 kbps Port link-type: Trunk VLAN Passing: 1(default vlan) VLAN permitted: 1(default vlan), 10, 20, 30, 40, 50, 60, 100	<SWB>display interface Bridge-Aggregation 1 Bandwidth: 1000000 kbps Port link-type: Trunk VLAN Passing: 1(default vlan) VLAN permitted: 1(default vlan), 10, 20, 30, 40, 50, 60, 100

图 3-4-11 链路聚合状态信息

2. 依据图 3-4-11 所示链路聚合状态信息，辨识交换机的链路聚合状态，填入表 3-4-13 中。

表 3-4-13 链路聚合状态信息

序号	交换机名称	MSTI-ID	链路聚合带宽	放行 VLAN 信息	链路状态
1					
2					

（五）配置 VRRP 实例

1. 查阅信息页中的 VRRP 配置实例，参照图 3-4-12 所示拓扑图，依据组网要求和配置命令，配置 VRRP 实例，填入表 3-4-14 中。

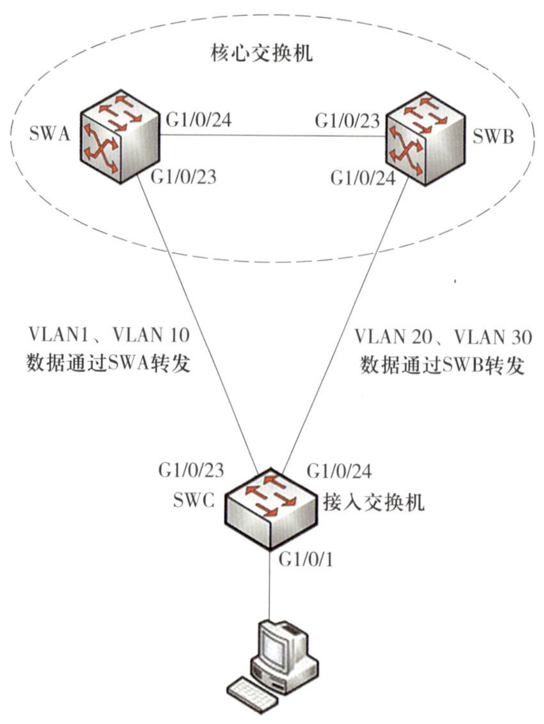

图 3-4-12 VRRP 配置实例拓扑图

表 3-4-14 配置 VRRP 实例

设备名	配置命令	命令说明
SWA	[SWA]vlan 10 [SWA]vlan 20 [SWA]vlan 30	创建 VLAN 10、VLAN 20、VLAN 30
	[SWA]interface GigabitEthernet 1/0/23 [SWA-GigabitEthernet1/0/23] port link-type trunk [SWA-GigabitEthernet1/0/23] port trunk permit vlan all [SWA]interface GigabitEthernet 1/0/24 [SWA-GigabitEthernet1/0/24] port link-type trunk [SWA-GigabitEthernet1/0/24] port trunk permit vlan all	配置 GigabitEthernet 1/0/23、GigabitEthernet 1/0/24 的接口类型为 Trunk #放行所有 VLAN
	[SWA]interface Vlan-interface 1 [SWA-Vlan-interface1] ip add 192.168.1.2 255.255.255.0	配置 VLAN 1 接口 IP 地址为 192.168.1.2
	[SWA-Vlan-interface1] VRRP vrid 1 virtual-ip ____________________	创建 VRRP 备份组 1 并配置其虚拟 IP 地址为 192.168.1.254
	[SWA-Vlan-interface1] VRRP vrid 1 priority ____________________	配置 vrid 1 的优先级为 120

续表

设备名	配置命令	命令说明
SWA	[SWA-Vlan-interface1] VRRP vrid 1 preempt-mode delay 500	配置 vrid 1 为抢占方式，抢占延迟时间为 5 s
	[SWA]interface Vlan-interface 10 [SWA-Vlan-interface10]ip add 192.168.10.2 255.255.255.0	配置 VLAN 10 接口 IP 地址为 192.168.10.2
	[SWA-Vlan-interface10] VRRP vrid 10 virtual-ip ________	配置 vrid 10 的 virtual-ip 为 192.168.10.254
	[SWA-Vlan-interface10] VRRP vrid 10 priority ________	配置 vrid 10 的优先级为 120
	[SWA-Vlan-interface10] VRRP vrid 10 preempt-mode delay 500	配置 vrid 10 为抢占方式，抢占延迟时间为 5 s
	[SWA]interface Vlan-interface 20 [SWA-Vlan-interface20] ip add 192.168.20.2 255.255.255.0	配置 VLAN 20 接口 IP 地址为 192.168.20.2
	[SWA-Vlan-interface20] VRRP vrid 20 virtual-ip ________	配置 vrid 20 的 virtual-ip 为 192.168.20.254
	[SWA-Vlan-interface20] VRRP vrid 20 priority ________	配置 vrid 20 的优先级为 100
	[SWA-Vlan-interface10] VRRP vrid 20 preempt-mode delay 500	配置 vrid 20 为抢占方式，抢占延迟时间为 5 s
	[SWA]interface Vlan-interface 30 [SWA-Vlan-interface30] ip add 192.168.30.2 255.255.255.0	配置 VLAN 30 IP 地址为 192.168.30.2
	[SWA-Vlan-interface30] VRRP vrid 30 virtual-ip ________	配置 vrid 30 的 virtual-ip 为 192.168.30.254
	[SWA-Vlan-interface20] VRRP vrid 30 priority ________	配置 vrid 30 的优先级为 100
	[SWA-Vlan-interface30] VRRP vrid 30 preempt-mode delay 500	配置 vrid 30 为抢占方式，抢占延迟时间为 5 s

2. 结合 SWA 的配置命令，明确 SWB 的 VRRP 配置参数，完成 SWB 的 VRRP 配置。

（六）解读 VRRP 状态信息的各参数含义

1. 查阅信息页中的 VRRP 查看命令，使用相关命令查看到的信息示例如图 3-4-13 所示，分析查看到的信息并解读各参数含义，识读并判断 VRRP 状态与配置信息，填入表 3-4-15 中。

```
<SWA>display vrrp verbose
Total number of virtual router: 4
Interface Vlan-interface1
VRID: 1
State: Master
Config pri: 120
Delay time: 500 centiseconds
Virtual IP: 192.168.1.254
Master IP: 192.168.1.2
Interface Vlan-interface10
VRID: 10
State : Master
Config pri: 120
Delay time: 500 centiseconds
Virtual IP: 192.168.10.254
Master IP: 192.168.10.2
Interface Vlan-interface20
VRID: 20
State : Backup
Config pri: 100
Delay time: 500 centiseconds
Virtual IP: 192.168.20.254
Master IP: 192.168.20.3
Interface Vlan-interface30
VRID: 30
State : Backup
Config pri: 100
Delay time: 500 centiseconds
Virtual IP: 192.168.30.254
```

```
<SWB>display vrrp verbose
Total number of virtual router: 4
Interface Vlan-interface1
VRID: 1
State: Backup
Config pri: 100
Delay time: 500 centiseconds
Virtual IP: 192.168.1.254
Master IP: 192.168.1.2
Interface Vlan-interface10
VRID: 10
State : Backup
Config pri: 100
Delay time: 500 centiseconds
Virtual IP: 192.168.10.254
Master IP: 192.168.10.2
Interface Vlan-interface20
VRID: 20
State : Master
Config pri: 120
Delay time: 500 centiseconds
Virtual IP: 192.168.20.254
Master IP: 192.168.20.3
Interface Vlan-interface30
VRID: 30
State : Master
Config pri: 120
Delay time: 500 centiseconds
Virtual IP: 192.168.30.254
```

图 3-4-13 VRRP 状态信息（部分）

表 3-4-15 VRRP 状态信息

序号	交换机名称	VLAN-ID 及 VRRP 状态	虚拟网关 IP 地址	主网关 IP 地址	VRRP 状态与要求是否一致
1					
2					
3					
4					

续表

序号	交换机名称	VLAN-ID 及 VRRP 状态	虚拟网关 IP 地址	主网关 IP 地址	VRRP 状态与要求是否一致
5					
6					
7					
8					

2. 交换机 SWB 上的 VLAN 20、VLAN 30 因某种原因被关闭，预判 SWA 上的 VLAN 网关状态，核验预判结果。

____

____

____

五、配置核心交换机

（一）完成核心交换机的基础配置

查阅信息页项目实施方案中的核心交换机配置流程、IP 地址规划表和拓扑图，参照表 3-4-16 所列内容，完成核心交换机的基础配置。

表 3-4-16 接入交换机的基础配置

序号	配置流程	配置命令
1	设备命名	（可参照学习任务二的相关内容，此处略去）
2	管理 IP 地址	（可参照学习任务二的相关内容，此处略去）
3	SSH 远程管理	（可参照接入交换机的 SSH 配置，此处略去）
4	VLAN 划分	（可参照学习任务二的相关内容，此处略去）
5	Trunk 部署	（可参照学习任务二的相关内容，此处略去）

（二）配置核心交换机的高级 MSTP、链路聚合、VRRP

查阅信息页项目实施方案中的核心交换机配置流程、IP 地址规划表和拓扑图，配置核心交换机的高级 MSTP、链路聚合、VRRP，填入表 3-4-17 中。

表 3-4-17　核心交换机的高级 MSTP、链路聚合、VRRP 配置

核心交换机的高级 MSTP 配置		
序号	配置步骤	配置命令
以交换机 LSW1 的高级 MSTP 配置为例，依次完成核心交换机 LSW2 的高级 MSTP 配置		
1	开启 STP 特性	（可参照接入交换机基本 MSTP 配置，此处略去）
2	配置 STP 工作模式并进入 MST 域视图	（可参照接入交换机的基本 MSTP 配置，此处略去）
3	配置域名及域等级	（可参照接入交换机的基本 MSTP 配置，此处略去）
4	配置 MST 实例并映射 VLAN 到 MSTI	（可参照接入交换机的基本 MSTP 配置，此处略去）
5	激活域	（可参照接入交换机的基本 MSTP 配置，此处略去）
6	配置网桥为 MST 实例中的主根桥、备根桥	（1）LSW1 为实例 1 的主根桥 stp instance 1 root__________ （2）LSW1 为实例 2 的备根桥 stp instance 2 root__________
核心交换机的链路聚合配置		
序号	配置步骤	配置命令
以交换机 LSW1 的链路聚合配置为例，依次完成核心交换机 LSW2 的链路聚合配置		
1	创建聚合端口并进入聚合端口视图	interface ________________
2	配置聚合端口类型为 Trunk	port ______________________________
3	配置链路聚合组模式为 dynamic	link-aggregation ____________________
4	配置允许放行 VLAN	配置放行 VLAN 1、VLAN 10、VLAN 20、VLAN 30、VLAN 40、VLAN 50、VLAN 60、VLAN 100 信息 port trunk _________________________
5	配置交换机以太网接口加入聚合组	（1）将 Ten-GigabitEthernet1/0/23 加入链路聚合组 1 interface Ten-GigabitEthernet1/0/23 ____________________________ （2）将 Ten-GigabitEthernet1/0/24 加入链路聚合组 1 interface Ten-GigabitEthernet1/0/24 ____________________________

续表

核心交换机的 VRRP 配置		
序号	配置步骤	配置命令
以交换机 LSW1 的 VRRP 配置为例，依次完成核心交换机 LSW2 的 VRRP 配置		
1	创建 VRRP 备份组并配置其虚拟 IP 地址	（1）创建备份组，配置备份组的虚拟 IP 地址（vrid 1 虚拟地址 192.168.1.254） interface Vlan-interface1 ____________ （2）创建备份组，配置备份组的虚拟 IP 地址（vrid 10 虚拟地址 192.168.10.254） interface Vlan-interface10 ____________ （3）创建备份组，配置备份组的虚拟 IP 地址（vrid 20 虚拟地址 192.168.20.254） interface Vlan-interface20 ____________ （4）创建备份组，配置备份组的虚拟 IP 地址（vrid 30 虚拟地址 192.168.30.254） interface Vlan-interface30 ____________ （5）创建备份组，配置备份组的虚拟 IP 地址（vrid 40 虚拟地址 192.168.40.254） interface Vlan-interface40 ____________ （6）创建备份组，配置备份组的虚拟 IP 地址（vrid 50 虚拟地址 192.168.50.254） interface Vlan-interface50 ____________ （7）创建备份组，配置备份组的虚拟 IP 地址（vrid 60 虚拟地址 192.168.60.254） interface Vlan-interface60 ____________ （8）创建备份组，配置备份组的虚拟 IP 地址（vrid 100 虚拟地址 192.168.100.254） interface Vlan-interface100 ____________
2	配置核心交换机的优先级	设置 VRRP（主）vrid 10、vrid 20、vrid 30、vrid 100 的优先级为 120 interface Vlan-interface 10 ____________ interface Vlan-interface 20 ____________ interface Vlan-interface 30 ____________ interface Vlan-interface 100 ____________
3	配置核心交换机的抢占方式与抢占延迟时间	设置所有备份组的工作模式为抢占方式，抢占延迟时间为 5 s interface Vlan-interface 1 ____________

续表

核心交换机的 VRRP 配置		
序号	配置步骤	配置命令
3	配置核心交换机的抢占方式与抢占延迟时间	interface Vlan-interface 10 ______ interface Vlan-interface 20 ______ interface Vlan-interface 30 ______ interface Vlan-interface 40 ______ interface Vlan-interface 50 ______ interface Vlan-interface 60 ______ interface Vlan-interface 100 ______

（三）检查核心交换机的配置信息并导出配置文档

1. 使用高级 MSTP、链路聚合、VRRP 查看命令，检查核心交换机的配置信息，完成以下问题并填写表 3-4-18，导出接入交换机配置文档。

表 3-4-18　核心交换机 SSH、VLAN、Trunk、MSTP、链路聚合、VRRP 状态（功能）判断

序号	网络技术	状态（功能）结果
1	SSH	□正确　□错误
2	VLAN	□正确　□错误
3	Trunk	□正确　□错误
4	MSTP	□正确　□错误
5	链路聚合	□正确　□错误
6	VRRP	□正确　□错误

（1）在查看 MSTP 状态时，发现 LSW1 上的所有生成树的实例都是以 LSW2 为主根桥，以 LSW1 为备根桥，以下描述正确的是（　　）。【单选题】

A. 不影响正常的网络通信，不能实现负载均衡功能，无法解决核心交换机单点故障问题

B. 不影响正常的网络通信，能实现负载均衡功能，可以解决核心交换机单点故障问题

C. 影响正常的网络通信，不能实现负载均衡功能，无法解决核心交换机单点故障问题

D. 不影响正常的网络通信，能实现负载均衡功能，无法解决核心交换机单点故障问题

（2）在查看链路聚合配置时，核心交换机 LSW1、LSW2 的配置信息如图 3-4-14 所示，在核心交换机 LSW1、LSW2 上链路聚合配置不可能存在（　　）现象。【单选题】

A. 链路聚合组编号不统一　　B. 允许通过的 VLAN ID 不统一

C. 端口链路类型配置不一致　　D. 链路聚合模式不统一

LSW1	LSW2
interface Bridge-Aggregation1	interface Bridge-Aggregation2
port link-type trunk	port link-type trunk
port trunk permit vlan 1 10 20 30 40 50 60 100	port trunk permit vlan 1 30 40 50 60 100
link-aggregation mode dynamic	

图 3-4-14 核心交换机 LSW1、LSW2 的配置信息（链路聚合）

（3）在查看 VRRP 配置时，核心交换机 LSW1、LSW2 的配置信息如图 3-4-15 所示，配置信息中可能会导致 VRRP 不生效的是（ ）。**【多选题】**

A. 主备网关优先级一致　　B. 抢占延时时间过短

C. VLAN 接口 IP 地址配置错误　　D. 虚拟 IP 地址不一致

LSW1	LSW2
interface Vlan-interface1	interface Vlan-interface1
ip address 192. 168. 1. 2 255. 255. 255. 0	ip address 192. 168. 1. 2 255. 255. 255. 0
vrrp vrid 1 virtual-ip 192. 168. 1. 254	vrrp vrid 1 virtual-ip 192. 168. 1. 250
vrrp vrid 1 preempt-mode delay 1	vrrp vrid 1 preempt-mode delay 1
interface Vlan-interface10	interface Vlan-interface10
vrrp vrid 10 virtual-ip 192. 168. 10. 254	vrrp vrid 10 virtual-ip 192. 168. 10. 250
vrrp vrid 10 priority 120	vrrp vrid 10 priority 120
vrrp vrid 10 preempt-mode delay 1	vrrp vrid 10 preempt-mode delay 1
interface Vlan-interface20	interface Vlan-interface20
vrrp vrid 20 virtual-ip 192. 168. 20. 254	vrrp vrid 20 virtual-ip 192. 168. 20. 250
vrrp vrid 20 priority 120	vrrp vrid 20 priority 120
vrrp vrid 20 preempt-mode delay 1	vrrp vrid 20 preempt-mode delay 1
interface Vlan-interface30	interface Vlan-interface30
vrrp vrid 30 virtual-ip 192. 168. 30. 254	vrrp vrid 30 virtual-ip 192. 168. 30. 250
vrrp vrid 30 priority 120	vrrp vrid 30 priority 120
vrrp vrid 30 preempt-mode delay 1	vrrp vrid 30 preempt-mode delay 1
interface Vlan-interface40	interface Vlan-interface40
vrrp vrid 40 virtual-ip 192. 168. 40. 254	vrrp vrid 40 virtual-ip 192. 168. 40. 254
vrrp vrid 30 preempt-mode delay 1	vrrp vrid 30 preempt-mode delay 1

图 3-4-15 核心交换机 LSW1、LSW2 的配置信息（VRRP）

2. 根据表 3-4-19 所列“核心交换机的高级 MSTP、链路聚合、VRRP 配置”考核项目评分表对本环节进行评价。

表 3-4-19　“核心交换机的高级 MSTP、链路聚合、VRRP 配置”考核项目评分表

考核项目：核心交换机的高级 MSTP、链路聚合、VRRP 配置　　组别：

评价项目	评分细则	互评（占比 30%）	师评（占比 70%）	总分
1. 核心交换机的高级 MSTP 配置	核心交换机的高级 MSTP 配置，共计 6 分。其中，开启 STP 特性占 0.5 分、配置 STP 工作模式占 0.5 分、进入 MST 域视图占 0.5 分、配置域名与修订级别占 0.5 分、映射 VLAN 到 MSTI 占 1 分、激活域占 1 分、配置主根桥占 1 分、配置备根桥占 1 分，错一处扣 1 分，不倒扣			
2. 核心交换机的链路聚合配置	核心交换机的链路聚合配置，共计 6 分。其中，创建二层聚合接口并进入二层聚合接口视图占 1 分、配置聚合接口类型占 1 分、配置允许放行 VLAN 占 2 分、以太网接口加入指定聚合组占 2 分，错一处扣 1 分，不倒扣			
3. 核心交换机的 VRRP 配置	核心交换机的 VRRP 配置，共计 10 分。其中，配置 VLAN 接口 IP 地址占 2 分、创建 VRRP 备份组并配置其虚拟 IP 地址占 4 分、配置优先级占 2 分、配置抢占方式和抢占延迟时间占 2 分，错一处扣 1 分，不倒扣			
4. 查看命令的选择	查看命令选择正确，共计 3 分。其中，display stp instance instance-id 占 1 分、display link-aggregation verbose 占 1 分、display vrrp verbose 占 1 分，错一处或遗漏一处扣 1 分			
考核项目得分				

六、应用 MSTP、VRRP 技术

（一）判断 MSTP、VRRP 技术在案例中的可用性

查阅信息页中的 MSTP、VRRP 技术应用案例，识读图 3-4-16 所示拓扑图并分析组网需求，判断 MSTP、VRRP 技术在案例中的可用性，在拓扑图中标注网络技术相关信息。

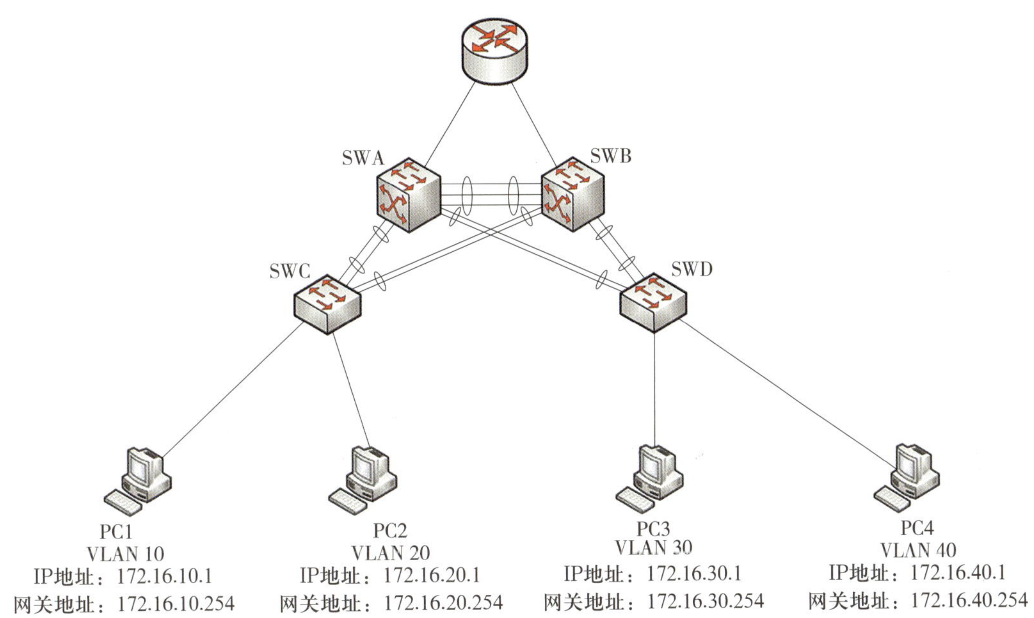

图 3-4-16　MSTP、VRRP 应用案例拓扑图

（二）解析配置思路并确定关键技术参数

1. 查阅信息页中 MSTP、VRRP 应用案例配置思路的相关内容，参照 MSTP、VRRP 应用案例拓扑图，解析配置思路并确定关键技术参数，填入表 3-4-20 中。

表 3-4-20　　　　MSTP、VRRP 应用案例网络技术清单

序号	本地设备名称	VLAN 信息	Trunk 信息（VLAN 放行情况）	MSTP 信息	链路聚合信息	VRRP 信息
1	SWA					
2	SWB					
3	SWC					
4	SWD					

2. 依据 MSTP、VRRP 应用案例网络技术清单梳理步骤，完成 MSTP、VRRP 应用案例的配置。

七、配置基本 ACL 实例并解读参数含义

（一）配置基本 ACL 实例

查阅信息页中的基本 ACL 配置实例，参照图 3-4-17 所示拓扑图，依据组网要求和配置命令，配置基本 ACL 实例，填入表 3-4-21 中。

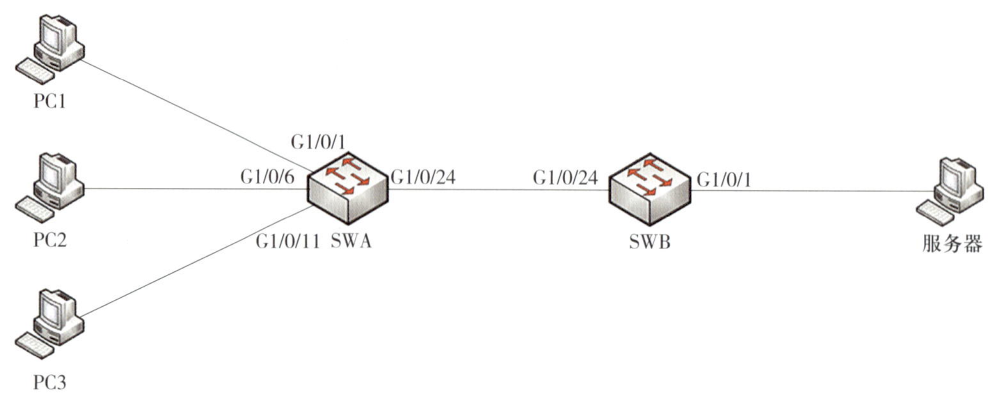

图 3-4-17　基本 ACL 配置实例拓扑图

表 3-4-21　　配置基本 ACL 实例

设备名	配置命令	命令说明
SWB	<SWB> system-view [SWB]________________	创建基本 ACL 2000 并进入 ACL 视图
	[SWB -acl-basic-2000] rule 5 deny________________________	定义禁止访问源地址信息为 191.168.10.0/24 网段的规则
	[SWB-acl-basic-2000] quit [SWB] interface GigabitEthernet1/0/1 [SWB-GigabitEthernet1/0/1]________________________	进入接口 GigabitEthernet1/0/1 并在出方向应用 ACL 2000

（二）解读基本 ACL 状态信息的各参数含义

1. 查阅信息页中的基本 ACL 查看命令，使用相关命令查看到的信息示例如图 3-4-18 所示，分析查看到的信息并解读各参数含义，识别 ACL 状态，完成以下问题。

```
<SWB>display acl  2000
Basic IPv4 ACL 2000, 2 rules,
ACL's step is 5
rule 0 deny source 192.168.10.0 0.0.0.255
rule 5 permit
```

图 3-4-18　基本 ACL 状态信息

（1）ACL 编号为______，ACL 规则有______条，被拒绝的网段（主机）地址为______________。

（2）查阅 ACL 功能需求，判断将 ACL 关联到（□ G1/0/1 □ G1/0/24）的入方向，能实现相同的 ACL 功能。

2. 使用 display current-configuration 命令显示 ACL 规则，结果如图 3-4-19 所示，判断访问 ACL 的功能实现情况，若不能实现 ACL 功能，应如何调整配置？

____

____

```
acl basic 2000
  rule 0 permit
  rule 5 deny source 192.168.10.0 0.0.0.255
```

图 3-4-19 基本 ACL 规则信息

八、配置服务器交换机

（一）完成服务器交换机的基础配置

查阅信息页项目实施方案中的服务器交换机配置流程、IP 地址规划表和拓扑图，完成服务器交换机的基础配置，填入表 3-4-22 中。

表 3-4-22 服务器交换机的基础配置

序号	配置流程	配置命令
1	设备命名	（参考学习任务二的配置命令）
2	管理 IP 地址	（参考学习任务二的配置命令）
3	SSH 远程管理	（参考接入交换机的 SSH 配置命令）
4	启动 MSTP	（参考核心交换机的高级 MSTP 配置命令）
5	VLAN 划分	（参考学习任务二的配置命令）
6	Trunk 部署	（参考学习任务二的配置命令）

（二）配置服务器交换机的基本 ACL

查阅信息页项目实施方案中的服务器交换机配置流程、IP 地址规划表和拓扑图，完成服务器交换机的基本 ACL 配置，填入表 3-4-23 中。

表 3-4-23 服务器交换机的基本 ACL 配置

序号	配置步骤	配置命令
1	创建基本 ACL（2000）：只允许财务部访问财务服务器	acl basic ________ rule permit source ______________

续表

序号	配置步骤	配置命令
2	创建基本 ACL（2001）：只允许物流部、仓库部、销售部访问物流系统服务器	acl basic ________ rule permit source ____________________ rule permit source ____________________ rule permit source ____________________
3	进入接口并应用 ACL 规则（财务服务器接口）	interface ______________ packet-filter ______________
4	进入接口并应用 ACL 规则（物流出入库服务器接口）	interface ______________ packet-filter ______________

（三）检查服务器交换机的配置信息并导出配置文档

1. 使用 ACL 查看命令，检查服务器交换机的配置信息，填入表 3-4-24 中，导出服务器交换机配置文档。

表 3-4-24　核心交换机 SSH、VLAN、Trunk、MSTP、ACL 状态（功能）判断

序号	网络技术	状态（功能）结果	错误描述
1	SSH	□正确　□错误	
2	VLAN	□正确　□错误	
3	Trunk	□正确　□错误	
4	MSTP	□正确　□错误	
5	ACL	□正确　□错误	

2. 受控地址的子网掩码由 24 位（192.168.×.0/24）变更为 16 位（192.168.0.0/16），分析受控网段的变化，说明对服务器访问带来的影响。

____

（四）配置新增 ACL 功能

查阅信息页中的 ACL 功能变更说明，明确受访问控制影响的网段，设计 ACL 规则，配置新增 ACL 功能。

____

____

____

____

学习环节五　过程控制

学习目标

1. 能采用小组合作的方式，依据业务需求及项目实施方案，选定网络测试点，进行小型企业网络系统测试，确保能够远程管理网络设备，各部门用户能够正常访问服务器，只允许财务部访问财务服务器，指定部门访问物流出入库服务器，并确保在核心交换机发生单点故障时，网络系统正常运行。

2. 能采用小组合作的方式，判断小型企业网络系统测试结果，共同填写小型企业网络系统测试报告，确保测试报告测试点覆盖全面、数据真实、内容详细，具有实事求是的劳动精神。

3. 能采用小组合作的方式，收集与整理项目验收材料，确保项目验收材料齐全、书写规范、结构清晰、内容准确。

4. 能采用小组合作的方式，组织小型企业网络系统建设项目验收，完成验收流程并填写验收报告，确保项目顺利交付验收，具有标准意识。

建议学时

6 学时

学习要求

序号	学习步骤	学习内容	学时	备注
1	测试小型企业网络系统	1. 内网特定用户访问特定服务器测试点的选择（实践） 2. MSTP 测试点的选择（实践） 3. VRRP 测试点的选择（实践） 4. 小型企业网络系统测试用例的编写（实践） 5. 小型企业网络系统的测试（实践）	3	

续表

序号	学习步骤	学习内容	学时	备注
2	收集与整理小型企业网络系统建设项目验收材料	小型企业网络系统验收材料的整理（实践）	2	
3	验收小型企业网络系统并填写验收报告	标准意识（素养）	1	

一、测试小型企业网络系统

（一）核验使用需求，选定测试点并编写测试用例

1. 查阅信息页项目实施方案中的需求分析，核验网络系统使用需求，明确用户角色对应的网络访问权限，将用户角色与其有权访问的服务器用线连接起来。

用户角色	服务器
行政部	云桌面服务器
财务部	OA 管理系统服务器
人力资源部	电子邮件服务器
物流部	财务服务器
仓库部	物流出入库服务器
销售部	

2. 查阅信息页中的小型企业网络系统测试用例关键信息，选定测试点，预测测试结果，编写测试用例，填写表 3-5-1。

表 3-5-1 小型企业网络系统测试要求与测试用例

<table>
<tr><th colspan="5">SSH 远程管理交换机测试要求</th></tr>
<tr><td rowspan="3">SSH 测试</td><td>测试目的</td><td colspan="2">确认用户是否满足 SSH 远程管理交换机的网络功能需求</td><td>预期结果与测试结果是否相符</td></tr>
<tr><td>测试方法及步骤</td><td colspan="2">在计算机上登录 SSH 交换机（接入层、核心层、服务器交换机）管理 IP 地址</td><td>□是 □否</td></tr>
<tr><td>测试备注</td><td colspan="3"></td></tr>
<tr><th colspan="5">SSH 远程管理交换机测试用例</th></tr>
<tr><td rowspan="8">SSH 测试</td><td>发起端</td><td>设备名：测试 PC</td><td colspan="2">IP 地址：192.168.10.1</td></tr>
<tr><td>目标端</td><td>设备名：SW1</td><td colspan="2">IP 地址：192.168.1.3</td></tr>
<tr><td>测试项目</td><td>测试命令</td><td>预测结果</td><td>实际结果</td></tr>
<tr><td>SSH 测试</td><td>SSH 192.168.1.3</td><td>成功登录</td><td></td></tr>
<tr><td>发起端</td><td>设备名：测试 PC</td><td colspan="2">IP 地址：192.168.10.1</td></tr>
<tr><td>目标端</td><td>设备名：LSW1</td><td colspan="2">IP 地址：</td></tr>
<tr><td>测试项目</td><td>测试命令</td><td>预测结果</td><td>实际结果</td></tr>
<tr><td>SSH 测试</td><td></td><td></td><td></td></tr>
<tr><th colspan="5">内网用户访问云桌面、OA、电子邮件、财务、物流出入库服务器测试要求</th></tr>
<tr><td rowspan="4">ping 测试</td><td>测试目的</td><td colspan="2">确认用户访问云桌面、OA、电子邮件、财务、物流出入库服务器的网络连通性能是否满足网络功能需求</td><td>预期结果与测试结果是否相符</td></tr>
<tr><td rowspan="2">测试方法及步骤</td><td colspan="2">1. 在测试 PC 上使用 ping 命令测试云桌面、OA、电子邮件、财务、物流出入库服务器地址的连通性（32 B、5 个数据包）</td><td>□是 □否</td></tr>
<tr><td colspan="2">2. 在测试 PC 上使用 ping 命令测试云桌面、OA、电子邮件、财务、物流出入库服务器地址的连通性（2 000 B、50 个数据包）</td><td>□是 □否</td></tr>
<tr><td>测试备注</td><td colspan="3"></td></tr>
<tr><th colspan="5">内网用户访问云桌面、OA、电子邮件、财务、物流出入库服务器测试用例</th></tr>
<tr><td rowspan="5">ping 测试</td><td>发起端</td><td>设备名：测试 PC</td><td colspan="2">IP 地址：192.168.10.1</td></tr>
<tr><td>目标端</td><td>设备名：云桌面服务器</td><td colspan="2">IP 地址：192.168.100.241</td></tr>
<tr><td>测试项目</td><td>测试命令</td><td>预测结果</td><td>实际结果</td></tr>
<tr><td>连通性测试</td><td>ping 192.168.100.241</td><td>不丢包</td><td></td></tr>
<tr><td>性能测试</td><td>ping 192.168.100.241 -n 50 -l 2000</td><td>不丢包</td><td></td></tr>
</table>

续表

<table>
<tr><td rowspan="5">ping 测试</td><td>发起端</td><td colspan="2">设备名：测试 PC</td><td colspan="2">IP 地址：192.168.10.1</td></tr>
<tr><td>目标端</td><td colspan="2">设备名：财务服务器</td><td colspan="2">IP 地址：</td></tr>
<tr><td>测试项目</td><td colspan="2">测试命令</td><td>预测结果</td><td>实际结果</td></tr>
<tr><td>连通性测试</td><td colspan="2"></td><td></td><td></td></tr>
<tr><td>性能测试</td><td colspan="2"></td><td></td><td></td></tr>
<tr><td colspan="6">MSTP 端口角色状态切换测试要求</td></tr>
<tr><td rowspan="4">接入交换机端口角色状态切换测试</td><td>测试目的</td><td colspan="3">评估网络流量在 MSTP 配置下是否能有效隔离物理环路，防止广播风暴，并确保所有链路按预期参与负载分担，同时，在链路故障时能够迅速重新计算路径，确保网络功能不中断</td><td>预期结果与测试结果是否相符</td></tr>
<tr><td rowspan="2">测试方法及步骤</td><td colspan="3">1. 在接入交换机使用 display stp brief 命令核验端口角色及 STP 状态</td><td>□是 □否</td></tr>
<tr><td colspan="3">2. 将接入交换机的 Master 角色端口关闭，观察 Alternate 端口的状态变化</td><td>□是 □否</td></tr>
<tr><td>测试备注</td><td colspan="4"></td></tr>
<tr><td rowspan="3">ping 测试（测试 MSTP 链路故障重新计算的路径连通性）</td><td>测试目的</td><td colspan="3">确认用户访问云桌面、OA、电子邮件、财务、物流出入库服务器的网络连通性能是否满足网络功能需求</td><td>预期结果与测试结果是否相符</td></tr>
<tr><td>测试方法及步骤</td><td colspan="3">在测试 PC 上使用 ping 命令测试云桌面、OA、电子邮件、财务、物流出入库服务器地址的连通性（2 000 B、50 个数据包）</td><td>□是 □否</td></tr>
<tr><td>测试备注</td><td colspan="4"></td></tr>
<tr><td colspan="6">MSTP 端口角色状态切换测试用例</td></tr>
<tr><td rowspan="9">接入交换机端口角色状态切换测试</td><td>设备</td><td colspan="4">设备名称：SW1</td></tr>
<tr><td rowspan="2">接口</td><td>G1/0/1</td><td>端口角色：Alternate</td><td colspan="2">端口状态：Discarding</td></tr>
<tr><td>G1/0/2</td><td>端口角色：Master</td><td colspan="2">端口状态：Forwarding</td></tr>
<tr><td>测试项目</td><td colspan="2">测试操作</td><td>预期结果</td><td>实际结果</td></tr>
<tr><td rowspan="2">端口角色切换</td><td colspan="2">关闭 G1/0/2，查看 G1/0/1 端口角色</td><td>Alternate ->Master</td><td></td></tr>
<tr><td colspan="2">关闭 G1/0/2，查看 G1/0/1 端口状态</td><td>Discarding-> Forwarding</td><td></td></tr>
<tr><td>设备</td><td colspan="4">设备名称：SW2</td></tr>
<tr><td rowspan="2">接口</td><td>G1/0/1</td><td>端口角色：</td><td colspan="2">端口状态：</td></tr>
<tr><td>G1/0/2</td><td>端口角色：</td><td colspan="2">端口状态：</td></tr>
</table>

续表

<table>
<tr><td rowspan="3">接入交换机端口角色状态切换测试</td><td>测试项目</td><td>测试操作</td><td>预期结果</td><td>实际结果</td></tr>
<tr><td rowspan="2">端口角色切换</td><td></td><td></td><td></td></tr>
<tr><td></td><td></td><td></td></tr>
<tr><td>ping 测试（测试 MSTP 链路故障重新计算的路径连通性）</td><td>测试备注</td><td colspan="3">参考内网用户访问云桌面、OA、电子邮件、财务、物流出入库服务器测试用例</td></tr>
<tr><td colspan="5">链路聚合线路故障模拟测试要求</td></tr>
<tr><td rowspan="4">核心交换机链路聚合线路故障模拟测试</td><td>测试目的</td><td colspan="2">通过模拟线路故障，检验链路聚合功能，确保 IP 子网的不间断通信</td><td>预期结果与测试结果是否相符</td></tr>
<tr><td rowspan="2">测试方法及步骤</td><td colspan="2">1. 在核心交换机使用 display interface Bridge-Aggregation interface number 命令核验链路聚合的带宽、链路模式和状态</td><td>□是　□否</td></tr>
<tr><td colspan="2">2. 将核心交换机的链路聚合组中的物理接口关闭，核验链路聚合组的带宽、模式及状态</td><td>□是　□否</td></tr>
<tr><td>测试备注</td><td colspan="3"></td></tr>
<tr><td rowspan="3">ping 测试（测试核心交换机链路聚合线路故障模拟的路径连通性）</td><td>测试目的</td><td colspan="2">确认用户访问云桌面、OA、电子邮件、财务、物流出入库服务器的网络连通性能是否满足网络功能需求</td><td>预期结果与测试结果是否相符</td></tr>
<tr><td>测试方法及步骤</td><td colspan="2">在测试 PC 上使用 ping 命令测试云桌面、OA、电子邮件、财务、物流出入库服务器地址的连通性（2 000 B、50 个数据包）</td><td>□是　□否</td></tr>
<tr><td>测试备注</td><td colspan="3"></td></tr>
<tr><td colspan="5">链路聚合线路故障模拟测试用例</td></tr>
</table>

<table>
<tr><td rowspan="11">链路聚合线路故障模拟测试</td><td>设备</td><td colspan="4">设备名称：LSW1</td></tr>
<tr><td rowspan="3">链路聚合组</td><td rowspan="3">1</td><td colspan="3">链路状态：up</td></tr>
<tr><td colspan="3">带宽：20 Gb/s</td></tr>
<tr><td colspan="3">链路模式：Trunk</td></tr>
<tr><td>测试项目</td><td>设备名称</td><td>测试操作</td><td>预期结果</td><td>实际结果</td></tr>
<tr><td rowspan="4">链路聚合线路故障模拟测试</td><td rowspan="4">LSW1</td><td>关闭 GE1/0/23</td><td>关闭</td><td></td></tr>
<tr><td rowspan="3">核验链路聚合组状态信息</td><td>链路状态：up</td><td></td></tr>
<tr><td>带宽：10 Gb/s</td><td></td></tr>
<tr><td>链路模式：Trunk</td><td></td></tr>
<tr><td>设备</td><td colspan="4">设备名称：LSW2</td></tr>
</table>

续表

<table>
<tr><td rowspan="9">链路聚合线路故障模拟测试</td><td rowspan="3">链路聚合组</td><td rowspan="3"></td><td colspan="3">链路状态：</td></tr>
<tr><td colspan="3">带宽：</td></tr>
<tr><td colspan="3">链路模式：</td></tr>
<tr><td>测试项目</td><td>设备名称</td><td>测试操作</td><td>预期结果</td><td>实际结果</td></tr>
<tr><td rowspan="4">链路聚合线路故障模拟测试</td><td rowspan="4"></td><td></td><td></td><td></td></tr>
<tr><td rowspan="3"></td><td></td><td></td></tr>
<tr><td></td><td></td></tr>
<tr><td></td><td></td></tr>
<tr><td colspan="5"></td></tr>
<tr><td>ping 测试（链路聚合线路故障模拟连通性）</td><td>测试备注</td><td colspan="4">参考内网用户访问云桌面、OA、电子邮件、财务、物流出入库服务器测试用例</td></tr>
<tr><td colspan="6">VRRP 冗余切换测试要求</td></tr>
<tr><td rowspan="4">核心交换机主备网关切换测试</td><td>测试目的</td><td colspan="3">通过模拟主设备故障，检验 VRRP 在实际场景中的冗余切换效果，包括备用设备能否及时、准确地接管主设备功能，保持 IP 子网的不间断通信等</td><td>预期结果与测试结果是否相符</td></tr>
<tr><td rowspan="2">测试方法及步骤</td><td colspan="3">1. 在核心交换机上使用 display vrrp version 命令核验 vrid 主、备网关的状态</td><td>□是 □否</td></tr>
<tr><td colspan="3">2. 将核心交换机 01 的 vrid 的 Master 角色相应的 interface vlanif 口关闭，观察核心交换机 02 上同一 vrid 主、备网关的状态变化</td><td>□是 □否</td></tr>
<tr><td>测试备注</td><td colspan="4"></td></tr>
<tr><td rowspan="3">ping 测试（测试 MSTP 链路故障重新计算的路径连通性）</td><td>测试目的</td><td colspan="3">确认用户访问云桌面、OA、电子邮件、财务、物流出入库服务器的网络连通性能是否满足网络功能需求</td><td>预期结果与测试结果是否相符</td></tr>
<tr><td>测试方法及步骤</td><td colspan="3">在测试 PC 上使用 ping 命令测试其与云桌面、OA、电子邮件、财务、物流出入库服务器地址的连通情况（2 000 B、50 个数据包）</td><td>□是 □否</td></tr>
<tr><td>测试备注</td><td colspan="4"></td></tr>
<tr><td colspan="6">VRRP 冗余切换测试用例</td></tr>
<tr><td rowspan="5">接入交换机端口状态切换测试</td><td>设备</td><td colspan="4">设备名称：LSW1</td></tr>
<tr><td>VRRP vrid</td><td>10</td><td colspan="3">VRRP 状态：Master</td></tr>
<tr><td>测试项目</td><td>设备名称</td><td>测试操作</td><td>预期结果</td><td>实际结果</td></tr>
<tr><td rowspan="2">VRRP 冗余切换</td><td>LSW1</td><td>关闭 interface vlan 10</td><td>关闭</td><td></td></tr>
<tr><td>LSW2</td><td>核验 vrrp vrid 10 状态</td><td>Backup->Master</td><td></td></tr>
</table>

续表

<table>
<tr><td rowspan="5">接入交换机端口状态切换测试</td><td>设备</td><td colspan="4">设备名称：LSW2</td></tr>
<tr><td>VRRP vrid</td><td>20</td><td colspan="3">VRRP 状态：</td></tr>
<tr><td>测试项目</td><td>设备名称</td><td>测试操作</td><td>预期结果</td><td>实际结果</td></tr>
<tr><td rowspan="2"></td><td></td><td></td><td></td><td></td></tr>
<tr><td></td><td></td><td></td><td></td></tr>
<tr><td>ping 测试（测试 VRRP 冗余切换连通性）</td><td>测试备注</td><td colspan="4">参考内网用户访问云桌面、OA、电子邮件、财务、物流出入库服务器测试用例</td></tr>
</table>

（二）测试小型企业网络系统并截图保存测试结果

1. 查阅信息页中的小型企业网络系统测试目的及内容，分解不同方面的测试目的及内容，完成小型企业网络系统测试，截图保存测试结果。

2. 依据测试结果，判断网络连通性及性能，对比预期结果，如有不相符的情况，填入表 3–5–2 中。

表 3–5–2　　小型企业网络系统测试问题记录

序号	测试用例信息简述	问题描述
1		
2		
3		

3. 回顾在小型企业网络系统测试的过程中，下列选项中，(　　) 行为不符合实事求是的职业精神。【多选题】

A. 只测试核心交换机的 SSH 远程管理，判定所有交换机远程管理功能正确

B. 只要销售部能访问物流出入库服务器，即可判定仓库部、物流部可以正常访问物流出入库服务器

C. 对测试用例比较多的测试模块，只要使用部分代表性的用例用于测试即可

D. 针对个别出现差异的测试结果可以认为是小概率事件，可以忽略不计

二、收集与整理小型企业网络系统建设项目验收材料

查阅信息页中网络系统建设项目验收管理办法的相关内容，收集与整理小型企业网络项目验收材料，填入表 3–5–3 中。

表 3-5-3　　小型企业网络系统建设项目验收材料清单

序号	验收材料名称	纸质版检查项目			电子版检查项目		
		内容完整	签字盖章	手续完备	命名规范	目录清晰	层级明确
1							
2							
3							
4							
5							
……							

三、验收小型企业网络系统并填写验收报告

1. 以情景演绎的方式组织小型企业网络系统建设项目验收会，完成以下问题。

（1）收集验收会上指出的问题，填入表 3-5-4 中。

表 3-5-4　　小型企业网络系统建设项目验收会问题收集

印象深刻的问题描述	
回答内容	
体现的标准意识	

（2）假设验收组成员（物流公司网络管理工程师）提问“小型网络系统安装与调试项目实施过程中，我们遵循了哪些标准或管理规定？”，应该如何回答？

____

____

2. 查阅信息页中的网络系统建设项目验收报告样例，核对过程性材料，填入表 3-5-5 中。

表 3-5-5　　小型企业网络系统安装与调试验收报告

项目名称		项目地址	
客户名称			
开工日期		完工日期	
实施单位			

续表

<table>
<tr><td rowspan="7">验收情况</td><td>序号</td><td colspan="3">项目内容</td><td>实施检测情况</td></tr>
<tr><td>1</td><td colspan="3">核心交换机设备的安装与调试</td><td>□符合项目要求
□不符合项目要求</td></tr>
<tr><td>2</td><td colspan="3"></td><td>□符合项目要求
□不符合项目要求</td></tr>
<tr><td>3</td><td colspan="3"></td><td>□符合项目要求
□不符合项目要求</td></tr>
<tr><td>4</td><td colspan="3"></td><td>□符合项目要求
□不符合项目要求</td></tr>
<tr><td>5</td><td colspan="3"></td><td>□符合项目要求
□不符合项目要求</td></tr>
<tr><td>6</td><td colspan="3"></td><td>□符合项目要求
□不符合项目要求</td></tr>
<tr><td rowspan="2">验收结论</td><td colspan="2" rowspan="2"></td><td>客户代表签字</td><td colspan="2"></td></tr>
<tr><td>验收时间</td><td colspan="2"></td></tr>
<tr><td>备注</td><td colspan="5"></td></tr>
</table>

3. 根据表 3–5–6 所列“小型企业网络系统建设项目验收”考核项目评分表对本环节进行评价。

表 3–5–6 “小型企业网络系统建设项目验收”考核项目评分表

考核项目：小型企业网络系统建设项目验收　　　　组别：

<table>
<tr><td>评价项目</td><td>评分细则</td><td>自评（占比 20%）</td><td>互评（占比 30%）</td><td>师评（占比 50%）</td><td>总分</td></tr>
<tr><td>1. 验收材料的完整性与准确性</td><td>能完整收集项目设计方案、设备清单与配置文档、网络系统测试报告等关键验收材料，且材料的各项数据信息准确无误，共计 5 分。错一处或遗漏一处扣 1 分，不倒扣</td><td></td><td></td><td></td><td></td></tr>
<tr><td>2. 验收流程的标准性</td><td>组织验收过程中，流程规范、内容完整、人员分配合理，共计 5 分。错一处或遗漏一处扣 1 分，不倒扣</td><td></td><td></td><td></td><td></td></tr>
<tr><td colspan="2">考核项目得分</td><td colspan="4"></td></tr>
</table>

学习环节六　评价反馈

学习目标

1. 能在教师的指导下，总结小型企业网络系统安装与调试的工作经验，识别网络技术在双核心网络架构中的适用性。

2. 能在教师的指导下，分析双核心网络典型案例，强化网络技术的应用实践。

建议学时

4 学时

学习要求

序号	学习步骤	学习内容	学时	备注
1	总结小型企业网络系统安装与调试工作经验	MSTP、链路聚合、VRRP、基本 ACL 的部署要点（理论）	1	
2	实现小型企业网络系统新增需求	企业网络系统新增需求的分析（实践）	3	

一、总结小型企业网络系统安装与调试工作经验

1. 查阅信息页中的 MSTP、链路聚合、VRRP、基本 ACL 部署要点，回顾网络技术部署流程，总结网络技术在双核心交换网络中的部署经验。

____

____

____

2. 梳理网络技术部署过程，将图 3–6–1 中的空格补充完整。

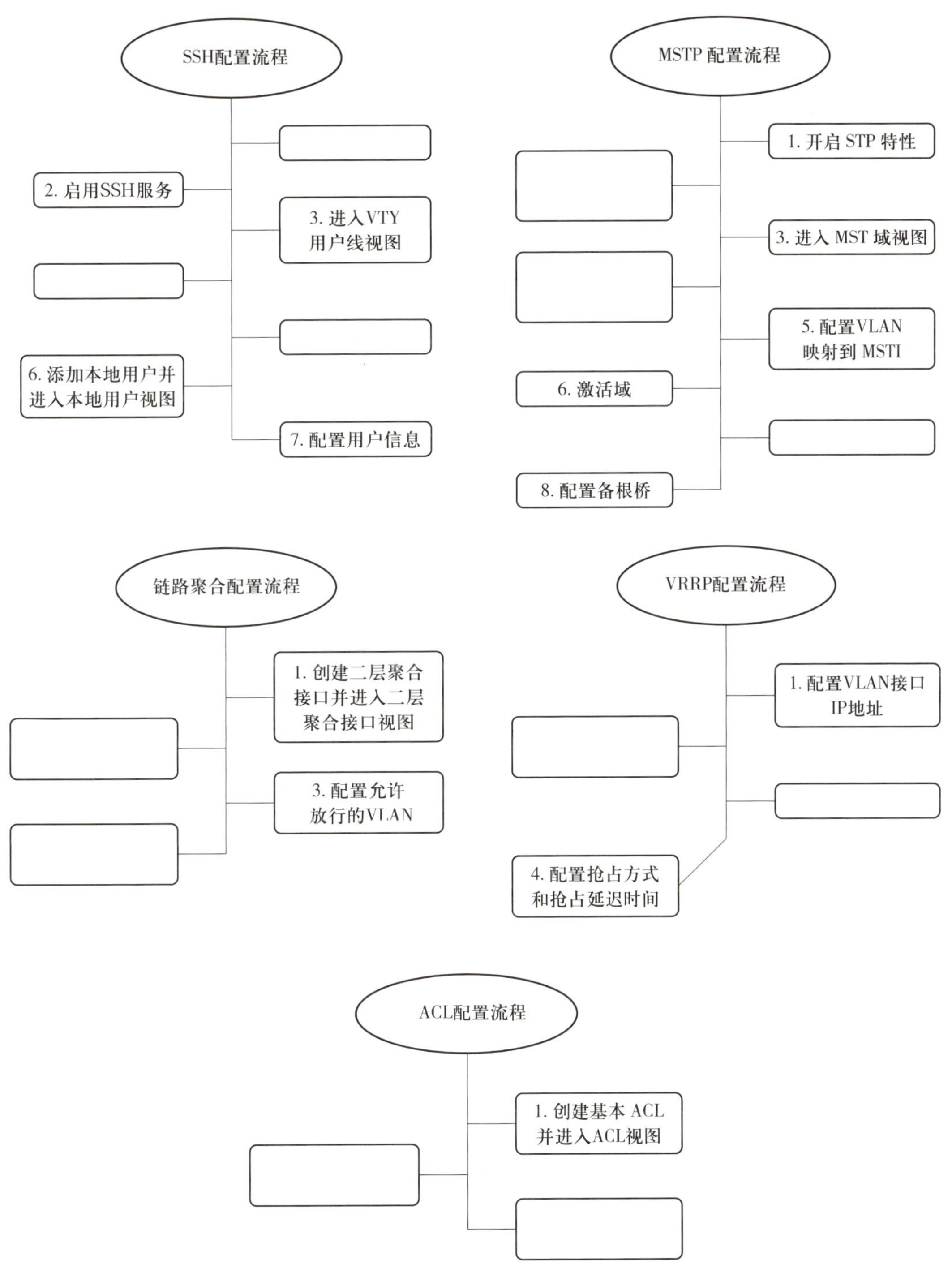

图 3–6–1 小型企业网络系统网络技术配置流程图

3. 查阅信息页中的双核心网络案例，明确网络功能，在图 3–6–2 中的网络设备附近标注需配置的网络技术（如 SSH 技术、MSTP 技术、链路聚合、VRRP 技术、ACL 技术等）。

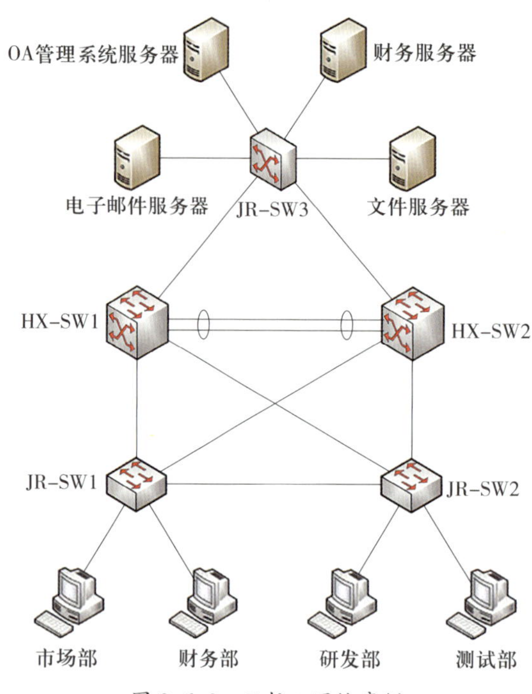

图 3-6-2 双核心网络案例

二、实现小型企业网络系统新增需求

1. 本任务中的小型企业随着海外市场业务的扩展，拟增设跨境市场部，并在 4 楼新增一台接入交换机，核心交换机使用三条链路实现负载分担，新增部门的访问权限与物流部、仓库部、销售部一致，分析新增需求的网络功能，标注在图 3-6-3 中并填写表 3-6-1。

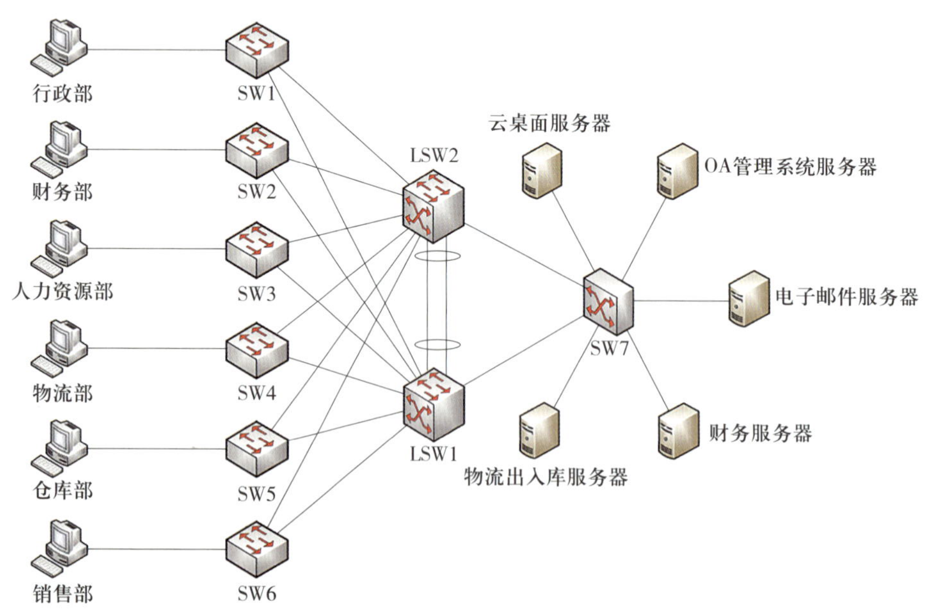

图 3-6-3 小型企业网络系统拓扑图（新增需求）

表 3-6-1　　小型企业网络系统 IP 地址规划（新增需求）

部门 IP 地址规划表				
部门	VLAN ID	网段地址	网关地址	备注
跨境市场部				
网络设备管理 IP 地址规划表（新增设备）				
设备名称	命名	网段地址	网关地址	备注
接入交换机				
核心交换机 IP 地址规划表				
设备名称	命名	网络地址	网关地址	备注
核心交换机 01	LSW1			
核心交换机 02	LSW2			

2. 依据新增需求的网络功能，分解网络设备配置步骤，完成以下问题。

（1）新增接入交换机设备，提升核心交换机带宽，需要配置的网络设备有（　　）。【多选题】

A. SW1　　B. SW2　　C. SW3　　D. SW4　　E. SW5

F. SW6　　G. SW7　　H. LSW1　　I. LSW2　　J. SW8

（2）新增接入交换机设备，提升核心交换机带宽，需要配置的网络技术有（　　）。【多选题】

A. VLAN　　B. Trunk　　C. SSH　　D. MSTP　　E. VRRP　　F. 链路聚合

（3）为实现特定用户访问控制网络功能，需要配置的网络设备是__________，需要配置的网络技术是__________。

（4）根据新增需求的网络功能，分析交换机网络技术及配置要点，填入表 3-6-2 中。

表 3-6-2　　网络设备关键技术及要点

接入交换机	网络技术			
	配置要点			
核心交换机	网络技术			
	配置要点			
服务器交换机	网络技术			
	配置要点			

3. 依据新增需求的网络功能、网络设备及物理链路，完成小型企业网络系统新增需求的配置，导出配置文档。

4. 根据表 3–6–3 所列“小型企业网络系统新增需求的配置”考核项目评分表对本环节进行评价。

表 3–6–3　“小型企业网络系统新增需求的配置”考核项目评分表

考核项目：小型企业网络系统新增需求的配置　　组别：

评价项目	评分细则	互评（占比 30%）	师评（占比 70%）	总分
1. 接入交换机的配置	接入交换机的 VLAN、Trunk、默认路由、SSH、MSTP 配置，共计 5 分。缺一项或错一处扣 1 分，不倒扣			
2. 核心交换机的配置	核心交换机的 VLAN、Trunk、高级 MSTP、链路聚合、VRRP 配置，共计 5 分。缺一项或错一处扣 1 分，不倒扣			
3. 服务器交换的配置	服务器交换机的基本 ACL 配置，共计 5 分。缺一项或错一处扣 5 分，不倒扣			
考核项目得分				

5. 汇总本学习任务各考核项目得分，填入表 3–6–4 中。

表 3–6–4　“小型企业网络系统安装与调试”学习任务成绩表

考核项目	配分 / 分	考核方式及权重 /%			考核项目得分
		自评	互评	师评	
小型企业网络系统建设项目实施网络技术适用性的明确（能力素养）	15	20	30	50	
核心交换机的配置流程（学习成果）	20	20	30	50	
用于小型企业网络系统安装与调试进度控制的甘特图（学习成果）	15	20	30	50	
核心交换机的高级 MSTP、链路聚合、VRRP 配置（技能考核）	25	0	30	70	
小型企业网络系统建设项目验收（能力素养）	10	20	30	50	
小型企业网络系统新增需求的配置（技能考核）	15	0	30	70	
合计	100	—	—	—	

技工院校工学一体化课程教学资源

技工院校计算机网络应用专业工学一体化教材

小型网络安装与调试
工作页

主编　张　军

学习任务四
校园网络系统安装与调试

中国劳动社会保障出版社

简介

本书为技工院校计算机网络应用专业“小型网络安装与调试”工学一体化课程的工作页，依据《计算机网络应用专业国家技能人才培养工学一体化课程标准》编写，供各地技工院校开展工学一体化教学使用。

本书主要包括家庭网络安装与调试、小型办公网络系统安装与调试、小型企业网络系统安装与调试、校园网络系统安装与调试四个学习任务，每个学习任务包含获取信息、制订计划、做出决策、实施计划、过程控制、评价反馈六个学习环节。

完成本书中学习任务所需的相关素材可通过技工教育网（https://jg.class.com.cn）下载并使用。

图书在版编目（CIP）数据

小型网络安装与调试工作页 / 张军主编．-- 北京：中国劳动社会保障出版社，2025. --（技工院校工学一体化课程教学资源）（技工院校计算机网络应用专业工学一体化教材）. -- ISBN 978-7-5167-7073-3

Ⅰ. TN915.05

中国国家版本馆 CIP 数据核字第 20256B9V56 号

小型网络安装与调试工作页

XIAOXING WANGLUO ANZHUANG YU TIAOSHI GONGZUOYE

中国劳动社会保障出版社出版发行

（北京市惠新东街 1 号　邮政编码：100029）

*

北京市艺辉印刷有限公司印刷装订　　新华书店经销

880 毫米 ×1230 毫米　16 开本　19.25 印张　431 千字

2025 年 8 月第 1 版　　2025 年 8 月第 1 次印刷

定价：50.00 元

营销中心电话：400-606-6496

出版社网址：https://www.class.com.cn

https://jg.class.com.cn

技工院校工学一体化课程教学资源
技工院校计算机网络应用专业工学一体化教材

开发院校

牵头院校： 北京市工贸技师学院

参与院校： 南京技师学院　苏州市电子信息技师学院
珠海市技师学院　淄博市技师学院

指导专家

张利芳　陈海娜　马　琳

本书编审人员

主　　编： 张　军

参　　编： 魏宝亮　孙　妍　李　永　韩　哲　许玲凤　张文库　王　俊
孙鲸鹏　张　洪　冯　彦　顾合英　史坤朋

主　　审： 邹伟民

指　　导： 张利芳

序

技工教育的本质是就业教育，其最显著的特征是职业性，其最好的培养模式就是“在工作中学习、在学习中工作”。培育大批高技能人才，既要适应新一轮科技革命和产业变革的需要，也要遵循技能人才成长发展规律，创新技能人才培养方式。推进工学一体化技能人才培养模式改革是推进校企融合、提质培优的重要途径，是技工院校服务制造业和实体经济发展的务实举措。

2009 年，人力资源社会保障部办公厅印发了《技工院校一体化课程教学改革试点工作方案》，分三批在部分技工院校试点开展工学一体化课程教学改革工作，到 2021 年已经覆盖 31 个专业 191 所部级试点院校。经过十多年的发展，理念得到认同、试点不断扩大、学生学习兴趣明显提高，取得了显著成效。2022 年 3 月，人力资源社会保障部印发了《推进技工院校工学一体化技能人才培养模式实施方案》，提出在全国技工院校大力推进工学一体化技能人才培养模式，实现百个专业、千所院校、万名教师的“百千万”工作目标，以促进技工院校人才培养模式变革、提升技能人才培养质量、带动形成技工院校改革创新新局面。

新一轮工学一体化课程教学改革开展聚焦“课程标准”“课程资源”“教师培养”三项重点工作，为持续推进技工院校工学一体化技能人才培养模式实施奠定了坚实基础。印发《〈国家技能人才培养工学一体化课程标准〉开发技术规程》，出版《工学一体化课程开发指导手册》，分三阶段指引完成 103 个专业国家技能人才培养工学一体化课程标准与课程设置方案开发；编制《工学一体化课程教学资源开发指

南》，开发第一批 14 个专业 37 门课程工学一体化课程教学资源；印发《技工院校工学一体化教师培训标准》，出版《工学一体化教师培训指导手册》，依托工学一体化教师培训基地培育师资队伍；印发《技工院校工学一体化课堂、课程、专业、院校建设标准》，出版《工学一体化课程教学实施指导手册》，指引 1 000 所技工院校对标开展工学一体化优质课堂、精品课程、示范专业、骨干院校的建设工作，实现以评促建的目标。

教材建设是教学改革成果固化的重要载体。本次工学一体化课程教学资源按照工作逻辑呈现实践、理论知识和素养，遵循工作过程六步法，从工作向“工作 + 学习”融合，通过引导问题层层递进，实现“输入—内化—输出—考核”的学习闭环，突出学生心智技能和思维的培养，强调学生个人成长的积累。近年来，通过指导专家、几百位试点院校的骨干教师以及编辑团队共同努力，产出了教学指导用书、工作页及答案、信息页及数字资源等形式的系列教材学材，以满足技工院校的教学使用需求。

本系列教材及配套资源的出版，不仅是对本轮技工院校工学一体化技能人才培养模式改革工作的阶段性总结，也是打通从课程标准到课堂实施最后一公里的全新尝试，意义深远。希望全国技工院校将推行工学一体化技能人才培养模式作为创新人才培养模式、提高人才培养质量的重要抓手，为加快培养具有良好工作思维与习惯、自主学习意识与能力、精湛专业技艺与技能的复合型技能人才作出新的更大贡献！

技工教育和职业培训教学指导委员会

2025 年 4 月

目录

学习任务四

校园网络系统安装与调试

任务描述

任务情境

某中学校园网络系统建成于 2013 年，系统支持上网、Web、OA、学籍管理、一卡通等服务，随着各学段各科目在线课程逐渐完善，教师上传的相关课程教学资源不断丰富，招生宣传力度逐步扩大，该中学校园网络系统的访问量急剧增加，经常出现网络不稳定的现象，严重影响教学活动的正常开展，需要对原有网络系统进行升级改造，要求升级改造后的校园网络系统具有双出口宽带功能，更换 1 台高性能路由器、新租 1 条互联网专线、增加多台服务器，将原有的静态路由协议更改为 OSPF 动态路由协议，对服务器区域网段重新进行规划，原有互联网专线用于办公上网使用，新租互联网专线用于在线课程、教学资源库、Web 网站等业务使用。

网络工程师从项目经理处接到上述任务后，按照任务单、校园网络系统建设项目设计方案、《交换机安装操作手册》及《路由器安装操作手册》，听取项目经理对校园网络系统建设项目设计方案的解读，到项目实施现场进行勘察，与校方交流沟通业务需求，确定项目实施的相关内容并协助项目经理编制校园网络系统建设项目实施方案后，进入该中学进行现场施工，工作内容包括路由器开箱验货、加电、上架安装，路由器的端口配置，路由器的 NAT 配置、OSPF 动态路由协议配置，核心交换机的 OSPF 动态路由协议配置，服务器交换机的 OSPF 动态路由协议与高级 ACL 配置等，配置完成后对校园网络系统进行测试，测试通过后进入试运行阶段，试运行结束后将校园网络系统建设项目设计方案、实施方案、设备到货验收单及校园网络系统测试报告等材料交付项目经理并配合完成验收。

网络工程师在工作过程中应严格按照《基于以太网技术的局域网（LAN）系统验收测试方法》（GB/T 21671—2018）、《网络工程验收标准》（GB/T 51365—2019）、《综合布线系统工程设计规范》（GB 50311—2016）等国家标准和规范的要求实施任务，同时参阅《交换机安装操作手册》及《路由器安装操作手册》，严格执行行业企业安全守则、操作规范和 6S 管理规定等相关规定。

任务要求

1. 核心交换机的配置应符合要求。

OSPF 动态路由协议引入区域的直连网段准确，实现 OSPF 区域内的路由互联。

2. 服务器交换机的配置应符合以下要求。

（1）OSPF 动态路由协议引入区域的直连网段准确，实现 OSPF 区域内的路由互联。

（2）高级 ACL 规则制定精准且部署正确，实现内、外网用户对校内服务器访问的有效控制。

3. 路由器的配置应符合以下要求。

（1）OSPF 动态路由协议引入区域的直连网段准确，实现 OSPF 区域内的路由互联。

（2）NAT 配置静态、动态两种方式，实现内、外网用户对互联网资源及服务器资源的访问。

（3）策略路由规则制定合理，实现对办公网络和业务网络的分流控制。

任务资料

1. 设备清单

序号	产品名称	规格	数量	备注
		接入交换机		
1	二层交换机	24 端口电口、4 万兆光接口、单电源	10	原有
2	光模块	万兆、单模	20	原有
		核心交换机		
1	三层交换机主机	双引擎、双电源、双风扇、6 个业务槽位	2	原有
2	以太网光接口业务板	24 端口、万兆	2	原有
3	电接口以太网业务板	24 端口、万兆	2	原有
4	光模块	万兆、单模	48	原有
		服务器交换机		
1	三层交换机	24 端口电口、4 万兆光端口、单电源	1	原有
2	光模块	万兆、单模	2	原有
		路由器		
1	三层交换机主机	双引擎、双电源、双风扇、支持可插拔业务板卡	1	新增
2	以太网光接口业务板	8 端口、千兆	1	新增
3	电接口以太网业务板	8 端口、千兆	1	新增
4	光模块	千兆、单模	8	新增

2. 网络系统拓扑图

改造前：

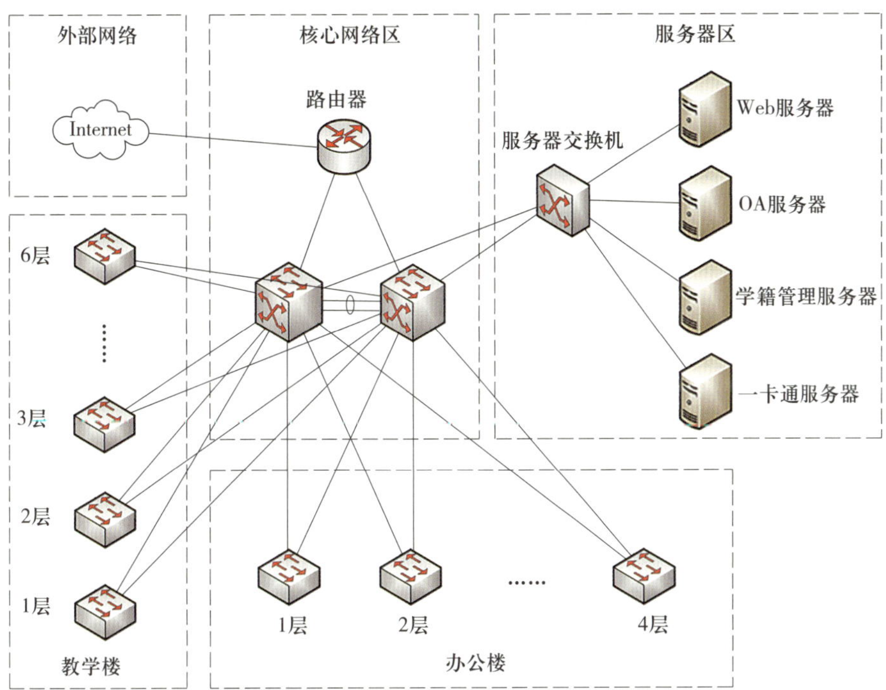

改造后：

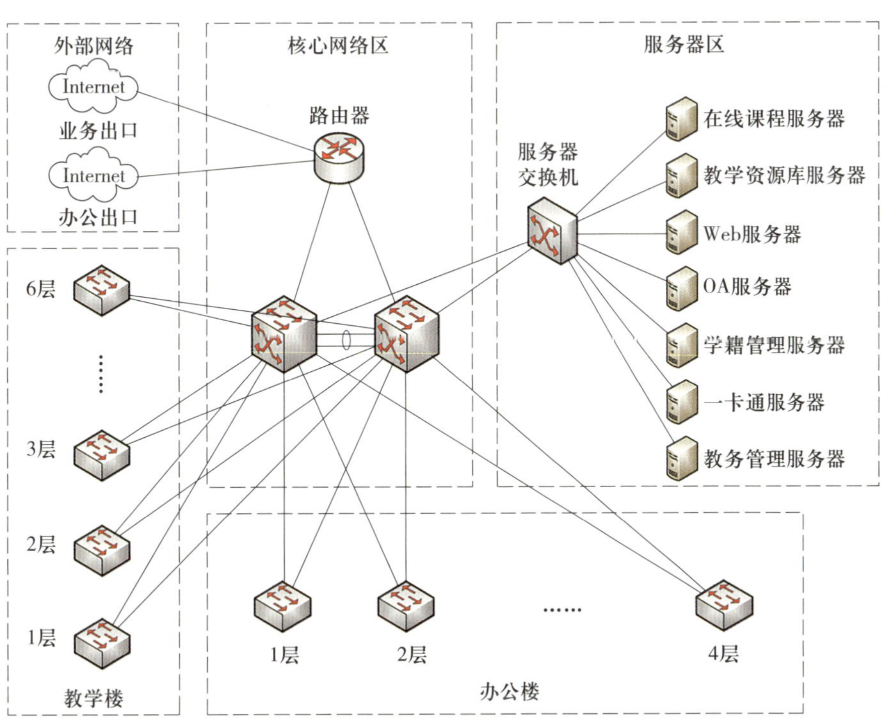

3. IP 地址及 VLAN 划分规划

采用 C 类地址段 192.168.0.0 ~ 192.168.255.255 作为校园网络系统内部网段使用（VLAN 号和网段地址一一对应，如 192.168.10.0 网段对应 VLAN 为 10），分配原则如下：

（1）按部门及楼层划分 VLAN：办公楼每个部门 VLAN 使用 1 个 C 类网段，教学楼每层使用 1 个 C 类网段。

（2）网络设备管理地址：192.168.253.0 网段。

（3）网络设备互联地址：192.168.254.0 网段。

（4）服务器地址：

1）对外服务器地址：192.168.251.0 网段。

2）对内服务器地址：192.168.252.0 网段。

（5）路由器、核心交换机及服务器交换机配置 Loopback 地址，公网地址由宽带运营商提供。

4. 任务单

<table>
<tr><td rowspan="3">客户名称</td><td rowspan="3">××省××市
×××区××号
某中学校园</td><td>联系人姓名</td><td>王××</td><td>部门及职务</td><td>信息中心负责人</td></tr>
<tr><td>办公电话</td><td>57876××××</td><td>传真</td><td>57876××××</td></tr>
<tr><td>手机</td><td>131××××××××</td><td>E-mail</td><td>12345@××.com</td></tr>
<tr><td rowspan="3">施工单位</td><td rowspan="3">某信息科技有限公司</td><td>联系人姓名</td><td>李××</td><td>部门及职务</td><td>技术部门经理</td></tr>
<tr><td>办公电话</td><td>8876××××</td><td>传真</td><td>8876××××</td></tr>
<tr><td>手机</td><td>189××××××××</td><td>E-mail</td><td>12345@××.com</td></tr>
<tr><td>工作内容</td><td colspan="5">1. 任务概况
某中学校园网络系统建成于 2013 年，现需要对原有网络系统进行升级改造，更换高性能路由器、新租 1 条互联网专线、增加多台服务器、调整路由技术，实现业务与办公网络分流的双出口网络功能，支持特定用户访问特定服务器
2. 具体要求
（1）内网用户（办公楼教职工）通过办公出口互联网专线访问外网
（2）外网用户通过业务出口互联网专线访问在线课程服务器、教学资源库服务器和 Web 服务器
（3）内网用户（教学楼学生用户）仅能访问在线课程服务器、教学资源库服务器、Web 服务器和 OA 服务器
（4）内网用户（办公楼教职工）特定用户访问特定服务器，支持财务处职工访问一卡通服务器，教务处职工访问教务管理服务器，学生处职工访问学籍管理服务器
（5）所采用的路由技术由原有的静态路由协议更改为 OSPF 动态路由协议</td></tr>
</table>

续表

<table>
<tr><td rowspan="1">工作内容</td><td>3. 升级改造后的校园网络系统拓扑图
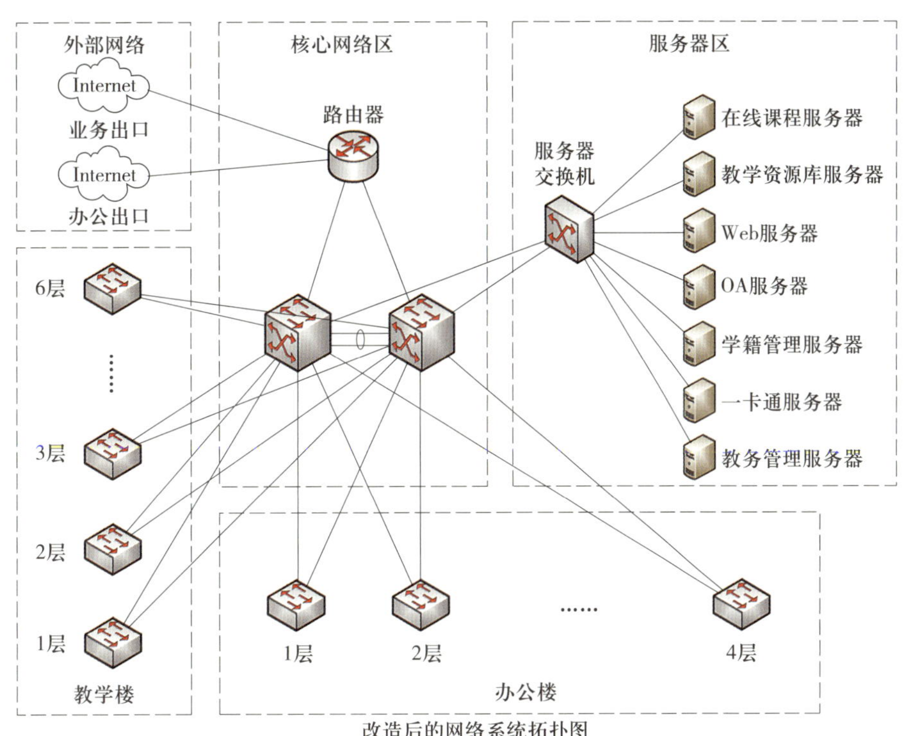

改造后的网络系统拓扑图
4. 任务时间安排：×××× 年 ×× 月 ×× 日—×××× 年 ×× 月 ×× 日
5. 任务实施地点：×× 省 ×× 市 ××× 区 ×× 号 ×× 中学校园</td></tr>
<tr><td>项目验收</td><td>施工人员工作态度是否端正：□是 □否
本次施工是否已解决问题：□是 □否
是否按时完成：□是 □否
客户评价：□非常满意 □基本满意 □不满意
客户签字：</td></tr>
</table>

学习目标及学时

1. 能阅读任务单并解读项目设计方案，准确提取任务基本信息与双出口网络架构、路由技术等关键信息，完成需求分析表，结合现场勘察信息，绘制布置草图。

2. 能辨析双出口网络架构和功能，比较路由器关键参数并说明选用理由，判断项目实施的网络技术，分析 IP 地址组成要素并讲解设计思路。

3. 能依据项目设计方案、IP 地址及 VLAN 划分规则、内外网用户业务访问需求，编制 IP 地址规划表，并绘制详细、准确的网络系统拓扑图。

4. 能参考网络技术配置步骤与配置内容，编写交换机与路由器的配置流程，并依据 IP 地址规划表、网络系统拓扑图等资料，编制项目实施方案。

5. 能核对货品相关信息，完成验收货品，上架安装路由器并加电自检，填写安装确认单。

6. 能依据交换机与路由器的配置流程、IP 地址规划表和拓扑图，完成交换机与路由器的配置。

7. 能依据业务需求与项目实施方案，进行网络测试，收集与整理项目验收材料，提交验收申请，组织项目验收并完成验收流程，填写验收报告。

8. 能展示 IP 地址规划表、网络系统拓扑图、交换机与路由器配置流程，听取反馈意见并修改，编制工程日志。在教师指导下，总结工作经验，解析并实现新增需求。

9. 在任务完成过程中，具备语言表达、信息处理、自我管理能力等通用职业能力，质量意识、服务意识等职业素养，认真负责、踏实肯干、勤学苦练的劳动精神等思政素养。

建议学时

48 学时

学习路径

学习任务　学习环节　学习步骤及学生活动

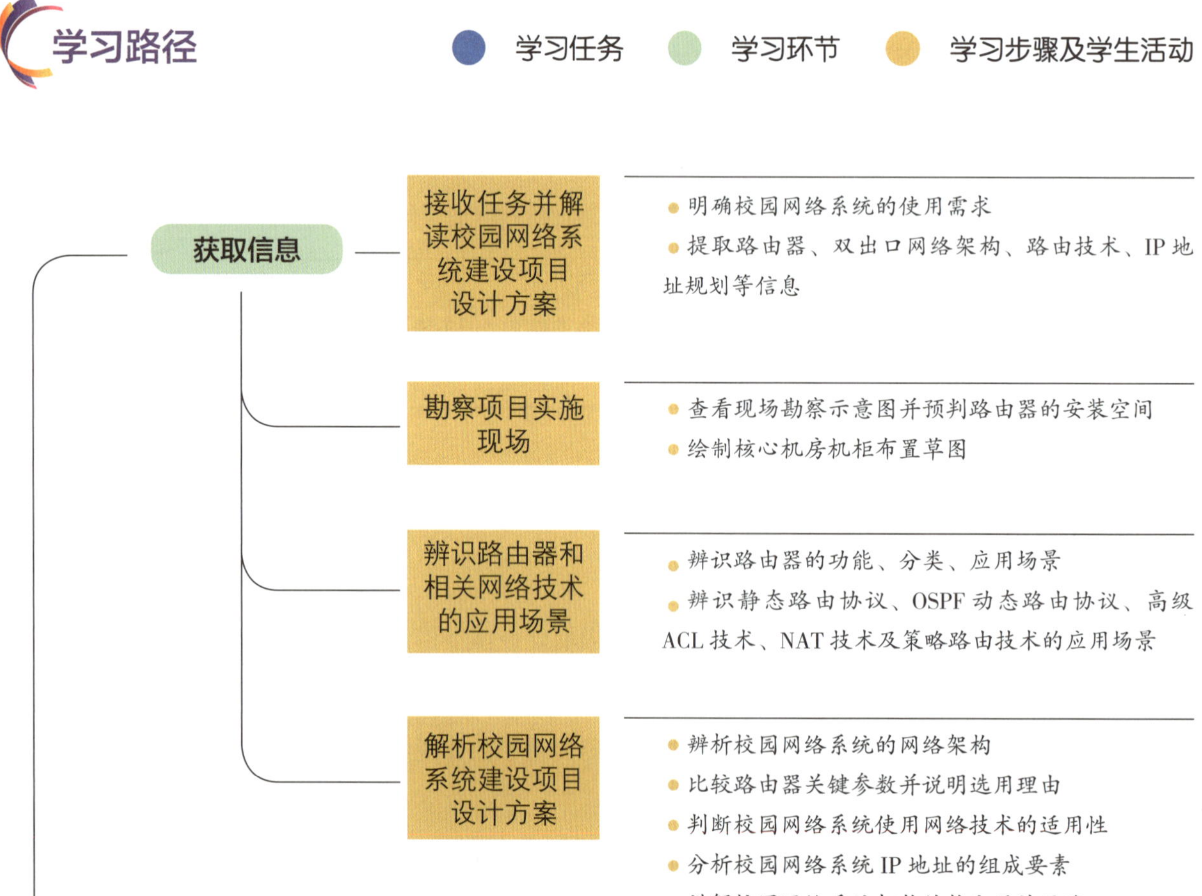

- 校园网络系统安装与调试
  - 制订计划
    - 编制校园网络系统 IP 地址规划表
      - 明确 Loopback 接口的作用
      - 编制校园网络系统 IP 地址规划表并提炼设计要点
    - 绘制校园网络系统拓扑图
    - 编写接入交换机、核心交换机、服务器交换机的配置流程
    - 编写路由器的配置流程
    - 编制校园网络系统建设项目实施方案
      - 预想实施难度并规划工期及施工进度
      - 完成校园网络系统建设项目实施方案
      - 明确校园网络系统建设项目实施方案汇报形式
  - 做出决策
    - 检查并修改校园网络系统建设项目实施方案
      - 检查并修改校园网络系统 IP 地址规划表
      - 检查并修改校园网络系统拓扑图
      - 检查并修改交换机与路由器的配置流程
    - 编制校园网络系统建设项目工程日志
      - 认识工程日志的作用
      - 完成校园网络系统建设项目工程日志
  - 实施计划
    - 验收货品
      - 总结路由器到货验收流程
      - 清点货品并完成验收
      - 初步认识所验收货品
    - 安装路由器并加电自检
      - 提炼路由器上架安装的技术要点
      - 识别与判断路由器指示灯状态
      - 填写路由器安装确认单
    - 配置接入交换机并核查接入交换机信息
    - 配置 OSPF 动态路由协议实例并解读参数含义
      - 配置 OSPF 动态路由协议实例
      - 解读 OSPF 动态路由协议查看信息的各参数含义

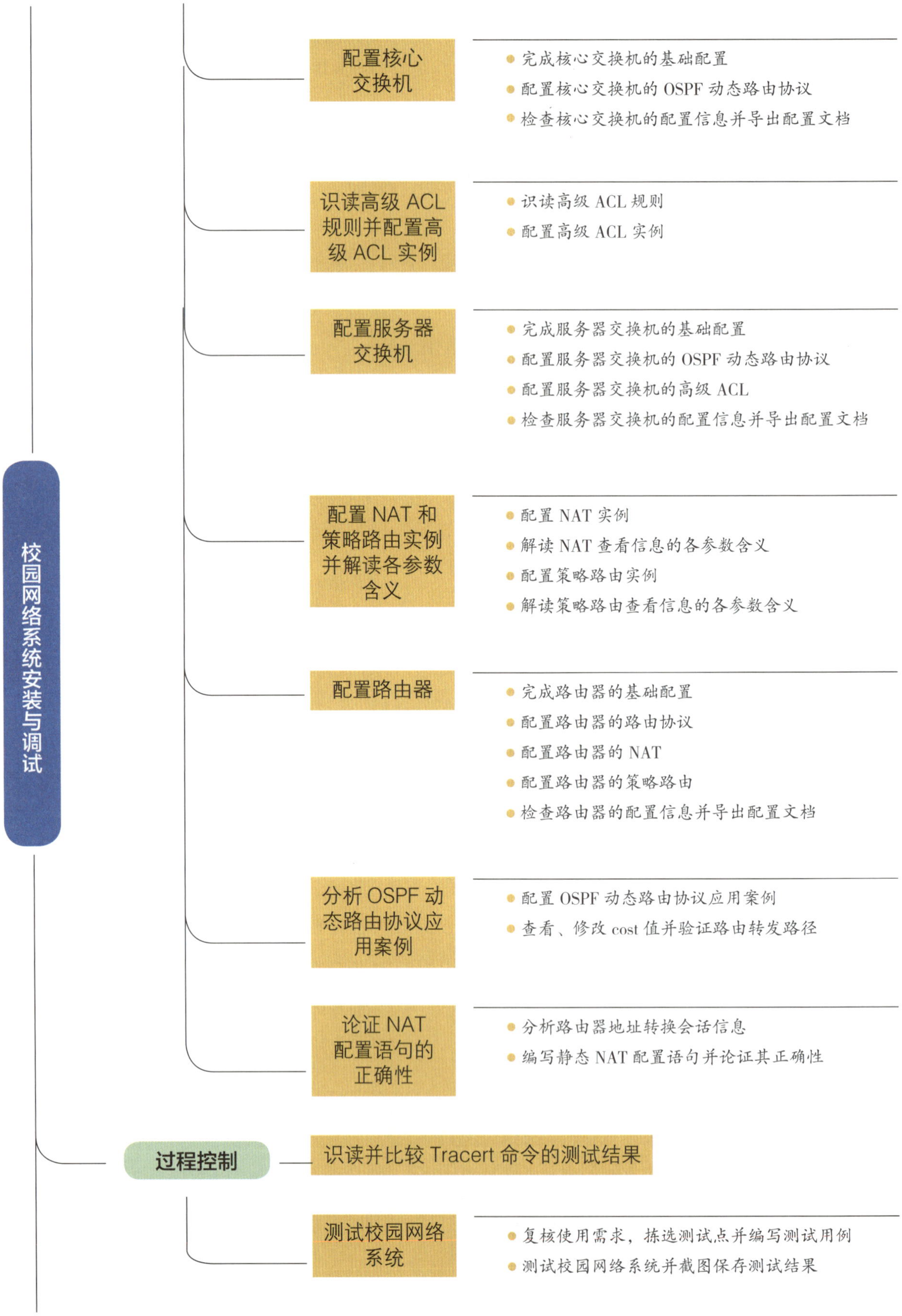

校园网络系统安装与调试

配置核心交换机
- 完成核心交换机的基础配置
- 配置核心交换机的 OSPF 动态路由协议
- 检查核心交换机的配置信息并导出配置文档

识读高级 ACL 规则并配置高级 ACL 实例
- 识读高级 ACL 规则
- 配置高级 ACL 实例

配置服务器交换机
- 完成服务器交换机的基础配置
- 配置服务器交换机的 OSPF 动态路由协议
- 配置服务器交换机的高级 ACL
- 检查服务器交换机的配置信息并导出配置文档

配置 NAT 和策略路由实例并解读各参数含义
- 配置 NAT 实例
- 解读 NAT 查看信息的各参数含义
- 配置策略路由实例
- 解读策略路由查看信息的各参数含义

配置路由器
- 完成路由器的基础配置
- 配置路由器的路由协议
- 配置路由器的 NAT
- 配置路由器的策略路由
- 检查路由器的配置信息并导出配置文档

分析 OSPF 动态路由协议应用案例
- 配置 OSPF 动态路由协议应用案例
- 查看、修改 cost 值并验证路由转发路径

论证 NAT 配置语句的正确性
- 分析路由器地址转换会话信息
- 编写静态 NAT 配置语句并论证其正确性

过程控制

识读并比较 Tracert 命令的测试结果

测试校园网络系统
- 复核使用需求，拣选测试点并编写测试用例
- 测试校园网络系统并截图保存测试结果

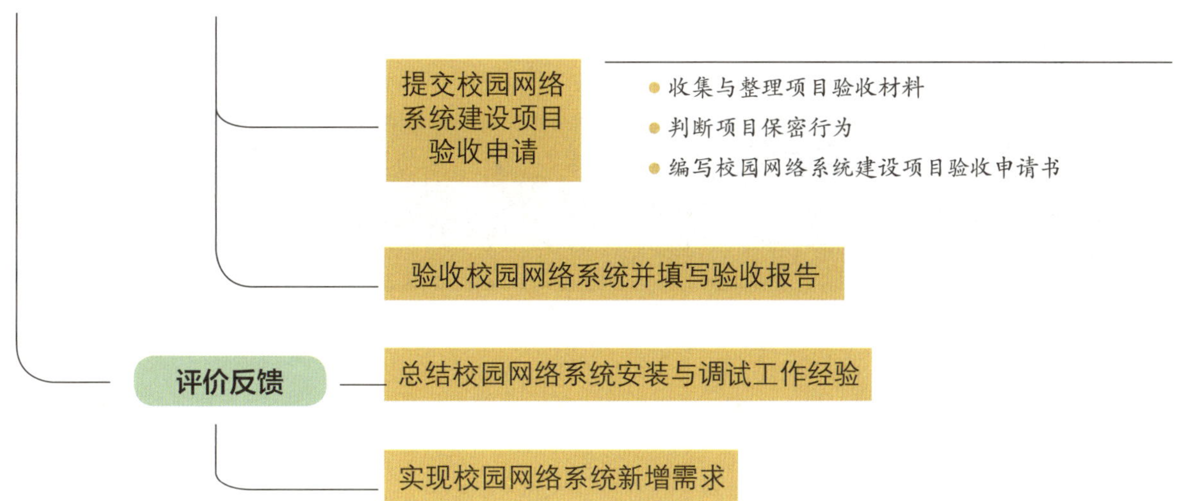
提交校园网络系统建设项目验收申请
收集与整理项目验收材料
判断项目保密行为
编写校园网络系统建设项目验收申请书
验收校园网络系统并填写验收报告
评价反馈
总结校园网络系统安装与调试工作经验
实现校园网络系统新增需求

学习环节一　获取信息

学习目标

1. 能独立阅读校园网络系统安装与调试任务单与校园网络系统建设项目设计方案，采用信息记录法与关键词提取法提取任务交付时间、项目实施地点、校园网络系统的使用需求、双出口网络架构、路由技术、IP 地址规划等信息，填写校园网络系统安装与调试任务需求分析表。

2. 能独立进行项目实施现场勘察，采用实地勘察法收集核心机房中可供新路由器安装的位置及尺寸，绘制核心机房机柜布置草图，达到设备分类便于管理、类型对应位置便于维护的要求。

3. 能与小组成员交流合作，采用小组讨论与汇报的方式辨析双出口网络架构和功能，比较路由器关键参数并说明选用理由，判断项目实施的网络技术，分析 IP 地址组成要素并讲解设计思路，具有较好的语言表达能力与信息处理能力。

建议学时

6 学时

学习要求

序号	学习步骤	学习内容	学时	备注
1	接收任务并解读校园网络系统建设项目设计方案	1. 校园网络系统安装与调试任务单信息的收集与明晰（实践） 2. 路由器板卡与模块的辨识（理论） 3. 校园网络系统改造前后网络结构的对比（实践） 4. 路由技术与交换技术的区别（理论） 5. IP 地址类别的梳理（实践）	1.5	
2	勘察项目实施现场	1. 路由器外观的识别（实践） 2. 路由器安装空间合理性的判定（实践） 3. 设备类型对应机柜内位置的判断（实践）	1	

续表

序号	学习步骤	学习内容	学时	备注
3	辨识路由器和相关网络技术的应用场景	1. 路由器的应用场景（理论） 2. 静态路由协议的应用场景（理论） 3. OSPF 动态路由协议的应用场景（理论） 4. 高级 ACL 技术的应用场景（理论） 5. NAT 技术的应用场景（理论） 6. 策略路由的应用场景（理论）	1.5	
4	解析校园网络系统建设项目设计方案	1. 双出口网络架构和功能的辨析（实践） 2. 路由器选用理由的解析（实践） 3. 双出口网络技术适用性的判定（实践） 4. 校园网络系统 IP 地址的组成要素（理论） 5. 信息处理能力（素养） 6. 语言表达能力（素养）	2	

一、接收任务并解读校园网络系统建设项目设计方案

（一）明确校园网络系统的使用需求

1. 查阅任务单与信息页中的校园网络系统典型使用需求，预判双出口网络架构、路由技术解决的系统功能，完成以下问题。

（1）双出口网络架构能够解决的校园网络系统功能包括（ ）。【多选题】

A. 内网用户（教学楼学生）访问互联网

B. 内网用户（办公楼教职工）访问互联网

C. 外网用户访问 OA 服务器

D. 外网用户观看在线课程

E. 人事处刘老师登录一卡通服务器查看账户流水信息

F. 学生处赵老师登录学籍管理服务器查看学生学籍信息

（2）路由技术能够实现校园网络系统功能包括（ ）。【多选题】

A. 校园网络系统内部局域网与外网的互联互通

B. 内网用户（教学楼学生）禁止访问外网

C. 内网用户（教研室教师）之间相互通信

D. 内网用户（办公楼教职工）上网

E. 教研室李老师在家访问校园网络系统宣传网站

F. 教务处王老师在家登录教学资源库服务器下载教学资源

2. 明确双出口网络架构、路由技术对应实现的校园网络系统功能，明确校园网络系统的使用需求，填入表 4–1–1 中。

表 4–1–1　　校园网络系统安装与调试任务需求分析

序号	需求分析描述
1	内网用户（办公楼教职工）通过__________专线访问外网
2	外网用户通过__________专线访问在线课程服务器、教学资源库服务器、Web 服务器
3	内网用户均能访问__________服务器、__________服务器、__________服务器、__________服务器
4	一卡通服务器仅能由__________部门职工访问、教务管理服务器仅能由__________部门职工访问，学籍管理服务器仅能由__________部门职工访问
5	所采用的路由技术由原有的静态路由协议调整为__________

（二）提取路由器、双出口网络架构、路由技术、IP 地址规划等信息

1. 查阅信息页项目设计方案中的设备选型与路由器板卡模块信息，提取路由器信息，将路由器板卡模块名称与对应的图片用线连接起来。

路由器板卡模块名称	路由器板卡模块图片
路由器主机	
路由器主控板	
路由器业务板	
电源模块	
光纤模块	

2. 查阅信息页项目设计方案中的拓扑图（改造后），对比改造前后网络结构，识别双出口网络架构，明确校园网络系统的改造信息，标注在图 4–1–1 中。

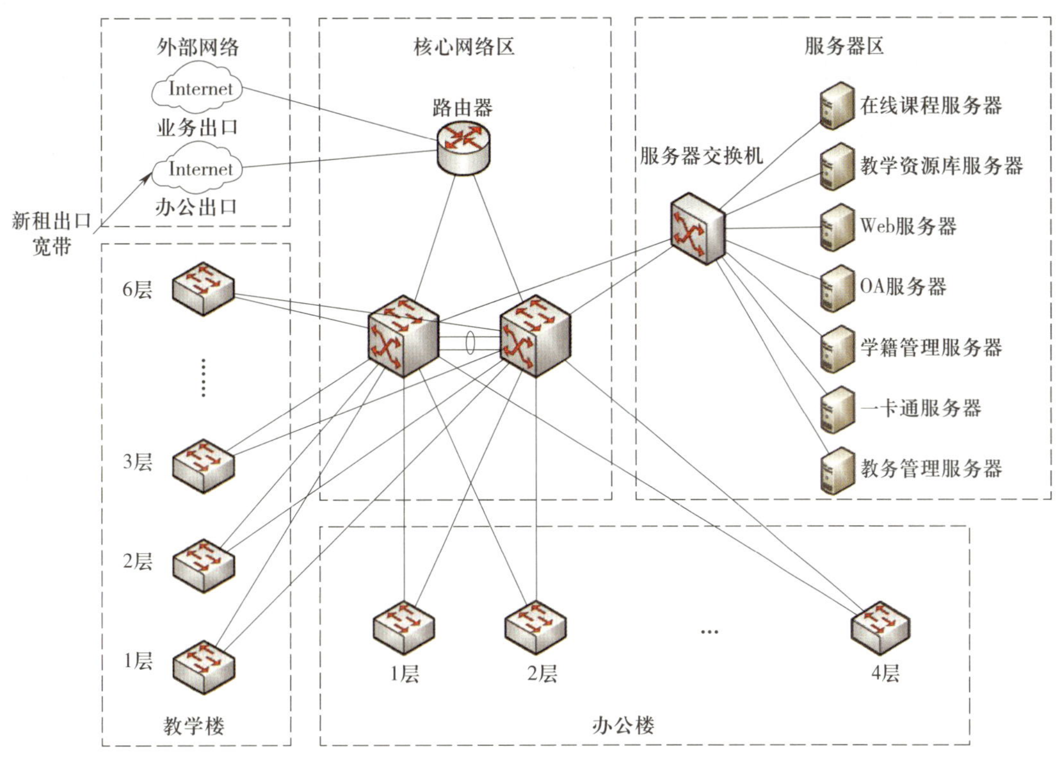

图 4-1-1 校园网络系统拓扑图（改造后）

3. 检查并核对校园网络系统功能与改造信息的对应性，在表 4-1-2 中勾选相应选项。

表 4-1-2 校园网络系统功能与改造信息核对

序号	校园网络系统功能	是否标注
1	办公出口互联网专线支持内网用户（办公楼教职工）访问外网	□是 □否
2	业务出口互联网专线支持外网用户访问在线课程服务器、教学资源库服务器、Web 服务器	□是 □否
3	内网用户（教学楼学生用户）仅能访问在线课程服务器、教学资源库服务器、Web 服务器、OA 服务器	□是 □否
4	内网用户（办公楼教职工）均能访问 OA 服务器，特定用户访问特定服务器，仅支持财务处职工访问一卡通服务器，教务处职工访问教务管理服务器，学生处职工访问学籍管理服务器	□是 □否
5	核心交换机、路由器及服务器交换机采用 OSPF 动态路由协议	□是 □否

4. 查阅信息页项目设计方案中相关网络技术与路由交换技术区别的相关内容，区分路由技术和交换技术的要点，填写表 4-1-3。

表 4-1-3　路由技术与交换技术对比

技术类型	技术要点	设备
路由技术	1. 路由技术主要应用于连接不同的________之间，以实现不同网络之间的________ 2. 路由技术主要依赖于__________进行工作 3. 路由技术工作在__________，主要处理__________ 4. 路由技术通过__________协议（如__________、__________等）进行回路检测和处理，确保数据包不会在网络中形成无限循环	□接入交换机 □核心交换机 □服务器交换机 □路由器 □个人计算机 □服务器
交换技术	1. 交换技术主要实现数据在__________的快速传输 2. 交换技术依赖于__________进行工作 3. 交换技术工作在__________ 4. 交换技术通过__________协议进行回路检测和处理，避免交换机之间形成广播风暴和无限循环	□接入交换机 □核心交换机 □服务器交换机 □路由器 □个人计算机 □服务器

5. 查阅信息页项目设计方案中 IP 地址及 VLAN 划分规则的相关内容，以及学习任务二信息页中的 IP 地址规划设计思路，梳理本学习任务的 IP 地址类别，填入图 4-1-2 中。

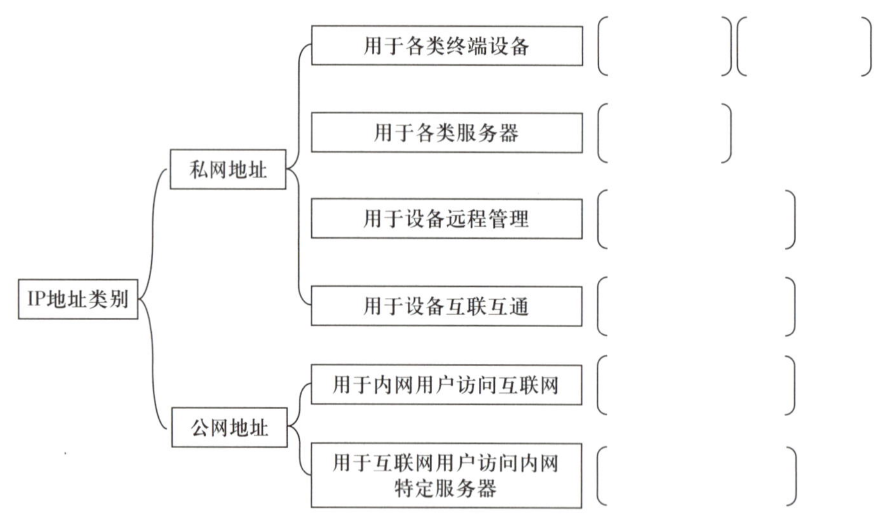

图 4-1-2　校园网络系统 IP 地址类别图

二、勘察项目实施现场

（一）查看现场勘察示意图并预判路由器的安装空间

1. 查阅信息页中的现场勘察示意图，辨认可安装路由器设备的机柜并识别机柜内现有网络设备，填入表 4-1-4 中。

2. 查阅信息页中对路由器产品外观的介绍，记录路由器尺寸与机柜剩余空间，预判安装空间是否足够，完成以下问题。

表 4-1-4　　机柜网络设备信息

图示	设备名称	图示	设备名称
431.4 mm 177 mm 650 mm			

可安装路由器的机柜为________

设备名称可选项：核心交换机 13U　路由器 4U　防火墙 2U　存储服务器 4U

（1）路由器的外观尺寸，长为____mm，宽为____mm，高为____mm，以 U 为单位进行换算，高为____U。

（2）路由器的安装空间（□能　□不能）满足安装需要。

（二）绘制核心机房机柜布置草图

依据相邻设备间标准间隔距离，判断路由器其对应安装位置，绘制核心机房机柜布置草图。

核心机房机柜布置草图：

三、辨识路由器和相关网络技术的应用场景

（一）辨识路由器的功能、分类、应用场景

1. 查阅信息页中路由器与交换机区别的相关内容，辨识并区分路由器与交换机的功能、分类及应用场景，回答以下问题。

（1）本学习任务所使用的路由器应具备（□路由转发　□地址转换　□终端接入）功能；按性能档次分，属于＿＿＿＿＿＿路由器，按结构分，属于＿＿＿＿＿＿路由器，按网络位置分，属于＿＿＿＿＿＿路由器。

（2）判断以下对路由器应用场景的描述是否正确。**【判断题】**

1）某公司员工需要居家办公，可以安全地访问公司网络，在搭建办公网络时，一定需要使用路由器。（　　）

2）某公司的技术部门分别在办公楼 1、2、3 层均有团队，为了共享技术资源，需要实现技术部门员工之间能够互相通信，一定需要使用路由器。（　　）

（3）本学习任务所使用的交换机应具备（□ MAC 地址学习　□消除环路　□隔离广播　□地址转换）功能。

（4）本学习任务中只需要使用二层交换机，这一说法是否正确？说明理由。

＿＿

＿＿

＿＿

＿＿

＿＿

（5）根据以下应用场景描述，选择正确的交换机设备。**【选择题】**

某商务大厦的网络中心在该大厦的 1 层，部署 1 台配备 24 端口千兆光纤业务板及光纤模块的（　　）交换机，每楼层均部署 1 台（　　）交换机。

A. 二层

B. 三层

2. 查阅信息页中的路由器应用场景图，辨析各类型设备，明确其设备名称，填入图 4-1-3 中。

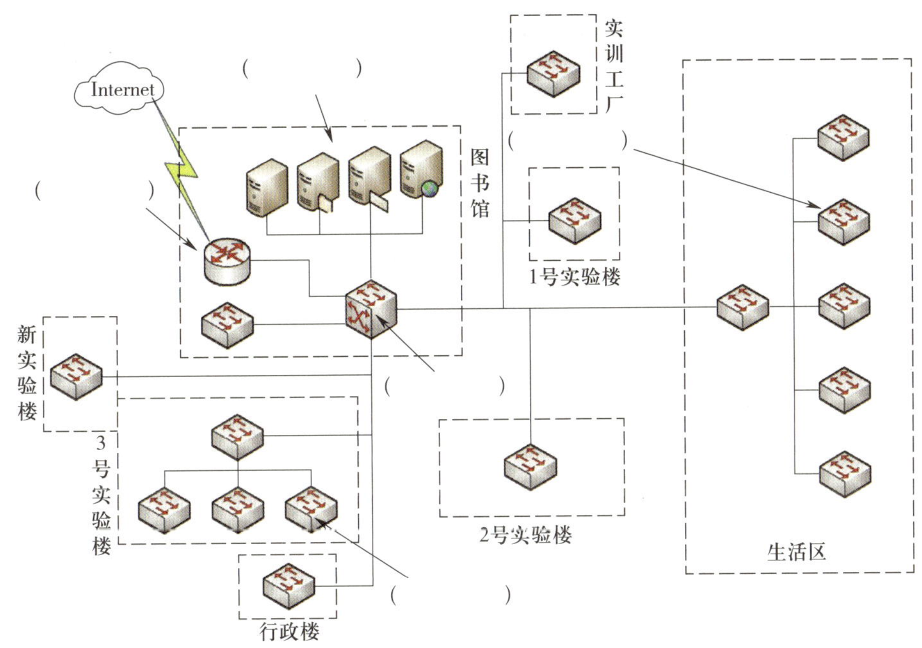

图 4-1-3　网络设备应用场景图

（二）辨识静态路由协议、OSPF 动态路由协议、高级 ACL 技术、NAT 技术及策略路由技术的应用场景

查阅信息页中静态路由协议、OSPF 动态路由协议、高级 ACL 技术、NAT 技术及策略路由应用场景的相关内容，辨识并说明其应用场景，完成以下问题。

1. 静态路由协议由网络管理员________配置，配置方便，适用于拓扑结构________且________的小型网络。

2. OSPF 动态路由协议能够________发现并学习网络中的所有路由器和网络。OSPF 路由适合复杂的小型网络，也可用于________和________网络。

3. 高级 ACL 技术比基本 ACL 技术更加______，适用于需要对数据包的__________、________、__________进行检查的网络需求。

4. NAT 技术适用于内部局域网使用______________，但需要通过_________连接到互联网的需求。

5. 策略路由可以在企业有多个网络出口时，通过识别_________，按照配置好的规则转发到对应的__________。

四、解析校园网络系统建设项目设计方案

（一）辨析校园网络系统的网络架构

查阅信息页中的单、双出口网络架构案例，对比并整理特征要素，说明校园网络系统属于双出口网络架构的理由，填入表 4-1-5 中。

表 4-1-5 校园网络系统（双出口网络）特征分析

双出口网络的特征要素	校园网络系统属于双出口网络的理由
1. 高效性：双出口网络可以通过______条互联网专线同时传输数据，从而提高了数据传输的效率 2. 灵活性：双出口网络可以连接______条（□相同 □不同）的互联网专线，网络管理员可以根据实际业务选择互联网专线 3. 可靠性：双口网络具有较高的可靠性，因为它具有____条互联网专线，当一条互联网专线出现______时，其承载的业务流量能够______到另外一条互联网专线，保证了数据的可靠传输	1. 校园网络系统经过升级改造之后，提供了 2 条互联网专线连接外网，业务流量与办公流量分别从两个出口进行传输，提高了数据传输的效率 2. ______________________________ ______________________________ ______________________________ 3. ______________________________ ______________________________ ______________________________

（二）比较路由器关键参数并说明选用理由

1. 查阅信息页中路由器分类的相关内容，比较路由器的关键参数，填入表 4-1-6 中。

表 4-1-6 路由器产品信息

序号	产品信息	1000 系列路由器	3000 系列路由器	5000 系列路由器
1	产品图片			
2	引擎数量			
3	电源数量			
4	转发性能			
5	分类	□高端路由器 □中端路由器 □低端路由器 □模块化路由器 □非模块化路由器	□高端路由器 □中端路由器 □低端路由器 □模块化路由器 □非模块化路由器	□高端路由器 □中端路由器 □低端路由器 □模块化路由器 □非模块化路由器

2. 查阅信息页项目设计方案中的拓扑图，依据路由器在网络中的位置等信息，完成以下问题。

（1）校园网络系统升级改造后所使用的路由器属于（□核心层路由器 □汇聚层路由器 □接入层路由器），需要具有高速可靠的性能要求。

（2）路由器硬件参数指标______________能够满足高速的性能要求。

（3）查看各路由器产品的软件规格，5000 系列路由器相比 1000 系列与 3000 系列路由器，在可靠性上的优势主要有____。

（三）判断校园网络系统使用网络技术的适用性

查阅信息页项目设计方案中的需求分析，讨论网络技术所解决的校园网络系统功能，判断其适用性，填入图 4-1-4 中。

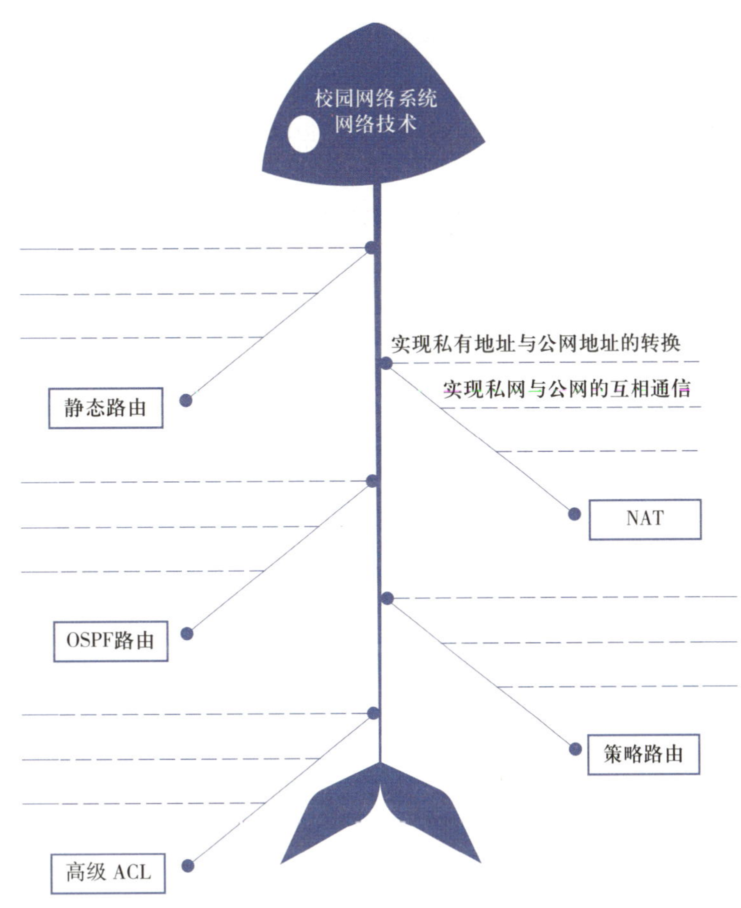

图 4-1-4 校园网络系统网络技术思维导图

（四）分析校园网络系统 IP 地址的组成要素

查阅信息页中的 IP 地址规划表样例，参考校园网络系统拓扑图（改造后）、IP 地址类别图，分析各类别 IP 地址的组成要素，在表 4-1-7 中勾选相应选项。

表 4-1-7 校园网络系统 IP 地址组成要素

IP 地址类别	组成要素
教学楼 IP 地址	□楼层 □部门 □VLAN ID □网段地址 □网关地址 □备注
办公楼 IP 地址	□楼层 □部门 □VLAN ID □网段地址 □网关地址 □备注
服务器 IP 地址	□楼层 □部门 □服务器名称 □命名 □VLAN ID □网络地址 □网关地址 □允许访问 VLAN □备注
网络设备 IP 地址	□楼层 □部门 □设备名称 □命名 □网络地址 □网关地址 □备注

续表

IP 地址类别	组成要素
Loopback 地址	□楼层 □部门 □设备名称 □命名 □网络地址 □子网掩码 □备注
网络设备互联 IP 地址	□楼层 □部门 □设备名称 □本端设备 □本端地址 □对端设备 □对端地址 □互联 Vlan □备注
公网互联 IP 地址	□楼层 □部门 □设备名称 □本端设备 □本端地址 □对端设备 □对端地址 □互联 Vlan □备注

（五）讲解校园网络系统拓扑结构和设计思路

1. 查阅信息页中的项目设计方案汇报提纲案例，对“校园网络系统建设项目设计方案汇报提纲”进行补充（可采用电子版形式）。

校园网络系统建设项目设计方案汇报提纲

1. 项目背景

2. 需求分析

（1）现有网络现状

（2）升级后的网络状况

2. 根据表 4-1-8 所列“校园网络系统建设项目设计方案的解读”考核项目评分表对本环节进行评价。

表 4-1-8　　“校园网络系统建设项目设计方案的解读”考核项目评分表

考核项目：校园网络系统建设项目设计方案的解读　　　　组别：

评价项目	评分细则	自评（占比30%）	互评（占比30%）	师评（占比40%）	总分
1. 小组成员之间的配合程度	小组成员之间配合默契、积极参与、善于沟通，共计3分。人际关系很好，善于团结合作和化解矛盾计3分；人际关系好，能够团结合作和化解矛盾计2分；人际关系一般，大多数情况下能团结合作计1分；人际关系很差，不能团结合作和化解矛盾计0分				
2. 校园网络系统建设项目设计方案的说明	校园网络系统建设项目设计方案的说明内容完整且正确，共计7分。其中，精准判定网络规模和架构占1分；准确解析路由器型号并说明选用理由占1分；清晰说明改造前后网络结构的差异占1分；理解并说明阅读IP地址及VLAN划分规则和思路占2分；简洁介绍项目实施可行的网络技术占2分				
考核项目得分					

3. 自查在汇报过程中汇报内容的表达是否到位，语言描述是否简练，表达意思是否准确，填入表 4-1-9 中。

表 4-1-9　　汇报发言修改

序号	修改前的汇报发言	修改后的汇报发言
1	今天我们要对升级后的校园网络系统的功能进行汇报	各位老师，大家好，我们小组的汇报内容是校园网络系统建设项目设计方案
2	本校园网络系统如果进行升级之后，可以让所有人都能访问服务器，同时也能够上网，还能让所有教师在线上传教学资源	
3	本次项目升级采用了双出口网络的架构，能够让用户在上网的时候，不会感觉到卡顿与不稳定	

学习环节二 制订计划

学习目标

1. 能采用小组合作的方式，依据 IP 地址及 VLAN 划分规则，辨别内外网用户业务访问需求，编制校园网络系统 IP 地址规划表。

2. 能采用独立工作的方式，依据项目设计方案和 IP 地址规划表，绘制校园网络系统拓扑图，确保网络结构清晰且设备无遗漏、图中的静态路由协议指向正确、OSPF 动态路由协议区域划分清晰、高级 ACL 技术控制信息精准、NAT 技术映射地址对应性正确、策略路由技术数据分流清晰，具有自我管理意识。

3. 能采用独立工作与小组合作相结合的方式，参考静态路由协议、OSPF 动态路由协议、高级 ACL 技术、NAT 技术、策略路由技术的配置步骤与配置内容，编写核心交换机、服务器交换机、路由器的配置流程，确保网络设备配置流程齐全、步骤完整、内容正确。

4. 能采用独立工作与小组合作相结合的方式，依据 IP 地址规划表、网络系统拓扑图、网络设备配置流程等资料，编制校园网络系统建设项目实施方案，具有认真负责的劳动精神。

建议学时

10 学时

学习要求

序号	学习步骤	学习内容	学时	备注
1	编制校园网络系统 IP 地址规划表	1. Loopback 接口的作用（理论） 2. 校园网络系统 IP 地址规划表的编制（实践） 3. 校园网络系统 IP 地址规划表的设计要点（理论）	2	

续表

序号	学习步骤	学习内容	学时	备注
2	绘制校园网络系统拓扑图	1. 校园网络系统拓扑图的绘制要点（理论） 2. 校园网络系统拓扑图的绘制（实践） 3. 自我管理意识（素养）	2	
3	编写接入交换机、核心交换机、服务器交换机的配置流程	1. 静态路由协议的配置步骤与配置内容（理论） 2. OSPF 动态路由协议的配置步骤与配置内容（理论） 3. 高级 ACL 技术的配置步骤与配置内容（理论）	2	
4	编写路由器的配置流程	1. NAT 技术的配置步骤与配置内容（理论） 2. 策略路由技术的配置步骤与配置内容（理论）	2	
5	编制校园网络系统建设项目实施方案	1. 网络系统实施难度的预想（实践） 2. 认真负责的劳动精神（素养） 3. 汇报方法的分类与步骤（理论）	2	

一、编制校园网络系统 IP 地址规划表

（一）明确 Loopback 接口的作用

查阅信息页中对 Loopback 接口的介绍，明确 Loopback 接口的作用，说明创建 Loopback 接口的原因，完成以下问题。

（1）下列对于 Loopback 接口的描述中，错误的有（　　）。【多选题】

A. Loopback 是一个虚拟接口，没有一个实际的物理接口与之对应

B. Loopback 地址又称为本地环回地址

C. 网络管理员为 Loopback 接口分配一个 IP 地址，其掩码应为 0.0.0.0

D. Loopback 永远处于激活状态，可用于网络管理

（2）路由器的 Router ID 一定要使用 Loopback 接口地址。（　　）【判断题】

（二）编制校园网络系统 IP 地址规划表并提炼设计要点

1. 查阅信息页项目设计方案中的 IP 地址及 VLAN 划分规则，提炼网段信息，依照以下提示信息，编制 1 条 IP 地址信息，然后以此类推，填写表 4-2-1。

（1）教学楼 IP 地址规划表（教学楼 1 层）：VLAN ID______，网段地址________________，网关地址________________。

（2）办公楼 IP 地址规划表（人事处）：VLAN ID______，网段地址________________，网关地址________________。

（3）服务器 IP 地址规划表（在线课程服务器）：VLAN ID______，网络地址__________________

____________，网关地址____________，备注栏填写允许访问的 VLAN 信息。

（4）网络设备管理 IP 地址规划表（核心交换机 01）：命名________，网络地址____________，网关地址____________，备注栏填写管理 VLAN 信息。

（5）Loopback 地址规划表（路由器）：命名________，网络地址____________，子网掩码__________。

（6）互联 IP 地址规划表（路由器）：本端地址____________，对端设备____________，对端地址____________，互联 VLAN ID______。

（7）公网互联 IP 地址规划表（路由器）：本端和对端地址由____________提供。

表 4-2-1　　校园网络系统 IP 地址规划表

教学楼 IP 地址规划表				
楼层	VLAN ID	网段地址	网关地址	备注
教学楼 1 层				
教学楼 2 层				
教学楼 3 层				
教学楼 4 层				
教学楼 5 层				
教学楼 6 层				
办公楼 IP 地址规划表				
部门	VLAN ID	网段地址	网关地址	备注
人事处				
财务处				
培训处				
后勤处				
学生处				
教务处				
教研室				
服务器 IP 地址规划表				
服务器名称	VLAN ID	网络地址	网关地址	允许访问的 VLAN
在线课程服务器				

续表

网络设备管理 IP 地址规划表				
设备名称	命名	网络地址	网关地址	管理的 VLAN
核心交换机 01				

Loopback 地址规划表				
设备名称	命名	网络地址	网关地址	备注
路由器				

网络设备互联 IP 地址规划表				
本端设备	本端地址	对端设备	对端地址	互联 VLAN

公网互联 IP 地址规划表			
本端设备	本端地址	对端设备	对端地址

2. 查阅信息页学习任务三中的 IP 地址规划表，与本任务进行比较，提炼校园网络系统 IP 地址规划表的设计要点，完成以下问题。

（1）本学习任务需要由网络设备路由器实现______与________的互联互通，所以在规划 IP 地址时，应从________地址与________地址两个方面来考虑。

（2）校园网络系统局域网部分：

1）需要对用户终端及服务器设备进行 IP 地址规划，涉及________________、________________和________________。

2）网络管理员用户需要能够登录所有局域网内的网络设备进行管理与维护，所以还需要进行__________，管理接入交换机的 VLAN ID 为______，网关地址为________，部署在________________上。

3）三层网络设备路由器、核心交换机、服务器交换机的网络地址为__________。

（3）校园网络系统广域网部分：

1）本端路由器的______出口和______出口分别与两个互联网专线运营商的网络设备连接。

2）本端路由器连接业务出口互联网专线与连接办公出口互联网专线网段为（□同一　□不同）网段，且为（□公网地址　□私网地址）。

二、绘制校园网络系统拓扑图

1. 查阅信息页中的双出口网络技术拓扑图样例，讨论并列举校园网络系统拓扑图（网络技术）的绘制要点，完成以下问题。

（1）在配置静态路由协议的网络设备附近标注路由指向的______、_____及______地址。

（2）在配置 OSPF 动态路由协议的网络设备附近标注该设备的__________及设备的__________地址。

（3）在配置高级 ACL 技术的网络设备附近标注应用的_____信息及_____信息。

（4）在配置 NAT 技术的网络设备附近标注________、________地址转换信息、应用的_____与_____。

（5）在配置策略路由技术的网络设备附近标注数据流的______信息、应用的_____与_____。

2. 根据双出口网络技术在拓扑图中的绘制要点，绘制校园网络系统拓扑图（采用电子版形式），并进行核对检查，填入表 4-2-2 中。

表 4-2-2　　校园网络系统拓扑图绘制要点的核对

<table>
<tr><td>网络拓扑结构</td><td colspan="6">网络设备间连线：□规范有规律　□混乱无规律
网络层次结构：□清晰　□模糊</td></tr>
<tr><td rowspan="2">网络设备</td><td>类型</td><td>接入交换机</td><td></td><td></td><td></td><td></td></tr>
<tr><td>数量</td><td>6 台（教学楼）
4 台（办公楼）</td><td></td><td></td><td></td><td></td></tr>
<tr><td>静态路由协议</td><td colspan="6">1. 路由器：标注 2 条静态路由，分别指向________和________
2. 业务出口运营商路由器：标注 1 条静态路由，仅指向（□业务网终端　□运营商网络设备）
3. 办公出口运营商路由器：标注 1 条静态路由，仅指向（□办公网终端　□运营商网络设备）</td></tr>
</table>

续表

OSPF 动态路由协议	1. 路由器：标注 2 段设备互联网段信息，分别为________________与________________ 2. 核心交换机 01：标注 3 类网段信息，第一类为__________网段，第二类为________网段（包括________网段与________网段），第三类为__________网段；还标注设备本身的__________地址，地址为__________ 3. 核心交换机 02：标注 3 类网段信息，第一类为__________网段，第二类为________网段（包括________网段与________网段），第三类为__________网段；还标注设备本身的________地址，地址为__________ 4. 服务器交换机：标注 2 类网段信息，第一类为________网段，第二类为______网段（包括________网段与________网段）；还标注设备本身的________地址，地址为________
高级 ACL 技术	服务器交换机：高级 ACL 对 192.168.251.0 及 192.168.252.0 两个网段的服务器进行访问控制，内网用户（教学楼学生用户）仅能访问________服务器、________服务器、________服务器、________服务器，内网用户（办公楼教职工）均能访问________服务器，仅允许财务处职工访问________服务器、教务处职工访问________服务器，学生处职工访问________服务器
NAT 技术	1. 静态 NAT：应用在网络设备（□路由器 □核心交换机 01 □核心交换机 02）上，允许外网用户访问在线课程服务器、教学资源库服务器、Web 服务器，将 3 台服务器的内网地址转换为________________ 2. 动态 NAT：应用在网络设备（□路由器 □核心交换机 01 □核心交换机 02）__________的接口，实现__________至__________网段访问外网，应用的方向为（□ outbound □ inbound）
策略路由技术	应用在网络设备（□路由器 □核心交换机 01 □核心交换机 02）________________的接口，控制来自服务器区__________网段的流量，分流至______________

3. 自查在绘制拓扑图的过程中是否能够自觉对绘制要点进行检查与核对，完成以下问题。

（1）在绘制过程中，发现了（□ 2 个 □ 3 个 □ 4 个及以上）问题。

（2）以上问题发生的情况多数属于（□考虑不全面 □未及时核对 □网络技术与设备未对应 □其他），如为其他，具体描述：____。

（3）你是否能够自主完成检查核对绘制要点？（□是 □否）如为否，列出需要的帮助信息：____。

三、编写接入交换机、核心交换机、服务器交换机的配置流程

1. 查阅信息页中的静态路由协议、OSPF 动态路由协议、高级 ACL 技术配置步骤与配置内容，梳理流程、整理步骤、提炼要点，完成以下问题。

（1）配置静态路由时，可根据实际需要指定出接口或下一跳地址，下一跳地址（□能 □不能）

为本地接口 IP 地址，否则路由不会生效。

（2）目的地址为__________，表示此条路由为__________，路由器检查路由表失败时，将使用缺省路由进行__________。

（3）静态路由的优先级缺省值为______。

（4）Router ID 一般与____________地址一致。

2. 查阅信息页中的静态路由协议、OSPF 动态路由协议、高级 ACL 技术配置步骤与配置内容，编写接入交换机、核心交换机、服务器交换机的配置流程，填入表 4-2-3 中。

表 4-2-3　　接入交换机、核心交换机、服务器交换机的配置流程

接入交换机的配置流程		
配置流程	配置步骤	配置内容
设备命名	（可参照学习任务二的相关内容，此处略去）	
管理 IP 地址	（可参照学习任务二的相关内容，此处略去）	
SSH 远程管理	（可参照学习任务三的相关内容，此处略去）	
启动生成树	（可参照学习任务三的相关内容，此处略去）	
VLAN 划分	（可参照学习任务二的相关内容，此处略去）	
Trunk 部署	（可参照学习任务二的相关内容，此处略去）	
静态路由		
核心交换机的配置流程		
配置流程	配置步骤	配置内容
设备命名	（可参照学习任务二的相关内容，此处略去）	
管理 IP 地址	（可参照学习任务二的相关内容，此处略去）	
SSH 远程管理	（可参照学习任务三的相关内容，此处略去）	
启动生成树	（可参照学习任务三的相关内容，此处略去）	
VLAN 划分	（可参照学习任务二的相关内容，此处略去）	
Trunk 部署	（可参照学习任务二的相关内容，此处略去）	
链路聚合	（可参照学习任务三的相关内容，此处略去）	
VRRP	（可参照学习任务三的相关内容，此处略去）	
互联 IP 地址		

续表

核心交换机的配置流程		
配置流程	配置步骤	配置内容
OSPF 动态路由		
服务器交换机的配置流程		
配置流程	配置步骤	配置内容
设备命名	（可参照学习任务二的相关内容，此处略去）	
管理 IP 地址	配置 Loopback 地址	
SSH 远程管理	（可参照学习任务三的相关内容，此处略去）	
启动生成树	（可参照学习任务三的相关内容，此处略去）	
VLAN 划分	（可参照学习任务二的相关内容，此处略去）	
Trunk 部署	（可参照学习任务二的相关内容，此处略去）	
互联 IP 地址	（可参照核心交换机的互联 IP 地址配置，此处略去）	
OSPF 动态路由	（可参照核心交换机的 OSPF 动态路由配置，此处略去）	
高级 ACL		

四、编写路由器的配置流程

1. 查阅信息页中的 NAT 技术、策略路由技术配置步骤与配置内容，梳理流程、整理步骤、提炼要点，完成以下问题。

（1）在路由器接口配置 nat outbound 方向表示将__________转换为__________。

（2）应用地址转换时无论是静态 NAT 还是动态 NAT 都需进入________进行配置。

（3）对接口转发的报文应用策略时，一个接口只能应用____个策略，应用新的策略前必须________接口上原来已经应用的策略，一个策略可以同时被____个接口应用。

2. 查阅信息页中的 NAT 技术、策略路由技术配置步骤与配置内容，编写路由器的配置流程，填入表 4-2-4 中。

表 4-2-4　　路由器的配置流程

配置流程	配置步骤	配置内容
设备命名	（可参照学习任务二的相关内容，此处略去）	
管理 IP 地址	配置 Loopback 地址	
SSH 远程管理	（可参照学习任务三的相关内容，此处略去）	
静态路由	（可参照接入交换机的静态路由配置，此处略去）	
OSPF 动态路由	（可参照核心交换机的 OSPF 动态路由配置，此处略去）	
静态 NAT		
动态 NAT		
策略路由		

3. 根据表 4-2-5 所列“路由器的配置流程”考核项目评分表对本环节进行评价。

表 4-2-5　　“路由器的配置流程”考核项目评分表

考核项目：路由器的配置流程　　组别：

评价项目	评分细则	自评（占比 30%）	互评（占比 30%）	师评（占比 40%）	总分
1. 路由器的配置流程	路由器的配置流程，共计 5 分。配置流程应齐全，错一处或遗漏一处扣 1 分，不倒扣				
2. 路由器路由协议、NAT、策略路由的配置步骤	路由器路由协议、NAT、策略路由的配置步骤，共计 8 分。其中，路由协议配置步骤占 3 分，NAT 配置步骤占 3 分，策略路由配置步骤占 2 分，错一处或遗漏一处扣 1 分，不倒扣				

续表

评价项目	评分细则	自评（占比30%）	互评（占比30%）	师评（占比40%）	总分
3. 路由器路由协议、NAT、策略路由的配置内容	路由器路由协议、NAT、策略路由的配置内容，共计8分。其中，路由协议配置内容占3分，NAT配置内容占3分，策略路由配置内容占2分，错一处或遗漏一处扣1分，不倒扣				
4. 路由器配置流程的书写	书写情况共计4分。书写工整、美观计4分；书写较为工整计3分；书写较乱，基本能识别计2分；半数内容难以识别计1分；书写混乱，无法识别计0分				
考核项目得分					

五、编制校园网络系统建设项目实施方案

（一）预想实施难度并规划工期及施工进度

1. 查阅信息页中网络系统建设项目影响因素的相关内容，整理网络设备类型数量、网络技术等项目实施方案的内容，预想实施难度，完成以下问题。

（1）在本学习任务中，从网络设备角度考虑，网络部署实施较为简单的网络设备有（　　），较为复杂的网络设备有（　　）。【多选题】

A. 服务器交换机　　B. 办公楼接入交换机

C. 教学楼接入交换机　　D. 核心交换机

E. 路由器

（2）在本学习任务中，从网络技术与使用需求角度考虑，网络部署实施中难度较大，需要反复进行测试的网络系统使用需求是（　　），应用的网络技术有（　　）。【多选题】

A. 同一部门教职工能够互相访问　　B. 外网用户能够访问内网特定服务器

C. 办公楼用户只能通过办公网出口上网　　D. 链路聚合技术

E. NAT 技术　　F. 高级 ACL 技术

2. 依据网络设备的配置流程，规划工期及施工进度，编写工期及施工进度表，填入表 4-2-6 中。

表 4-2-6　工期及施工进度表

序号	工作内容	工期	人员安排
1	路由器到货安装	1天	李 ××、张 ××
2			

续表

序号	工作内容	工期	人员安排
3			
4			
工作内容包括：到货安装、网络设备调试、网络系统测试、项目验收			

（二）完成校园网络系统建设项目实施方案

1. 查阅信息页中的项目设计方案，明确并标注需进行细化与补充的内容，在图 4-2-1 中参照示例对“校园网络系统建设项目设计方案（提纲）”进行标注。

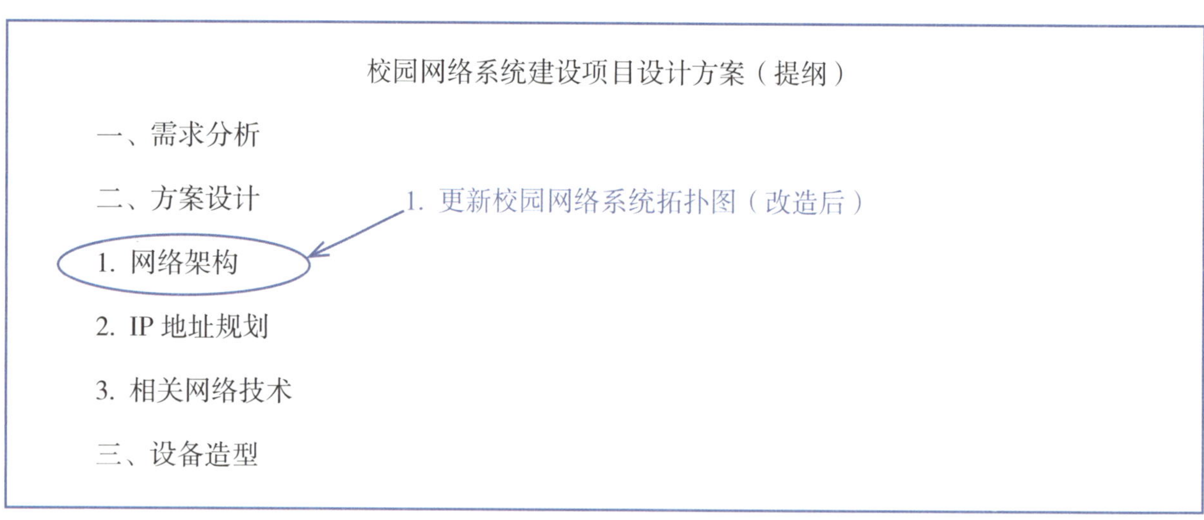

图 4-2-1　校园网络建设项目设计方案（提纲）

2. 整理需要细化与补充的资料，判定其在项目设计方案中细化或补充的位置，填入表 4-2-7 中。

表 4-2-7　　校园网络系统建设项目设计方案细化与补充材料清单

序号	细化与补充内容	材料名称	细化或补充内容位置
1	更新校园网络系统拓扑图（改造后）	校园网络系统拓扑图	更新在“二、方案设计 1. 网络架构”后
2			
3			
4			

3. 对照校园网络系统建设项目设计方案与细化补充内容，编制校园网络系统建设项目实施方案（采用电子版形式）。

4. 结合在编制校园网络系统建设项目实施方案过程中的体会，谈谈对认真负责的劳动精神的感想，根据实际工作完成情况，勾选相应选项。

（1）对工期及施工进度表的处理行为

□注意到需要补充工期及施工进度表，并能够主动搜索相关标题，添加工作进度的描述内容。

□注意到需要补充工期及施工进度表，并能够主动搜索相关标题，未添加工作进度的描述内容。

□注意到需要补充工期及施工进度表，将其直接添加在实施方案文档最后。

□注意到需要补充工期及施工进度表，未进行处理。

□未注意到需要补充工期及施工进度表，未补充。

（2）细化 IP 地址规划内容时，对各类别 IP 地址规划表的处理行为

□将 IP 地址规划内容直接替换成各类别 IP 地址规划表。

□将 IP 地址规划内容替换成各类别 IP 地址规划表，加上各表标题信息。

□将 IP 地址规划内容与 IP 地址规划表一一对应。

（3）在编制校园网络系统建设项目实施方案的过程中，还有哪些方面体现出认真负责的劳动精神？还有哪些方面需要进一步提高？

____

____

（三）明确校园网络系统建设项目实施方案汇报形式

1. 查阅信息页中汇报方法分类与步骤的相关内容，讨论汇报流程、汇报内容、人员分工，选定汇报方法，明确汇报形式，填入表 4-2-8 中。

表 4-2-8　　校园网络系统建设项目实施方案的汇报形式

序号	汇报流程	工作内容	负责人员
1	梳理汇报内容大纲	分类整理汇报内容并梳理出清晰的思路和结构	张 ××、刘 ××
2			

续表

序号	汇报流程	工作内容	负责人员
3			
4			
汇报形式：□口头汇报　□书面汇报　□演示汇报 准备材料：□展板　□演示文稿（PPT）□图片　□卡片　□影像资料　□动画资料			

2. 查阅信息页中的汇报案例，整理汇报材料，填入表 4-2-9 中。

表 4-2-9　　校园网络系统建设项目实施方案汇报材料清单

序号	材料名称	材料提供的汇报内容	负责人员
1	校园网络系统拓扑图	展示升级改造后的双出口网络结构的优势	李××、王××
2			
3			

学习环节三 做出决策

学习目标

1. 能采用小组汇报的方式，展示并说明校园网络系统 IP 地址规划表、拓扑图、交换机与路由器的配置流程，并根据反馈意见对项目实施方案进行修改。

2. 能采用小组讨论的方式，依据校园网络系统建设项目实施方案，补充项目质量控制的相关内容，完善实施方案，具有质量意识。

建议学时

2 学时

学习要求

序号	学习步骤	学习内容	学时	备注
1	检查并修改校园网络系统建设项目实施方案	1. 校园网络系统 IP 地址规划表正确性与规范性的辨识（实践） 2. 校园网络系统拓扑图的核对（实践） 3. 交换机与路由器配置流程正确性的辨识（实践）	1.5	
2	编制校园网络系统建设项目工程日志	1. 工程日志的作用（理论） 2. 质量意识（素养） 3. 校园网络系统建设项目工程日志的编制（实践）	0.5	

一、检查并修改校园网络系统建设项目实施方案

（一）检查并修改校园网络系统 IP 地址规划表

查阅信息页项目实施方案中的 IP 地址规划表，对照检查并辨识其正确性和规范性，提出修改意见并修改 IP 地址规划表，填入表 4-3-1 中。

表 4-3-1　　校园网络系统 IP 地址规划表的修订

序号	检查人	问题描述	修改意见
1	张 ××	互联 IP 地址规划表中核心交换机 02（SW-HX2）的互联 VLAN 为 301	尽量与互联 IP 地址规划表中核心交换机 01（SW-HX1）的互联 VLAN 201 保持一致，将核心交换机 02（SW-HX2）的互联 VLAN 修改为 201
2			
3			
4			

（二）检查并修改校园网络系统拓扑图

查阅信息页项目实施方案中的拓扑图，对照检查并辨识其正确性和规范性，提出修改意见并修改拓扑图，填入表 4-3-2 中。

表 4-3-2　　校园网络系统拓扑图的修订

序号	检查人	问题描述	修改意见
1	王 ××	未标注路由器 OSPF 路由发布信息	在路由器旁编写标注信息“OSPF 宣告局域网网段 192.168.254.0 0.0.0.3 192.168.254.4 0.0.0.3”
2			
3			
4			

（三）检查并修改交换机与路由器的配置流程

查阅信息页项目实施方案中的网络部署，对照检查并辨识交换机与路由器配置流程的正确性，提出修改意见并修改配置流程，填入表 4-3-3 中。

表 4-3-3　　校园网络系统交换机与路由器配置流程的修订

序号	检查人	问题描述	改进方法
1	赵 ××	OSPF 配置的区域号在主、备核心交换机上不一致	OSPF 配置的区域号在主、备核心交换机上要保持一致
2			

续表

序号	检查人	问题描述	改进方法
3			
4			

二、编制校园网络系统建设项目工程日志

（一）认识工程日志的作用

查阅信息页中的项目实施方案片段，与校园网络系统建设项目实施方案相比较，认识工程日志在项目实施中的作用，回答以下问题。

（1）与信息页中给出的各类型项目实施方案片段对比，在校园网络系统建设项目实施过程中应该涵盖（　　）的相关内容。【单选题】

A. 人员安排　　B. 进度控制　　C. 设备管理　　D. 质量控制

（2）快速检索校园网络系统建设项目实施方案中是否包含质量控制的相关内容，应补充的内容为（　　）。【单选题】

A. 项目进度安排表　　B. 工程日志　　C. 施工人员清单　　D. 实施工具清单

（3）在校园网络系统建设项目实施过程中，应具备的职业素养有（　　）。【多选题】

A. 服务意识　　B. 质量意识　　C. 安全意识　　D. 时间意识

（二）完成校园网络系统建设项目工程日志

1. 查阅信息页中的工程日志范例，对比分析其适用性并选出最佳范例，依据本项目的特点，编制校园网络系统建设项目工程日志（采用电子版形式）。

2. 根据表 4-3-4 所列“用于控制校园网络系统安装与调试质量的工程日志”考核项目评分表对本环节进行评价。

表 4-3-4　“用于控制校园网络系统安装与调试质量的工程日志”考核项目评分表

考核项目：用于控制校园网络系统安装与调试质量的工程日志　　　　组别：

评价项目	评分细则	自评（占比 30%）	互评（占比 30%）	师评（占比 40%）	总分
1. 工程日志符合项目实施方案中质量控制内容的描述	工程日志与质量控制内容相匹配，共计 2 分。不匹配扣 2 分				

续表

评价项目	评分细则	自评（占比30%）	互评（占比30%）	师评（占比40%）	总分
2. 工程日志的内容完善	工程日志内容，共计8分。其中，项目名称占1分，日志日期占1分，当天完成内容占2分，计划下次实施内容占2分，实施总结占1分，工程师签字占1分，遗漏一处扣1分，不倒扣				
考核项目得分					

学习环节四　实施计划

学习目标

1. 能采用独立工作的方式，依据设备清单进行货品的清点、装箱单的核对工作，确保货品信息正确，填写路由器到货验收单。

2. 能采用小组合作的方式，完成路由器的上架安装并加电自检，符合《路由器安装操作手册》中的安装要求，确保路由器上架安装正确、设备正常运行，填写路由器安装确认单，具有踏实肯干的劳动精神。

3. 能采用独立工作的方式，依据核心交换机的配置流程、IP 地址规划表和拓扑图，配置核心交换机的 OSPF 动态路由协议，通过使用 OSPF 动态路由协议查看命令，检查当前路由状态，确保 OSPF 动态路由协议正确发布。

4. 能采用独立工作的方式，依据服务器交换机的配置流程、IP 地址规划表和拓扑图，配置服务器交换机的 OSPF 动态路由协议与高级 ACL，通过使用 OSPF 动态路由协议及高级 ACL 查看命令，检查当前路由及 ACL 生效状态，确保授权用户访问特定服务器。

5. 能采用独立工作的方式，依据路由器的配置流程、IP 地址规划表和拓扑图，配置路由器的路由协议、NAT、策略路由，通过使用路由及 NAT 查看命令，检查当前路由状态，分析 NAT 地址转换规则，确保其能够与外网设备联通，NAT 地址能正确转换、内网用户能访问互联网、内网授权用户能访问特定服务器、外网用户能访问特定服务器。

建议学时

20 学时

学习要求

序号	学习步骤	学习内容	学时	备注
1	验收货品	1. 路由器端口的分类与用途（理论） 2. 路由器的验收流程（实践）	1	
2	安装路由器并加电自检	1. 路由器上架安装的技术要点（实践） 2. 路由器加电自检前的注意事项（理论） 3. 路由器指示灯状态的含义（理论） 4. 路由器指示灯状态的识别与判断（实践） 5. 踏实肯干的劳动精神（素养）	1	
3	配置接入交换机并核查接入交换机信息	校园网络系统接入交换机的配置（实践）	2	
4	配置 OSPF 动态路由协议实例并解读参数含义	1. OSPF 动态路由协议配置命令（理论） 2. OSPF 动态路由协议实例的配置（实践） 3. OSPF 动态路由协议查看命令（理论） 4. OSPF 动态路由协议查看命令的使用（实践）	2	
5	配置核心交换机	1. 核心交换机 OSPF 动态路由协议的配置与验证（实践） 2. 路由信息的核对（实践）	2	
6	识读高级 ACL 规则并配置高级 ACL 实例	1. 高级 ACL 的功能（理论） 2. 高级 ACL 的创建规则（理论） 3. 高级 ACL 的识读（实践） 4. 高级 ACL 实例的配置（实践）	1	
7	配置服务器交换机	服务器交换机高级 ACL 的配置与验证（实践）	2	
8	配置 NAT 和策略路由实例并解读各参数含义	1. 静态 NAT 与动态 NAT 的区别（理论） 2. NAT 配置命令的解读（理论） 3. NAT 实例的配置（实践） 4. NAT 查看命令的解读（理论） 5. NAT 查看命令的使用（实践） 6. 策略路由配置命令的解读（理论） 7. 策略路由实例的配置（实践） 8. 策略路由查看命令的解读（理论） 9. 策略路由查看命令的使用（实践）	4	
9	配置路由器	1. 路由器路由协议的配置与验证（实践） 2. 路由器 NAT 的配置与验证（实践） 3. 路由器策略路由的配置与验证（实践）	3	
10	分析 OSPF 动态路由协议应用案例	1. cost 值的概念与优先级（理论） 2. cost 值的应用（实践）	1	
11	论证 NAT 配置语句的正确性	NAT 转换类型的判断（实践）	1	

一、验收货品

（一）总结路由器到货验收流程

查看信息页中的路由器验收流程，梳理验收步骤，提炼注意要点，总结路由器到货验收流程，填入图 4–4–1 中。

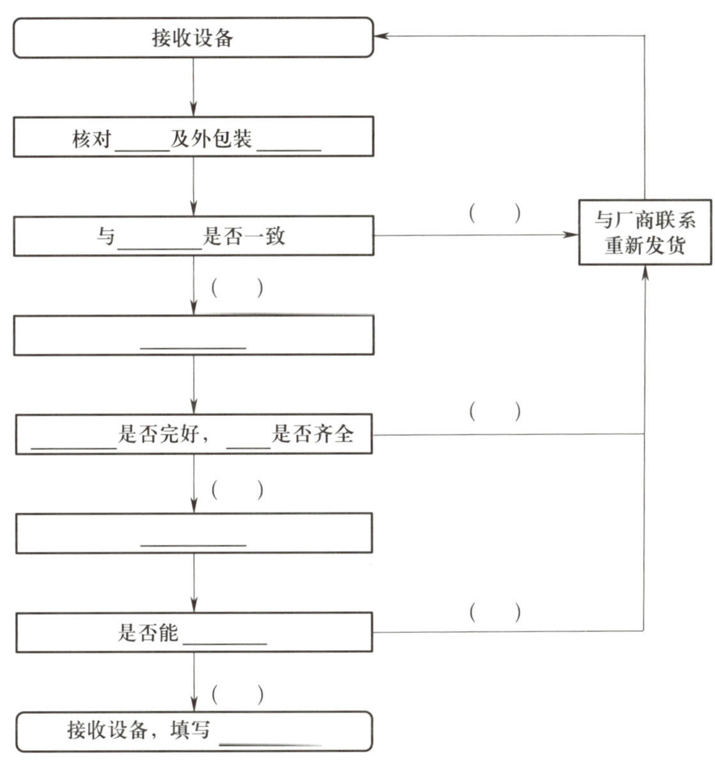

图 4–4–1　路由器到货验收流程

（二）清点货品并完成验收

查阅信息页中的验收货品指导，按要求核对包装箱外标签与设备清单信息，确认后开箱，清点箱内物品，完成以下问题。

1. 验收货品时，应核对________、________、________中的产品代码，三者需一致。

2. 所购买产品的清单会附在________之后，清单内容包含了________、________、________、________等。

3. 验收货品时，需要请客户核对______________，设备到货的____________及__________。

（三）初步认识所验收货品

1. 查阅信息页中的路由器插槽介绍，可知路由器产品具备丰富的插槽，设备前面板可以满足各类网络接口的连接需求，可安装的板卡有________、____________________、____________________等，设备后面板可安装的配件有________、________等。

2. 查看信息页中路由器端口分类与用途的相关内容，完成以下问题。

（1）网络管理员通过__________接口登录并配置路由器，对设备进行配置。

（2）本项目的设备清单中列出的光模块，需要安装在路由器的____________________位置。

（3）本项目的设备清单中列出的电接口以太网业务板，需要安装在路由器的_______________位置。

二、安装路由器并加电自检

（一）提炼路由器上架安装的技术要点

查阅信息页中的路由器上架安装范例，梳理路由器上架安装（托盘安装方式）的步骤并提炼技术要点，填入表4-4-1中。

表4-4-1　　路由器上架安装（托盘安装方式）步骤

序号	安装步骤	技术要点
1	安装__________	确保两个前挂耳在____________
2	安装__________	在机架上安装__________的位置上，沿__________方向安装__________
3	将__________安装到路由器	将左、右前挂耳分别用______固定到____________的______两侧，并顺时针拧紧螺钉
4	将路由器安装到____________ ________	将路由器沿__________推入__________

（二）识别与判断路由器指示灯状态

1. 查阅信息页中的路由器加电自检前的注意事项，梳理路由器安装完成后，加电自检前需要检查的各项工作，完成以下问题。

（1）路由器安装后，需要检查的事项有（　　）。【多选题】

A. 检查路由器的地线　　B. 检查路由器与配置终端等其他设备的连接关系

C. 检查电源线所接的电源　　D. 检查机柜与路由器的安装角铁

（2）在路由器加电自检前，需要重点检查________和________连接是否正确。

2. 查阅信息页中对路由器面板指示灯的介绍，明确路由器加电后的检查事项，归纳路由器指示灯状态的含义，填入表4-4-2中。

表4-4-2　　路由器面板指示灯状态及含义说明

序号	指示灯	状态	含义
1	风扇指示灯	绿色常亮	表示风扇____________
		红色常亮	表示风扇____________
		灯灭	表示风扇____________

续表

序号	指示灯	状态	含义
2	光接口指示灯	绿色________	表示 1 000 M 链路已连通
		绿色________	表示 1 000 M 链路正在收发数据
		黄色常亮	表示光模块检测__________/__________已经连通
		黄色闪烁	表示 100 M 链路______________
		灯灭	表示链路__________
3	电接口指示灯	绿色常亮	表示__________已连通
		绿色闪烁	表示 1 000 M 链路______________
		黄色常亮	表示____________已经连通
		黄色闪烁	表示 10 M/100 M 链路______________
		灯灭	表示链路没有连通

3. 查阅信息页中对路由器面板指示灯的介绍，在路由器加电过程中，识别与判断指示灯状态信息，完成以下问题。

（1）小李工程师在路由器加电自检过程中，观察路由器面板指示灯状态，发现某电接口指示灯的状态为“黄色常亮”，此接口状态表示（　　）。【单选题】

A. 1 000 M/10 G 链路已连通　　B. 100 M 链路正在收发数据

C. 10 M/100 M 链路已经连通　　D. 1 000 M 链路已经连通

（2）小李工程师在路由器加电运行 48 h 后，观察路由器面板指示灯状态，发现某光接口指示灯的状态为“黄色闪烁”，此状态表示（　　）链路正在收发数据。【单选题】

A. 1 000 M　　B. 10 M/100 M　　C. 1 000 M/10 G　　D. 100 M

（三）填写路由器安装确认单

1. 各小组成员分别承担网络工程师和校方负责人角色，确认路由器安装信息，填入表 4-4-3 中。

表 4-4-3　路由器安装确认单

<table>
<tr><td>项目名称</td><td colspan="2">校园网络系统安装与调试</td><td>分项目名称</td><td colspan="2">路由器的安装确认</td></tr>
<tr><td>实施单位</td><td colspan="2"></td><td>项目负责人</td><td colspan="2"></td></tr>
<tr><td rowspan="3">确认项目</td><td>序号</td><td colspan="2"></td><td>确认结果</td><td>负责人</td></tr>
<tr><td>1</td><td colspan="2">安装位置符合设计要求，安装应平稳牢固，便于操作维护</td><td></td><td></td></tr>
<tr><td>2</td><td colspan="2">机柜内安装的设备有通风散热措施，内部插接件与设备连接牢固</td><td></td><td></td></tr>
</table>

续表

<table>
<tr><td rowspan="4">确认项目</td><td>序号</td><td></td><td>确认结果</td><td>负责人</td></tr>
<tr><td>3</td><td>对有源设备进行通电检查，设备应工作正常</td><td></td><td></td></tr>
<tr><td>4</td><td>跳线连接规范，线缆排列有序，线缆上有正确牢固的标签</td><td></td><td></td></tr>
<tr><td>5</td><td>网络设备安装应符合设计要求</td><td></td><td></td></tr>
<tr><td colspan="2">实施单位意见</td><td colspan="3">签字：　　　　年　月　日</td></tr>
<tr><td colspan="2">使用单位意见</td><td colspan="3">签字：　　　　年　月　日</td></tr>
</table>

2. 在路由器加电自检前，需要对路由器的地线、所接电源、与终端设备的连接灯进行检查，主要体现了（　　）的劳动精神。【多选题】

A. 勇于创新　　B. 踏实肯干　　C. 认真负责　　D. 乐于助人

三、配置接入交换机并核查接入交换机信息

1. 查阅信息页项目实施方案中的接入交换机配置流程、IP 地址规划表和拓扑图，完成接入交换机的配置，填入表 4-4-4 中。

表 4-4-4　接入交换机的配置

以教学楼 1 层接入交换机的配置为例，依次完成教学楼 2 层至 6 层接入交换机和办公楼 1 层至 4 层接入交换机的配置

序号	配置流程	配置命令
1	设备命名	（可参照学习任务二的相关内容，此处略去）
2	管理 IP 地址	（可参照学习任务二的相关内容，此处略去）
3	SSH 远程管理	（可参照学习任务三的相关内容，此处略去）
4	启动生成树	（可参照学习任务三的相关内容，此处略去）
5	VLAN 划分	（可参照学习任务二的相关内容，此处略去）
6	Trunk 部署	（可参照学习任务二的相关内容，此处略去）
7	静态路由	

2. 小组长从教师处确认无误后，检查接入交换机的配置结果，填入表 4-4-5 中，核查接入交换机信息并确认无误后，导出接入交换机配置文档。

表 4-4-5　　接入交换机配置问题汇总

序号	组员	问题描述	修改意见
1	张 ××	查看教学楼 1 层接入交换机配置文件，上连核心交换机 01 接口信息如下： port link-mode bridge	上连核心交换机 01 的接口应配置为 Trunk 接口，且允许 VLAN 11 到 16 及 253 通过，信息应如下： port trunk permit vlan 11 to 16 253
2			
3			

四、配置 OSPF 动态路由协议实例并解读参数含义

（一）配置 OSPF 动态路由协议实例

查阅信息页中的 OSPF 动态路由协议配置实例，参照如图 4-4-2 所示拓扑图，依据组网要求与配置命令，配置 OSPF 动态路由协议实例，填入表 4-4-6 中。

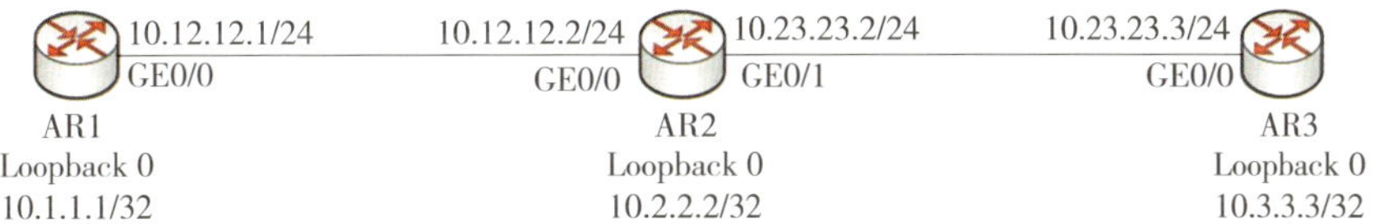

图 4-4-2　OSPF 动态路由协议配置实例拓扑图

表 4-4-6　　配置 OSPF 动态路由协议实例

设备名	配置命令	命令说明
AR1	[Router] sysname AR1 [AR1] GigabitEthernet 0/0 [AR1-GigabitEthernet0/0] ________ [AR1-GigabitEthernet0/0] quit	设备命名为 AR1 配置 GigabitEthernet0/0 接口地址为________
	[AR1] ________ [AR1-LoopBack0] ________ [AR1-LoopBack0] quit	配置 Loopback 0 接口地址为________
	[AR1] ________ [AR1-ospf-1] ________	启动 OSPF 进入 OSPF 视图并配置路由器 ID 为________，创建骨干区域 0
	[AR1-ospf-1-area-0.0.0.0] ________ [AR1-ospf-1-area-0.0.0.0] ________ [AR1-ospf-1-area-0.0.0.0] quit [AR1-ospf-1] quit	宣告________接口、________网络

续表

设备名	配置命令	命令说明
AR2	[AR2-GigabitEthernet0/0] ________ [AR2-GigabitEthernet0/1] ________	设备命名为 AR2 配置 GigabitEthernet0/0 接口地址为________ 配置 GigabitEthernet0/1 接口地址为________
	[AR2-LoopBack0] ________	配置 Loopback 0 接口地址为________
	[AR2] ________ [AR2-ospf-1] ________	启动 OSPF 进入 OSPF 视图并配置路由器 ID 为________，创建骨干区域 0
	[AR2-ospf-1-area-0.0.0.0] ________ [AR2-ospf-1-area-0.0.0.0] ________ [AR2-ospf-1-area-0.0.0.0] ________	宣告________接口、________网络、________网络
AR3	[AR3-GigabitEthernet0/0] ________	设备命名为 AR3 配置 GigabitEthernet0/0 接口地址为________
	[AR3-LoopBack0] ________	配置 Loopback 0 接口地址为________
	[AR3] ________ [AR3-ospf-1] ________	启动 OSPF，进入 OSPF 视图并配置路由器 ID 为________，创建骨干区域 0
	[AR3-ospf-1-area-0.0.0.0] ________ [AR3-ospf-1-area-0.0.0.0] ________	宣告________接口、________网络

（二）解读 OSPF 动态路由协议查看信息的各参数含义

查阅信息页中 OSPF 动态路由协议查看命令与 OSPF 动态路由协议查看信息的相关内容，解读各参数意义，判断并论证其配置是否成功，填入表 4-4-7 中。

表 4-4-7　　OSPF 查看信息

网络设备	查看命令及显示路由信息
display ospf peer（查看 OSPF 邻居信息）	
AR1	显示 1 条路由信息，表示________________________
AR2	显示 2 条路由信息，Router ID 分别为________与________，邻居接口 IP 地址分别为________与________，与邻居相连的接口分别为________与________
AR3	显示 1 条路由信息，Router ID 为________，邻居接口 IP 地址为________，与邻居相连的接口为______

续表

display ospf routing（其中均显示 5 条路由信息）			
	目的地址	下一跳地址	发布路由器
AR1	10.1.1.1/32		
	10.2.2.2/32		
	10.3.3.3/32		
	10.12.12.0/24		
	10.23.23.0/24		
AR2	10.1.1.1/32		
	10.2.2.2/32		
	10.3.3.3/32		
	10.12.12.0/24		
	10.23.23.0/24		
AR3	10.1.1.1/32		
	10.2.2.2/32		
	10.3.3.3/32		
	10.12.12.0/24		
	10.23.23.0/24		
display ip routing-table（查看 OSPF 路由表）			
	目的地址	下一跳地址	出接口
AR1			
AR2			
AR3			

续表

路由器互相访问结果		
发起访问的网络设备	接受访问的网络设备	结果
AR1	AR2	□可连通　□不可连通
	AR3	□可连通　□不可连通
AR2	AR1	□可连通　□不可连通
	AR3	□可连通　□不可连通
AR3	AR1	□可连通　□不可连通
	AR2	□可连通　□不可连通

五、配置核心交换机

（一）完成核心交换机的基础配置

查阅信息页项目实施方案中的核心交换机配置流程、IP 地址规划表和拓扑图，完成核心交换机的基础配置，填入表 4-4-8 中。

表 4-4-8　核心交换机的基础配置

序号	配置流程	配置命令
1	设备命名	（可参照学习任务二的相关内容，此处略去）
2	管理 IP 地址	（可参照学习任务二的相关内容，此处略去）
3	SSH 远程管理	（可参照学习任务三的相关内容，此处略去）
4	生成树启动	（可参照学习任务三的相关内容，此处略去）
5	VLAN 划分	（可参照学习任务二的相关内容，此处略去）
6	Trunk 部署	（可参照学习任务二的相关内容，此处略去）
7	链路聚合	（可参照学习任务三的相关内容，此处略去）
8	VRRP 配置	（可参照学习任务三的相关内容，此处略去）
9	互联 IP 地址	核心交换机 01、核心交换机 02 通过配置________与路由器、服务器交换机连通
		创建核心交换机 01 上联路由器的互联 VLAN________ VLAN________ 核心交换机 01 上联路由器的接口______________类型为__________口，并加入 VLAN______，且________的 IP 地址为________________________ interface ________ port link-type access port access vlan ________ interface Vlan ________ ip address ________________

续表

序号	配置流程	配置命令
9	互联 IP 地址	（1）核心交换机 01 下联服务器交换机的互联 VLAN 为________，下联服务器交换机的接口为________，接口类型为________口，并加入 VLAN______，且________的 IP 地址为________ （2）核心交换机 02 上联路由器的互联 VLAN 为________，上联路由器的接口为________，接口类型为________口，并加入 VLAN______，且________的 IP 地址为________ （3）核心交换机 02 下联服务器交换机的互联 VLAN 为______，下联服务器交换机的接口为________，接口类型为________口，并加入 VLAN______，且________的 IP 地址为________

（二）配置核心交换机的 OSPF 动态路由协议

1. 查阅信息页项目实施方案中的 IP 地址规划表和拓扑图，统计直连网段信息，完成以下问题。

（1）教学楼终端与办公楼终端的网关应配置在 2 台________上，网段分别为________________和________________。

（2）教学楼接入交换机与办公楼接入交换机的管理 VLAN____的网关应配置在____________上，网段为____________。

（3）核心交换机 01 上联路由器 VLAN____的 IP 地址为________，其网段为________，下联服务器交换机 VLAN____的 IP 地址为________，其网段为________。

（4）核心交换机 02 上联路由器 VLAN____的 IP 地址为________，其网段为________，下联服务器交换机 VLAN____的 IP 地址为________，其网段为________。

2. 查阅信息页项目实施方案中的核心交换机配置流程、IP 地址规划表和拓扑图，配置核心交换机的 OSPF 动态路由协议，填入表 4–4–9 中。

表 4–4–9 核心交换机的 OSPF 动态协议配置

序号	配置步骤	核心交换机 01 的配置命令
核心交换机上联路由器与下联服务器交换机通过创建 VLAN 互联地址实现，所以配置流程增加 1 个步骤。以核心交换机 01 的 OSPF 协议配置为例，完成核心交换机 02 的 OSPF 协议配置		
1	互联接口加入 OSPF 区域	interface ________ ospf 1 area 0 interface ________ ospf 1 area 0
2	配置 Loopback 0 的接口地址	interface LoopBack0 ip address ________
3	启动 OSPF，进入 OSPF 视图并配置 Router ID	ospf 1 router-id ________

续表

序号	配置步骤	核心交换机 01 的配置命令
4	创建骨干区域并进入区域视图	area 0
5	宣告 Loopback 0 接口（Router ID）	network ________________
6	宣告直连网段	network ________________ network ________________ network 192.168.50.0 0.0.0.255 … network 192.168.56.0 0.0.0.255 network 192.168.11.0 0.0.0.255 … network 192.168.16.0 0.0.0.255 network ________________

（三）检查核心交换机的配置信息并导出配置文档

使用 OSPF 动态路由协议查看命令查看并核对路由信息，完成以下问题。

1. 查看信息页中对 2 台核心交换机使用 display ospf peer 命令查看到的信息，对比显示信息发现，在 SW-HX2 上，并未出现____________的信息，即找不到邻居 Router ID 为________________的______________信息，这可能是由于（□核心交换机之间配置 VRRP　□核心交换机之间配置链路聚合）导致的。

2. 查看信息页中对核心交换机 01 使用 display ospf routing 命令查看到的信息，其中①和②的目标网段为________________网段，下一跳为______________的路由，是由 Router ID 为______________即______________发布；下一跳为________________的路由，是由 Router ID 为________________即______________发布。

3. 查看信息页中对核心交换机 01 使用 display ip route 命令查看到的信息，目标网段为________________即________，如果通过 Vlan-interface 15 接口，则下一跳地址为________________。

六、识读高级 ACL 规则并配置高级 ACL 实例

（一）识读高级 ACL 规则

查看信息页中对高级 ACL 的介绍，对比基本 ACL 与高级 ACL 的功能，明确高级 ACL 的创建规则，识读高级 ACL 规则，完成以下问题。

1.（　　）可以匹配 TCP 端口号。【单选题】

A. 高级 ACL　　B. 基本 ACL　　C. 二层 ACL　　D. 中级 ACL

2. “rule 5 deny tcp source 192.168.2.1 0 destination 192.168.3.2 0 destination-port eq ftp”可能是编号为 2001 的 ACL 规则。（　　）【判断题】

3. 高级 ACL 规则“acl number 3000 rule 0 deny icmp destination 192.168.0.1 0 icmp-type echo”

中，第 1 个“0”表示________，deny 表示____，icmp 表示________，destination 参数表示__________为______________。此规则的含义是 ACL 的编号为______，__________所有用户________________。

4. 高级 ACL 过滤的参数不包括（　　）。【单选题】

A. 源端口　　B. 源 MAC　　C. 协议号　　D. 源 IP

（二）配置高级 ACL 实例

1. 查阅信息页中的高级 ACL 配置实例，参照如图 4-4-3 所示拓扑图，依据组网要求与配置命令，配置高级 ACL 实例。

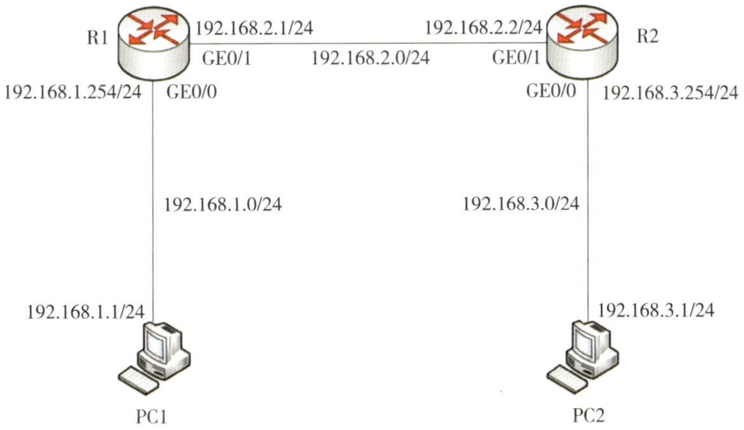

图 4-4-3 高级 ACL 配置实例拓扑图

2. 在 R1 上修改高级 ACL 3000，实现从 R1 能够通过 FTP 登录到 R2，但是无法 ping 通 R2 的功能，将以下命令补全。

（1）interface GigabitEthernet0/1 // 进入 R1 的接口

（2）[R1-GigabitEthernet0/1] ______________________________ // 撤销 ACL2000

（3）[R1-GigabitEthernet0/1] ______________________________ // 撤销 ACL3000

（4）[R1] acl number 3001 // 创建 ACL 3001

（5）[R1-acl-ipv4-adv-3001] rule 5 ______________________________

____

// 允许来自 192.168.2.1 的客户端访问 192.168.2.2 的 FTP 服务器

（6）[R1-acl-ipv4-adv-3001] rule 10 ______________________________

____

// 不允许从 192.168.2.1 ping 到 192.168.2.2

（7）[R1] interface GigabitEthernet 0/1

（8）[R1-GigabitEthernet0/1] packet-filter 3001 outbound

七、配置服务器交换机

（一）完成服务器交换机的基础配置

查阅信息页项目实施方案中的服务器交换机配置流程、IP 地址规划表和拓扑图，完成服务器交换机的基础配置，填入表 4-4-10 中。

表 4-4-10　　服务器交换机的基础配置

序号	配置流程	配置命令
1	设备命名	（可参照学习任务二的相关内容，此处略去）
2	管理 IP 地址	配置 Loopback 0 地址
3	SSH 远程管理	（可参照学习任务三的相关内容，此处略去）
4	启动生成树	（可参照学习任务三的相关内容，此处略去）
5	VLAN 划分	（可参照学习任务二的相关内容，此处略去）
6	Trunk 部署	（可参照学习任务二的相关内容，此处略去）
7	互联 IP 地址	服务器交换机通过配置________分别与核心交换机 01、核心交换机 02 联通。服务器交换机上联核心交换机 01 的互联 VLAN 为________
		上联核心交换机 01 的接口类型为__________，并加入 VLAN __________ interface ____________________ port link-type access port ________ vlan ____
		VLAN ____的 IP 地址为____________________ interface Vlan __________ ip address ______________________
		服务器交换机上联核心交换机 02 的互联 VLAN 为 VLAN____，上联核心交换机 02 的接口类型为__________口，且 VLAN______的 IP 地址为__________

（二）配置服务器交换机的 OSPF 动态路由协议

1. 查阅信息页项目实施方案中的 IP 地址规划表和拓扑图，统计直连网段信息，完成以下问题。

（1）7 台服务器的网关应配置在__________上，网段分别为______________与______________。

（2）服务器交换机上联核心交换机 01 的 VLAN________的 IP 地址为________________，其网段为____________________。

（3）服务器交换机上联核心交换机 02 的 VLAN________的 IP 地址为________________，其网段为____________________。

2. 查阅信息页项目实施方案中的服务器交换机配置流程、IP 地址规划表和拓扑图，配置服务器交换机的 OSPF 动态路由协议，填入表 4-4-11 中。

表 4-4-11 服务器交换机的 OSPF 动态协议配置

序号	配置步骤	配置命令
由于服务器交换机上联核心交换机 01、核心交换机 02 通过创建 VLAN 互联地址实现，配置流程中需要将互联接口加入 OSPF 区域		
1	互联接口加入 OSPF 区域	interface ________ ospf 1 area 0 interface ________ ospf 1 area 0
2	配置 Loopback 0 接口地址	interface LoopBack0 ip address ________
3	启动 OSPF，进入 OSPF 视图并配置 Router ID	ospf 1 router-id ________
4	创建骨干区域并进入区域视图	area 0
5	宣告 Loopback 0 接口（Router ID）	network ________
6	宣告直连网段	network ________ network ________ network 192.168.______.0 0.0.0.255 network 192.168.______.0 0.0.0.255

（三）配置服务器交换机的高级 ACL

1. 查阅信息页项目实施方案中的需求分析、IP 地址规划表与拓扑图，分析内网用户对服务器的访问权限，完成以下问题并填写表 4-4-12。

（1）所有 VLAN 均可访问________、________、________、________。

（2）网络中有______台特殊服务器，学籍管理服务器仅允许________用户访问，一卡通服务器仅允许________用户访问，教务管理服务器仅允许________用户访问。

（3）（□需要 □不需要）对每一台服务器均创建高级 ACL 规则，其原因是____。

表 4-4-12 服务器交换机的高级 ACL 分析

服务器名称	高级 ACL 分析
在线课程服务器	允许________的用户访问 192.168.251.10
教学资源库服务器	允许________的用户访问 192.168.251.11
Web 服务器	允许________的用户访问 192.168.251.12
OA 服务器	允许________的用户访问 192.168.252.10
学籍管理服务器	仅允许________网段的用户访问 192.168.252.11
一卡通服务器	仅允许________网段的用户访问 192.168.252.12
教务管理服务器	仅允许________网段的用户访问 192.168.252.13

2. 查阅信息页项目实施方案中的服务器交换机配置流程、IP 地址规划表和拓扑图，配置服务器交换机的高级 ACL，填写表 4-4-13。

表 4-4-13　配置服务器交换机的高级 ACL

序号	配置步骤	配置命令
1	创建高级 ACL	acl number ________
2	允许所有网段访问 OA 服务器	rule 0 permit ip source ________________________ destination ________________________
3	仅允许学生处用户访问 ________________________	rule 5 permit ip source ________________________ destination ________________________
4	仅允许财务处用户访问 ________________________	rule 10 permit ip source ________________________ destination ________________________
5	仅允许教务处用户访问 ________________________	rule 15 permit ip source ________________________ destination ________________________
6	其他访问均不被允许	rule 1000 ________________________
7	进入________接口	interface ________________________
8	在出口应用高级 ACL	________________________________

（四）检查服务器交换机的配置信息并导出配置文档

1. 使用 OSPF 动态路由协议查看命令查看并核对路由信息，检查服务器交换机的配置信息，完成以下问题。

（1）查阅信息页中对服务器交换机使用 display ospf peer 命令查看到的信息，仅有邻居 Router ID 为________________的________________信息。

（2）查阅信息页中对服务器交换机使用 display ospf routing 命令查看到的信息，其中，目标网段为教学楼的____________________~____________________网段与办公楼的____________________~____________________网段，下一跳为__________________，即发送到__________________的下联________________的接口。

（3）查阅信息页中对服务器交换机使用 display ip routing-table 命令查看到的信息，其中，目标网段为教学楼的__________________~__________________网段与办公楼的__________________~__________________网段，通过接口__________，至下一跳地址________________。

（4）如果将核心交换机 01 停止，上述显示信息会有所改变，根据变化情况完成以下问题。

1）在服务器交换机上使用 OSPF 查看命令 display ospf peer 查看信息，仅有邻居 Router ID 为__________的______________信息。

2）在服务器交换机上使用 OSPF 查看命令 display ospf routing 查看信息，在显示信息中，目标网段为教学楼与办公楼网段的下一跳为______________，即发送到______________下联的______________的接口。

3）在服务器交换机上使用 display ip routing-table 命令查看信息，在显示信息中，目标网段为教学楼与办公楼网段的下一跳为______________，通过接口______________，下一跳地址为______________。

2. 查阅信息页项目实施方案中的 IP 地址规划表和拓扑图，从教学楼和办公楼访问服务器，填入表 4-4-14 中，验证服务器的访问权限并导出服务器交换机的配置文档。

表 4-4-14　　服务器交换机的高级 ACL 验证

<table>
<tr><th>序号</th><th>客户终端</th><th>服务器端</th><th>命令行</th><th>结果</th></tr>
<tr><td rowspan="8">1</td><td rowspan="7">教学楼 1 层计算机</td><td>在线课程服务器</td><td>ping 192.168.251.10</td><td>□通过 □失败</td></tr>
<tr><td>教学资源库服务器</td><td>ping 192.168.251.11</td><td>□通过 □失败</td></tr>
<tr><td>Web 服务器</td><td>ping 192.168.251.12</td><td>□通过 □失败</td></tr>
<tr><td>OA 服务器</td><td>ping 192.168.252.10</td><td>□通过 □失败</td></tr>
<tr><td>学籍管理服务器</td><td>ping 192.168.252.11</td><td>□通过 □失败</td></tr>
<tr><td>一卡通服务器</td><td>ping 192.168.252.12</td><td>□通过 □失败</td></tr>
<tr><td>教务管理服务器</td><td>ping 192.168.252.13</td><td>□通过 □失败</td></tr>
<tr><td colspan="4">从教学楼 2 层至 6 层计算机分别访问服务器并记录结果，分析总结，教学楼计算机能够访问__________、__________、__________、__________，不能访问__________、__________、__________</td></tr>
<tr><td rowspan="8">2</td><td rowspan="7">办公楼人事部计算机</td><td>在线课程服务器</td><td>ping 192.168.251.10</td><td>□通过 □失败</td></tr>
<tr><td>教学资源库服务器</td><td>ping 192.168.251.11</td><td>□通过 □失败</td></tr>
<tr><td>Web 服务器</td><td>ping 192.168.251.12</td><td>□通过 □失败</td></tr>
<tr><td>OA 服务器</td><td>ping 192.168.252.10</td><td>□通过 □失败</td></tr>
<tr><td>学籍管理服务器</td><td>ping 192.168.252.11</td><td>□通过 □失败</td></tr>
<tr><td>一卡通服务器</td><td>ping 192.168.252.12</td><td>□通过 □失败</td></tr>
<tr><td>教务管理服务器</td><td>ping 192.168.252.13</td><td>□通过 □失败</td></tr>
<tr><td colspan="4">从办公楼财务部、培训部、后勤部、学生处、教务处、教研室计算机分别访问服务器并记录结果，分析总结，办公楼人事部、培训部、后勤部、教研室计算机能够访问__________、__________、__________、__________，不能访问__________、__________、__________。此外，财务部、学生处、教务处终端还能访问特定服务器，例如，财务部计算机还能访问__________、学生处计算机还能访问__________、教务处计算机还能访问__________</td></tr>
</table>

八、配置 NAT 和策略路由实例并解读各参数含义

（一）配置 NAT 实例

1. 查阅信息页中对 NAT 的介绍，区分静态 NAT 与动态 NAT，并解读配置命令，填入表 4-4-15 中。

表 4-4-15　　静态 NAT 与动态 NAT 命令解读

NAT 类型	配置命令	命令解读
静态 NAT	［AR1］ip route-static 0.0.0.0 0 10.1.1.2	配置________去往________
	［AR1］interface GigabitEthernet1/0/1	该接口为边界路由器________互联网专线运营商的接口
	［AR1-GigabitEthernet1/0/1］ nat static global 10.1.1.3 inside 172.16.10.1	将_____地址____________转换为_____地址________，可以实现内网的____与外网设备的互通
动态 NAT	［AR1］acl 2000 ［AR1-acl-basic-2000］rule 10 permit source 172.16.10.0 0.0.0.255 ［AR1-acl-basic-2000］quit	创建____ACL 2000，新建规则允许源地址为______网段______的用户访问外网
	［R1］nat address-group 1 10.1.1.50 10.1.1.60	创建 NAT 地址池，专门用于地址转换的____地址，公网地址共有____个
	［AR1］interface GigabitEthernet1/0/1 ［AR1-GigabitEthernet1/0/1］nat outbound 2000 address-group 1	在 G1/0/1 端口发送数据包时，对源地址属于____________的数据包进行地址转换，转换成__________中的______IP 地址

2. 查阅信息页中的 NAT 配置实例，参照图 4-4-4 所示拓扑图，依据组网要求与配置命令，配置 NAT 实例。

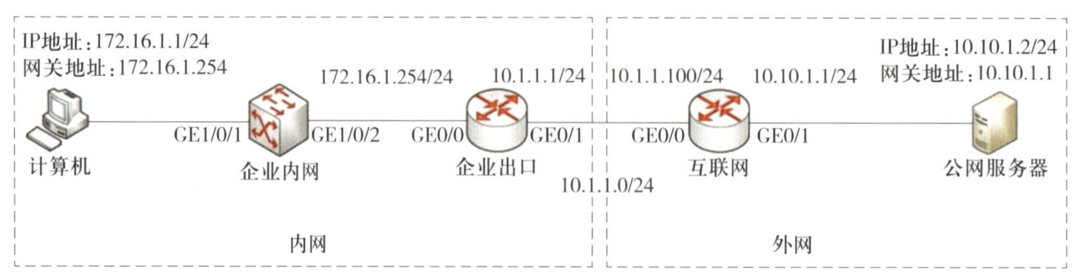

图 4-4-4　NAT 配置实例拓扑图

（二）解读 NAT 查看信息的各参数含义

查看信息页中 NAT 查看命令与 NAT 查看信息的相关内容，解读各参数含义，描述当前 NAT 地址转换的功能，填入表 4-4-16 中。

表 4-4-16　　NAT 查看信息

NAT 类型	查看命令及显示路由信息
display nat statistics	
静态 NAT	当前________的个数为____个
动态 NAT	当前________的个数为____个
display nat session brief	
静态 NAT	________IP 地址为 172.16.1.1，________IP 地址为 10.10.1.2，________IP 地址为 10.1.1.6，将私网地址________________转换为公网地址______________
动态 NAT	________IP 地址为 172.16.1.1，________IP 地址为 10.10.1.2，________IP 地址为 10.1.1.2，将私网地址________________转换为公网地址______________

（三）配置策略路由实例

1. 查阅信息页中的策略路由配置实例，梳理策略路由的配置命令，将配置命令与其含义用线连接起来。

配置命令	配置含义
[RT-HX] acl number 2000	在接口 GigabitEthernet0/0 下调用策略路由 pbr
[RT-HX-acl-ipv4-basic-2000] rule 0 permit source 172.16.10.0 0.0.0.255	策略路由 pbr 节点 10 匹配 ACL 2000
[RT-HX] policy-based-route pbr permit node 10	策略路由 pbr 节点 10 的下一跳为 10.11.1.2
[RT-HX-pbr-pbr-10] if-match acl 2000	创建访问控制列表 2000
[RT-HX-pbr-pbr-10] apply next-hop 10.11.1.2	创建策略路由 pbr 并进入节点 10
[RT-HX-GigabitEthernet0/0] ip policy-based-route pbr	访问控制列表 2000 的规则为允许源地址为 172.16.10.0 网段访问

2. 查阅信息页中的策略路由配置实例，参照图 4-4-5 所示拓扑图，依据组网要求与配置命令，配置策略路由实例。

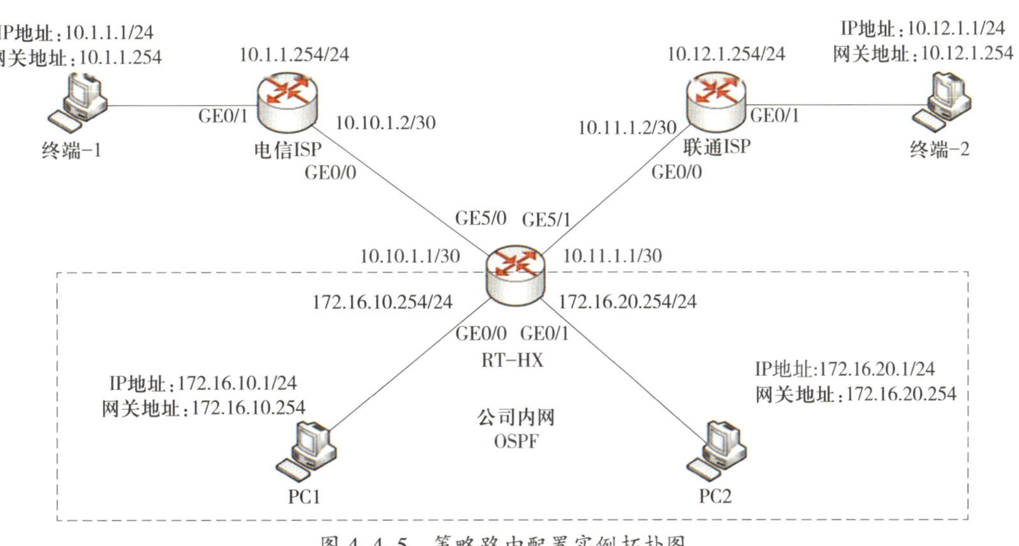

图 4-4-5　策略路由配置实例拓扑图

（四）解读策略路由查看信息的各参数含义

查阅信息页中策略路由查看命令与策略路由查看信息的相关内容，解读各参数含义，说明当前策略路由的工作状态，填入表 4-4-17 中。

表 4-4-17　　策略路由查看信息

序号	查看命令及显示路由信息
1	display nat statistics 路由器 RT-HX 上部署了____条策略路由，其名称为__________，节点为______，其匹配的规则为____________，通过应用策略路由配置将________指向__________
2	display ip policy-based-route interface GigabitEthernet 0/0 路由器 RT-HX 上的策略路由在接口______________下（□是　□否）被匹配

九、配置路由器

（一）完成路由器的基础配置

查阅信息页项目实施方案中的路由器配置流程、IP 地址规划表和拓扑图，完成路由器的基础配置，填入表 4-4-18 中。

表 4-4-18　　路由器的基础配置

<table>
<tr><th>序号</th><th colspan="2">配置流程</th><th>配置命令</th></tr>
<tr><td>1</td><td colspan="2">设备命名</td><td>（可参照学习任务二的相关内容，此处略去）</td></tr>
<tr><td>2</td><td colspan="2">管理 IP 地址</td><td>（配置 Loopback 地址）</td></tr>
<tr><td>3</td><td colspan="2">SSH 远程管理</td><td>（可参照学习任务三的相关内容，此处略去）</td></tr>
<tr><td rowspan="9">互联地址</td><td colspan="3">路由器配置互联地址分别为下联__________、__________，上联__________、__________</td></tr>
<tr><td rowspan="8">路由器接口 IP 地址</td><td>进入接口（下联__________）</td><td>interface ______________</td></tr>
<tr><td>配置 IP 地址</td><td>ip address ______________</td></tr>
<tr><td>进入接口（下联__________）</td><td>interface ______________</td></tr>
<tr><td>配置 IP 地址</td><td>ip address ______________</td></tr>
<tr><td>进入接口（上联__________）</td><td>interface ______________</td></tr>
<tr><td>配置 IP 地址</td><td>ip address ______________</td></tr>
<tr><td>进入接口（上联__________）</td><td>interface ______________</td></tr>
<tr><td>配置 IP 地址</td><td>ip address ______________</td></tr>
</table>

（二）配置路由器的路由协议

1. 查阅信息页项目实施方案中的 IP 地址规划表和拓扑图，统计直连网段信息，配置路由器的 OSPF 动态路由协议与 ISP 的默认路由，填入表 4-4-19 中。

表 4-4-19 路由器的路由协议配置

<table>
<tr><th>网络设备</th><th>配置步骤</th><th>配置命令</th></tr>
<tr><td rowspan="9">路由器</td><td>互联接口加入 OSPF 区域</td><td>interface ______________
____
interface ______________
______________</td></tr>
<tr><td>配置 Loopback 0 接口地址</td><td>interface LoopBack 0
ip address ______________</td></tr>
<tr><td>启动 OSPF，进入 OSPF 视图并配置 Router ID</td><td>ospf 1 router-id 192.168.0.1</td></tr>
<tr><td>创建骨干区域并进入区域视图</td><td>area 0</td></tr>
<tr><td>宣告 loopback 0 接口（Router ID）</td><td>network ______________</td></tr>
<tr><td>宣告直连网段</td><td>network ______________
network ______________</td></tr>
<tr><td colspan="2">该网络原本通过 1 个网络出口来实现内网访问外网，指向办公网</td></tr>
<tr><td>配置默认路由指向分别为__________互联网专线与__________互联网专线，且______分别为 80 与 100</td><td>ip route-static 0.0.0.0 0.0.0.0
______________ ______________
80
ip route-static 0.0.0.0 0.0.0.0
______________ ______________
100</td></tr>
<tr><td>强制将默认路由发布到 OSPF 区域</td><td>ospf 1
______________</td></tr>
<tr><td>业务出口运营商网络设备</td><td>默认路由指向路由器</td><td>ip route-static 0.0.0.0 0.0.0.0 ______________</td></tr>
<tr><td>办公出口运营商网络设备</td><td>默认路由指向路由器</td><td>ip route-static 0.0.0.0 0.0.0.0 ______________</td></tr>
</table>

2. 从内网的终端设备分别访问业务终端与办公终端，验证路由器的路由协议配置是否生效，填入表 4-4-20 中。

表 4-4-20 验证路由协议配置是否生效

终端设备及 IP 地址		业务出口终端 10.101.101.2	办公出口终端 10.202.202.2
教学楼终端	192.168.11.10 ~ 192.168.16.10	□通过 □未通过	□通过 □未通过
办公楼终端	192.168.50.10 ~ 192.168.56.10	□通过 □未通过	□通过 □未通过

续表

<table>
<tr><th colspan="2">终端设备及 IP 地址</th><th>业务出口终端 10.101.101.2</th><th>办公出口终端 10.202.202.2</th></tr>
<tr><td rowspan="2">服务器区</td><td>192.168.251.10 ~
192.168.251.12</td><td>□通过　□未通过</td><td>□通过　□未通过</td></tr>
<tr><td>192.168.252.10 ~
192.168.252.13</td><td>□通过　□未通过</td><td>□通过　□未通过</td></tr>
<tr><td colspan="4">（1）内网（教学楼和办公楼）终端设备均可以访问________________，不能访问________________，说明所有内网流量指向________________
（2）服务器区的________________网段的设备能够访问________________，不能访问________________
（3）服务器区的________________网段的设备既不能访问________________，也不能访问________________，这是因为在______________上，在虚拟接口______上已绑定______</td></tr>
</table>

（三）配置路由器的 NAT

1. 分析业务出口终端访问内网服务器与内网用户访问办公出口互联网专线的转换要求，明确配置 NAT 类型，完成以下问题。

（1）从业务出口终端可访问内网服务器，服务器包含________________、________________、________________，所在 VLAN 为__________，使用（□静态 NAT　□动态 NAT）。

（2）内网用户访问办公出口互联网专线，内网用户仅包含__________区域内人员，网段______________ ~ ______________，内网用户较多，如果采用________地址转换，公网地址不够用，所以采用________地址转换。

2. 查阅信息页项目实施方案中的路由器配置流程、IP 地址规划表和拓扑图，梳理配置路由器 NAT 的思路并配置路由器的 NAT，填入表 4-4-21 中。

表 4-4-21　　路由器的 NAT 配置

<table>
<tr><th>地址转换要求</th><th>NAT 类型</th><th>配置步骤与配置命令</th></tr>
<tr><td rowspan="2">业务网络终端访问内网服务器</td><td rowspan="2">______NAT</td><td>配置步骤：创建______NAT，内网地址 192.168.251.10 ~ 192.168.251.12 分别映射为____________、____________、____________
配置命令：
nat static __________ 192.168.251.10 ________________
nat static __________ 192.168.251.11 ________________
nat static __________ 192.168.251.12 ________________</td></tr>
<tr><td>配置步骤：在上联______________的接口上使能静态 NAT
配置命令：
interface ________________________________
________________________________</td></tr>
</table>

续表

地址转换要求	NAT 类型	配置步骤与配置命令
内网用户访问办公网	______NAT	配置步骤：创建 acl 2000，________办公楼的网段为________________________~____ 配置命令： acl 2000 rule 5 permit source ________________ 0.0.0.255 ~ ________________ rule 35 permit source ________________ 0.0.0.255
		配置步骤：创建地址池 1，并创建地址池范围 配置命令： nat ________________ address 10.200.200.5 10.200.200.7
		地址池范围不从 10.200.200.3 开始，是因为____
		配置步骤：在上联办公出口互联网专线的接口上应用 NAT，__________方向应用 acl______，使用地址池 1 的地址作为转换后的公网地址 配置命令： interface GigabitEthernet 5/1 nat __________ 2000 ________________

3. 从业务出口终端访问静态 NAT 转换后的 IP 地址，即 ping ________________，________________，________________，使用 NAT 查看命令进行记录，验证是否相应的转换为服务器 IP 地址，填入表 4-4-22 中。

表 4-4-22　　验证静态 NAT 配置

静态 NAT 转换后的地址	访问结果及 display nat session brief
10.100.100.10	访问结果：□成功　□失败　　是否有转换信息：□是　□否 Source IP/port：________________　Destination IP/port：________________ Global IP/port：________________
10.100.100.11	访问结果：□成功　□失败　　是否有转换信息：□是　□否 Source IP/port：________________　Destination IP/port：________________ Global IP/port：________________
10.100.100.12	访问结果：□成功　□失败　　是否有转换信息：□是　□否 Source IP/port：________________　Destination IP/port：________________ Global IP/port：________________

4. 从内网不同网段终端设备分别访问办公出口终端，并使用 NAT 查看命令进行记录，验证路由器的动态 NAT 配置是否生效，填入表 4-4-23 中。

表 4-4-23　　验证动态 NAT 配置

发起端	display nat session brief
教学楼 1 层～教学楼 6 层	访问结果：□成功　□失败　是否有转换信息：□是　□否 Total sessions found：__________
人事部	访问结果：□成功　□失败　是否有转换信息：□是　□否 Source IP/port：__________　Destination IP/port：__________ Global IP/port：__________
财务部	访问结果：□成功　□失败　是否有转换信息：□是　□否 Source IP/port：__________　Destination IP/port：__________ Global IP/port：__________
培训部	访问结果：□成功　□失败　是否有转换信息：□是　□否 Source IP/port：__________　Destination IP/port：__________ Global IP/port：__________
后勤部	访问结果：□成功　□失败　是否有转换信息：□是　□否 Source IP/port：__________　Destination IP/port：__________ Global IP/port：__________
学生处	访问结果：□成功　□失败　是否有转换信息：□是　□否 Source IP/port：__________　Destination IP/port：__________ Global IP/port：__________
教务处	访问结果：□成功　□失败　是否有转换信息：□是　□否 Source IP/port：__________　Destination IP/port：__________ Global IP/port：__________
教研室	访问结果：□成功　□失败　是否有转换信息：□是　□否 Source IP/port：__________　Destination IP/port：__________ Global IP/port：__________

（四）配置路由器的策略路由

1. 根据验证静态 NAT 配置的结果，发现从 192.168.251.0/24 网段的服务器返回至业务网终端的数据包被转发至__________出口互联网专线，需要采用一种技术手段将此数据包转发至__________出口互联网专线，此技术为__________。

2. 查阅信息页项目实施方案中的路由器配置流程、IP 地址规划表和拓扑图，明确数据包的流量方向，解析并配置路由器的策略路由，填入表 4-4-24 中。

表 4-4-24 路由器的策略路由配置

配置流程	配置步骤与配置命令
创建 ACL 并匹配网段	配置步骤：创建 ACL，允许服务器区源地址网段为 192.168.251.0 的数据包通过 配置命令： acl number 2001 rule 5 ______________________________
创建策略路由	配置步骤：创建策略路由 pbr，节点编号为 10，若匹配 acl 2001，则发往业务出口互联网专线，下一跳地址为______________ 配置命令： policy-based-route ______ permit node______ __________ acl 2001 apply ______________
应用在接口	配置步骤：下联核心交换机 01 与下联核心交换机 02 的接口应用策略路由 配置命令： interface ____________________________ interface ____________________________

（五）检查路由器的配置信息并导出配置文档

1. 使用 OSPF 动态路由协议查看命令、NAT 查看命令与策略路由查看命令，检查路由器的配置信息，完成以下问题并导出路由器配置文档。

（1）使用 OSPF 查看命令 display ospf peer 得到 2 条路由信息，1 条表示邻居路由器 ID 为__________，邻居接口 IP 地址为________________，与邻居相连的接口为________；另 1 条表示邻居路由器 ID 为__________，邻居接口 IP 地址为________________，与邻居相连的接口为________。

（2）使用 NAT 查看命令 display nat all 得到以下信息：

1）地址池的开始地址为____________，结束地址为____________。

2）动态 NAT 应用在上联__________的接口，方向为____，绑定 ACL____，应用地址池 1。

3）静态 NAT 共有 3 条映射：

①私网 IP 192.168.251.10 映射为公网 IP __________________。

②私网 IP 192.168.251.11 映射为公网 IP __________________。

③私网 IP 192.168.251.12 映射为公网 IP __________________。

4）调用静态 NAT 的接口有 1 个，为上联____________的接口。

（3）使用策略路由查看命令 display ip policy-based-route 得到以下信息：策略名为______，节点

____允许匹配 acl______通过，下一跳为________________。

（4）使用策略路由查看命令 display ip policy-based-route setup 得到以下信息：策略路由应用在与____________和____________的互联接口。

2. 根据表 4-4-25 所列“路由器的路由协议、NAT、策略路由配置”考核项目评分表对本环节进行评价。

表 4-4-25　“路由器的路由协议、NAT、策略路由配置”考核项目评分表

考核项目：路由器的路由协议、NAT、策略路由配置　　　　组别：

评价项目	评分细则	互评（占比 40%）	师评（占比 60%）	总分
1. 路由器的路由协议配置	路由器的路由协议配置，共计 8 分。其中，指定目的地址占 1 分，明确下一跳占 2 分，启动 OSPF 进入 OSPF 视图并配置 Router ID 占 2 分，创建骨干区域并进入区域视图占 1 分，宣告直连网段占 2 分。错一处扣 1～2 分，不倒扣			
2. 路由器的 NAT 配置	路由器的 NAT 配置，共计 8 分。其中，配置静态地址转换映射占 2 分，进入接口并开启静态地址转换功能占 1 分，创建 ACL 占 1 分，创建地址池占 2 分，进入接口并应用动态 NAT 占 2 分。错一处扣 1～2 分，不倒扣			
3. 路由器的策略路由配置	路由器的策略路由配置，共计 8 分。其中，创建 ACL 占 2 分，创建策略路由及策略节点并进入策略节点视图占 2 分，配置策略节点占 2 分，进入接口并应用策略路由占 2 分。错一处扣 2 分，不倒扣			
4. 查看命令的选择	查看命令选择正确，共计 6 分。其中，display ospf peer 占 1 分，display ospf routing 占 1 分，display ip routing-table 占 1 分，display nat statictics 占 1 分，display nat session brief 占 1 分，display ip policy-based-route 占 1 分。错一处或遗漏一处扣 1 分			
考核项目得分				

十、分析 OSPF 动态路由协议应用案例

（一）配置 OSPF 动态路由协议应用案例

分析图 4-4-6 所示拓扑图并配置 IP 地址，使用 OSPF 动态路由协议配置 OSPF 动态路由协议应用案例，实现 PC1 与 PC2 之间互访。

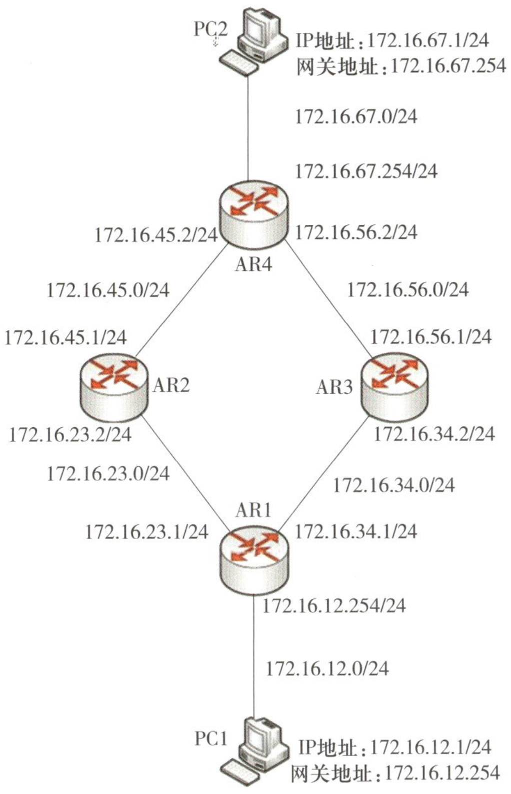

图 4-4-6 OSPF 动态路由协议应用案例拓扑图

（二）查看、修改 cost 值并验证路由转发路径

1. 查阅信息页中对 cost 值的介绍，在路由器 AR1 和 AR4 上查看目的地址为 172.16.67.0/24 和 172.16.12.0/24 的信息，查看 cost 值，预测在 cost 值相同情况下的路由转发路径，填入表 4-4-26 中。

表 4-4-26 路由器 AR1 和 AR4 的路由表查看信息

网络设备	路由表查看信息
AR1	<AR1>display ip routing-table Destinations：20 Routes：21 Destination/Mask Proto Pre Cost NextHop Interface 172.16.67.0/24 O_INTRA 10 __ ____________ GE0/0 O_INTRA 10 __ ____________ GE0/1
AR4	<AR4>display ip routing-table Destinations：20 Routes：21 Destination/Mask Proto Pre Cost NextHop Interface 172.16.12.0/24 O_INTRA 10 __ ____________ GE0/0 O_INTRA 10 __ ____________ GE0/1

续表

在AR1上发现，目的地址为________的路由共有2条，其中一条从AR1的______发出指向路由器______，另一条从AR1的______发出指向路由器______，且cost值均为________ 在AR4上发现，目的地址为________的路由共有2条，其中一条从AR4的________发出指向路由器______，另一条从AR1的______发出指向路由器______，且cost值均为________ 在cost值相同的情况下，PC1与PC2之间互访，数据包既可以经过路由器AR2，也可以经过路由器AR3

2. 查阅信息页中对cost值的介绍，依据cost值与优先级的关系，修改AR1的cost值，指定并验证路由转发路径指向AR2，填入表4-4-27中。

表4-4-27　　修改并验证cost值生效

序号	操作步骤
1	修改AR1指向AR3的接口cost值： interface GigabitEthernet 0/1 ospf cost 5
2	在AR1上查看路由表信息： [AR1] display ip routing-table Destinations：20　　Routes：20 Destination/Mask　Proto　Pre　Cost　NextHop　Interface 172.16.67.0/24　O_INTRA 10 ____ ____________ GE0/0 可以发现，路由的总数量从21减少为20，目的地址为________的路由从原来的2条变为1条。路径目的地址为________的数据包只能从AR1的接口________发出，指向路由器________的接口________(IP地址为____________)
3	将路由器AR2停止关闭，等待20 s左右。在AR1上查看路由表信息 [AR1] display ip routing-table Destinations：20　　Routes：20 Destination/Mask　Proto　Pre　Cost　NextHop　Interface 172.16.67.0/24　O_INTRA 10 ____ ____________ GE0/1 可以发现，路径目的地址为________的数据包只能从AR1的接口______发出，指向路由器______的接口______(IP地址为________)。cost值由原来的________更改为________，其原因是________________________
结论：________________________________	

十一、论证 NAT 配置语句的正确性

（一）分析路由器地址转换会话信息

1. 分析图 4-4-7 所示拓扑图，配置 NAT 技术应用案例，分别从 PC1～PC4 访问路由器 R2，查看内网访问外网的结果，填入表 4-4-28 中。

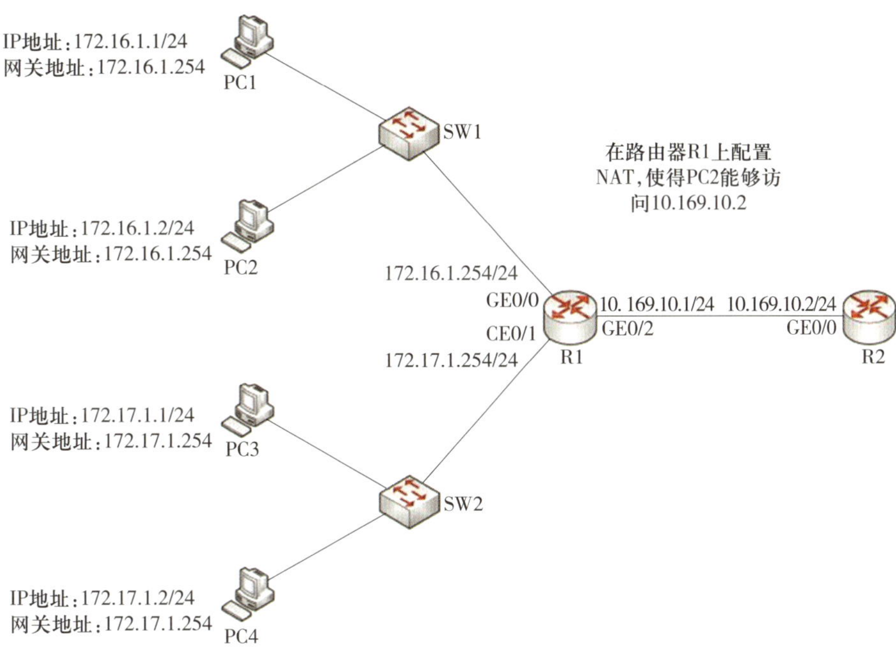

图 4-4-7　NAT 技术应用案例拓扑图

表 4-4-28　内网访问外网的结果

序号	执行操作	结果
1	PC1 ping 10.169.10.2	□成功　□失败
2	PC2 ping 10.169.10.2	□成功　□失败
3	PC3 ping 10.169.10.2	□成功　□失败
4	PC4 ping 10.169.10.2	□成功　□失败

2. 从 PC1 ping R2（10.169.10.2）成功，在路由器 R1 上查看到的 NAT 地址转换会话信息如图 4-4-8 所示，在图中圈画出目的地址、源地址和外网地址。

```
[R1]display nat session brief
Slot 0:
Protocol    Source IP/port    Destination IP/port    Global IP/port
ICMP        172.16.1.1/193    10.169.10.2/2048       10.169.10.100/0
```

图 4-4-8　NAT 地址转换会话信息

3. 分析路由器地址转换会话信息并拣选 NAT 查看命令判定地址转换类型，说明地址转换的过程，完成以下问题。

（1）根据图 4-4-8 中的信息，无法判定 NAT 转换类型。（　　）【判断题】

（2）下列 NAT 查看命令中，（　　）用于查看并判定地址转换类型最合适。【单选题】

A. display current-configuration　　B. display nat all

C. display nat session verbose　　D. display nat static

（3）该地址转换信息表示____地址____________访问____地址____________时，私网转换为公网地址______________。

（二）编写静态 NAT 配置语句并论证其正确性

1. 根据需求信息“为实现 PC2 访问公网的需求，通过静态 NAT 将 PC2 的私网地址 172.16.1.2 转换为公网地址 10.169.10.101”，编写静态 NAT 配置语句，完成以下问题。

（1）该静态 NAT 语句为（　　）。【单选题】

A. nat static outbound 10.169.10.101 172.16.1.2

B. nat outbound 172.16.1.2 10.169.10.101

C. nat static outbound 172.16.1.2 10.169.10.101

D. nat static inbound 172.16.1.2 10.169.10.101

（2）需要对路由器 R1 的接口 GE0/2 执行使能静态 NAT 命令。（　　）【判断题】

2. 分别从 PC2 ping R2、从 R2 ping PC2 经 NAT 转换后的公网地址，分析 R1 的地址转换会话信息，论证静态 NAT 配置语句的正确性，填入表 4-4-29 中。

表 4-4-29　　论证静态 NAT 配置语句的正确性

序号	操作步骤
1	PC2 ping R2（10.169.10.2） [R1] display nat session verbose Initiator: Source IP/port: ______________ Destination IP/port: ______________ Inbound interface: ______________ Responder: Source IP/port: ______________ Destination IP/port: ______________ Inbound interface: ______________ Total sessions found: 1 信息解读：数据包从 PC2 发往路由器 R2，该数据包的源地址为____________________，目的地址为______________，进接口为路由器 R1 上联______的接口______________

续表

序号	操作步骤
1	返回数据包信息，源地址为______________，目的地址为______________，进接口为路由器R1连接______________的接口__________________ 结论：返回数据包信息的目的地址为____地址经过地址转换后____地址__________，说明数据包从PC2发往路由器R2时，在路由器R2接口______________执行了静态NAT转换，所以返回数据包信息默认目的地址为____________________
2	R2 ping PC2经过NAT转换后的公网地址（10.169.10.101） 查看信息： [R1] display nat session verbose Initiator： Source IP/port：______________　Destination IP/port：______________ Inbound interface：______________ Responder： Source IP/port：______________　Destination IP/port：______________ Inbound interface：______________ Total sessions found：1 信息解读：数据包从R2发往PC2经过NAT转换后的公网地址，该数据包的源地址为______________，目的地址为______________，进接口为路由器R1连接________的接口______________ 返回数据包信息，源地址为______________，目的地址为______________，进接口为路由器R1连接______________的接口______________ 结论：返回数据包信息的目的地址为____地址经过地址转换后的____地址__________，说明数据包从路由器R2发往PC2时，在路由器R2接口______________执行了静态NAT转换，所以返回数据包信息默认________地址为______________

学习环节五 过程控制

学习目标

1. 能采用小组合作的方式，依据业务需求及项目实施方案，拣选网络测试点，进行校园网络系统测试，确保外网用户访问内网特定服务器，只允许教职工用户访问 Internet，指定内网用户访问特定的内网服务器。

2. 能采用小组合作的方式，收集与整理项目验收材料，提交项目验收申请并填写验收申请书，确保验收申请书内容规范，具有安全意识。

3. 能采用小组合作的方式，组织校园网络系统建设项目验收会，完成验收流程并填写验收报告，确保项目顺利验收交付，具有服务意识。

建议学时

6 学时

学习要求

序号	学习步骤	学习内容	学时	备注
1	识读并比较 Tracert 命令的测试结果	1. Tracert 命令的工作原理（理论） 2. Tracert 命令测试结果的识读（理论） 3. Tracert 命令的应用（实践）	1	
2	测试校园网络系统	1. 外网用户访问内网服务器测试点的选择（实践） 2. 内网用户访问 Internet 测试点的选择（实践） 3. 特定用户访问特定服务器测试点的选择（实践） 4. 双出口网络系统策略路由转发测试点的选择（实践） 5. 校园网络系统测试用例的编写（实践） 6. 校园网络系统的测试（实践）	3	

续表

序号	学习步骤	学习内容	学时	备注
3	提交校园网络系统建设项目验收申请	1. 项目保密行为的判断（实践） 2. 校园网络系统建设项目验收申请的编写（实践） 3. 安全意识（素养）	1	
4	验收校园网络系统并填写验收报告	服务意识（素养）	1	

一、识读并比较 Tracert 命令的测试结果

1. 查阅信息页中 Tracert 命令工作原理的相关内容，解析 Tracert 命令的工作流程，提取 Tracert 命令返回信息的要素，填入图 4-5-1 的空格中。

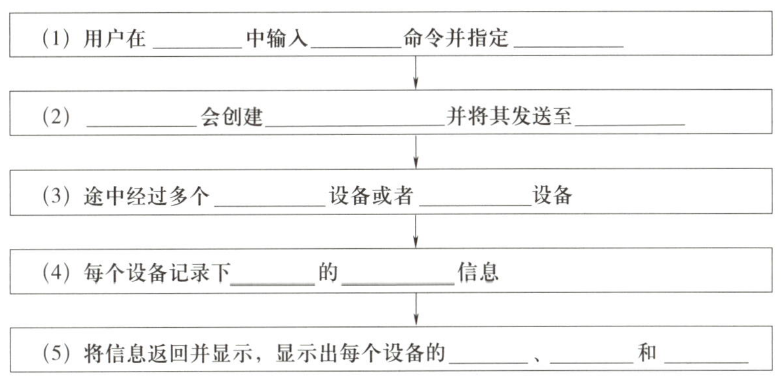

图 4-5-1 Tracert 命令工作原理

2. 查阅信息页中的 Tracert 命令测试样例，识读 Tracert 测试结果，分析返回信息与每台设备信息的对应关系，填入表 4-5-1 中。

表 4-5-1 Tracert 命令测试结果信息

序号	测试结果信息
1	第一列：在使用的宽带上，经过____个路由节点，可以到达指定的公网服务器
2	其余各列：单位是____，表示连接到每个__________的速度

3. 查阅信息页中的 Tracert 命令实例，选择命令发起端与目标端，预期并比较测试结果，填写表 4-5-2 并在拓扑图上勾画路径。

表 4-5-2　　Tracert 命令实例测试结果

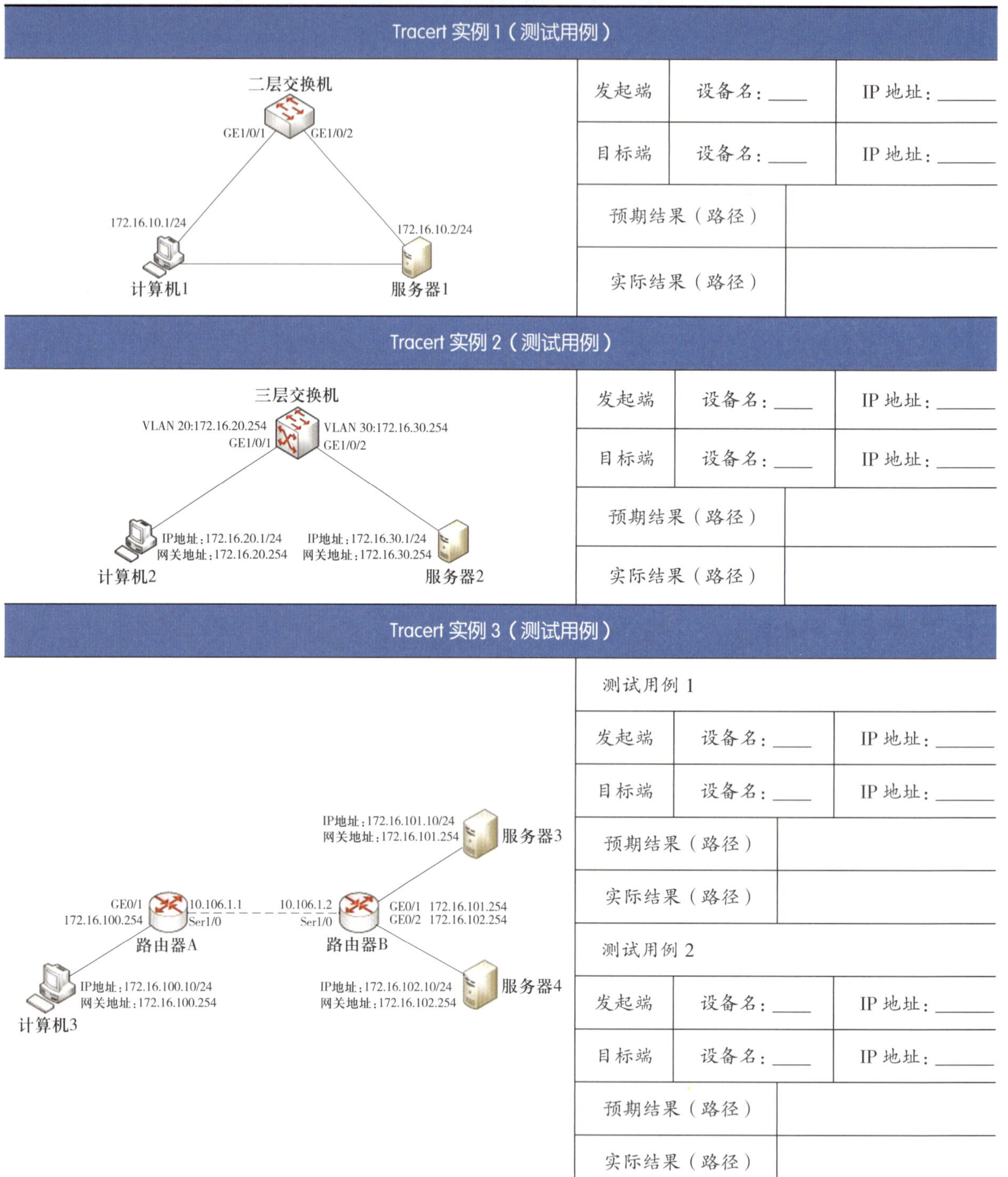

Tracert 实例 1（测试用例）		
发起端	设备名：____	IP 地址：____
目标端	设备名：____	IP 地址：____
预期结果（路径）		
实际结果（路径）		

Tracert 实例 2（测试用例）		
发起端	设备名：____	IP 地址：____
目标端	设备名：____	IP 地址：____
预期结果（路径）		
实际结果（路径）		

Tracert 实例 3（测试用例）		
测试用例 1		
发起端	设备名：____	IP 地址：____
目标端	设备名：____	IP 地址：____
预期结果（路径）		
实际结果（路径）		
测试用例 2		
发起端	设备名：____	IP 地址：____
目标端	设备名：____	IP 地址：____
预期结果（路径）		
实际结果（路径）		

二、测试校园网络系统

（一）复核使用需求，拣选测试点并编写测试用例

1. 查阅信息页项目实施方案中的需求分析，复核用户的使用需求，依据服务器的访问权限，将用户角色与对应的服务器用线连起来。

2. 查阅信息页项目实施方案中的拓扑图、IP 地址规划表和校园网络系统测试报告节选，拣选测试点，预期测试结果，编写测试用例，填入表 4–5–3 中。

表 4–5–3 外网用户访问在线课程、教学资源库、Web 服务器测试用例

测试1	发起端	设备名：测试 PC（业务网终端）	IP 地址：10.101.101.2（使用 10 网段地址模拟）	
	目标端	设备名：在线课程服务器	IP 地址：10.101.100.100（外）	
	测试项目	测试命令	预测结果	实际结果
	连通性测试	ping 10.101.100.100	不丢包	________
	性能测试	ping 10.101.100.100 –n 50 –l 2000	不丢包	________
	路径测试	tracert 10.101.100.100	10.101.101.1 → 10.100.100.2	________
测试2	发起端	设备名：测试 PC（业务网终端）	IP 地址：10.101.101.2	
	目标端	设备名：________	IP 地址：________	
	测试项目	测试命令	预期结果	实际结果
	连通性测试	________	________	________

续表

测试2	性能测试	________	________	________
	路径测试	________	________	________
测试3	发起端	设备名：测试 PC（业务网终端）	IP 地址：10.101.101.2	
	目标端	设备名：________	IP 地址：________	
	测试项目	测试命令	预期结果	实际结果
	连通性测试	________	________	________
	性能测试	________	________	________
	路径测试	________	________	________

（二）测试校园网络系统并截图保存测试结果

1. 根据表 4–5–3 进行外网用户（使用 10 网段地址模拟）访问在线课程、教学资源库、Web 服务器测试，截图保存测试结果，并将表 4–5–3 补充完整。

2. 根据信息页中的校园网络系统测试报告，完成所有测试模块测试用例的编写并测试校园网络系统，截图保存测试结果，撰写测试报告。

3. 依据测试结果，判断校园网络系统连通情况、运行性能、转发路径，对比预期结果与实际结果，如有不相符的情况，记录在表 4–5–4 中。

表 4–5–4　校园网络系统测试问题记录

序号	测试用例信息简述	问题描述
1	从内网用户（教学楼学生）访问外网： （1）连通性测试 ping 预测结果为不通 （2）性能测试 ping 包预测结果为不通 （3）路径测试 tracert 预测结果为无法到达	从内网用户（教学楼学生）访问外网： （1）连通性测试 ping 实际结果为“不丢包” （2）性能测试 ping 包实际结果为“不丢包” （3）路径测试 tracert 预测结果为“10.101.101.1 → 10.101.100.2”
2		
3		
4		

三、提交校园网络系统建设项目验收申请

（一）收集与整理项目验收材料

依据本学习任务的学习成果，收集与整理项目验收相关材料，应包括____。

（二）判断项目保密行为

1. 辨别以下保密工作案例中的项目保密行为，用蓝色笔标出违反保密的行为。

大型跨国公司网络系统升级项目的保密工作案例：

一家大型跨国公司计划实施一项全球性的网络系统升级项目，以提高其全球业务的运营效率和安全性。该项目涉及大量的敏感商业数据和客户信息。在项目启动之前，公司与所有参与方签署了严格的保密协议并规定项目信息保密要求。在项目实施过程中，该公司技术部门总监为了数据安全性，要求项目实施方为其申请具有管理员权限的账户，以便访问敏感数据和系统，在公司招商会上展示网络系统升级项目的进展情况与建设内容。在项目验收阶段，为了快速收集与整理项目验收材料，公司内部人员使用微信、QQ 等即时通信工具打包并传送不加密的项目验收材料，网络设备的登录密码未经处理地罗列在项目验收材料中。在网络系统投入使用后，公司定期审查和更新保密政策、流程和控制措施。

2. 根据表 4-5-5 所列"项目验收材料保密行为判别与执行"考核项目评分表对本环节进行评价。

表 4-5-5 "项目验收材料保密行为判别与执行"考核项目评分表

考核项目：项目验收材料保密行为判别与执行 组别：

评价项目	评分细则	自评（占比 30%）	互评（占比 30%）	师评（占比 40%）	总分
1. 对提供的案例进行充分讨论，判定违反保密的行为	对提供的案例进行充分讨论，判定违反保密的行为，共计 3 分。漏一项扣 1 分，不倒扣				
2. 总结出 4 条应执行的项目验收材料保密行为	总结出 4 条应执行的项目验收材料保密行为，共计 4 分。符合网络安全行为、网络安全相关法律并与本项目情景匹配，该条得 1 分				

续表

评价项目	评分细则	自评（占比30%）	互评（占比30%）	师评（占比40%）	总分
3. 小组成员之间的配合情况	小组成员之间配合默契、积极参与、善于沟通，共计3分。人际关系很好，善于团结合作和化解矛盾计3分；人际关系好，能够团结合作和化解矛盾计2分；人际关系一般，大多情况下能团结合作计1分；人际关系很差，不能团结合作和化解矛盾计0分				
考核项目得分					

（三）编写校园网络系统建设项目验收申请书

查阅信息页中网络系统建设项目验收组织的相关内容，提炼本学习任务相关信息，编写项目验收申请书并提交验收申请，填入表4–5–6中。

表 4–5–6　校园网络系统建设项目验收申请书

项目名称	
申请验收理由及主要内容	
实施单位意见： 负责人签字： （单位公章）　年　月　日	

四、验收校园网络系统并填写验收报告

1. 组织校园网络系统建设项目验收会，自查在验收的过程中是否站在用户角度考虑问题，从而体现服务意识，按照以下问题做好记录。

（1）印象深刻的问题描述是什么？相应的回答是什么？

（2）过程中哪些内容体现了服务意识？

（3）若验收组成员（学校总务处处长）提问“如果在假期，学生在家进行网上学习，发现画面卡顿，登不上教学资源服务器，你们会在多长时间内响应？”，应如何回答？

2. 核查校园网络系统建设项目的具体工作内容，核对过程性材料，填入表 4–5–7 中。

表 4–5–7　　校园网络系统安装与调试验收报告

<table>
<tr><td>项目名称</td><td colspan="2"></td><td>项目地址</td><td></td></tr>
<tr><td>客户名称</td><td colspan="4"></td></tr>
<tr><td>开工日期</td><td colspan="2"></td><td>完工日期</td><td></td></tr>
<tr><td>实施单位</td><td colspan="4"></td></tr>
<tr><td rowspan="7">验收情况</td><td>序号</td><td>项目内容</td><td colspan="2">实施检测情况</td></tr>
<tr><td>1</td><td>路由器设备的安装与调试正常</td><td colspan="2">□符合　□不符合</td></tr>
<tr><td>2</td><td></td><td colspan="2">□符合　□不符合</td></tr>
<tr><td>3</td><td></td><td colspan="2">□符合　□不符合</td></tr>
<tr><td>4</td><td></td><td colspan="2">□符合　□不符合</td></tr>
<tr><td>5</td><td></td><td colspan="2">□符合　□不符合</td></tr>
<tr><td>6</td><td></td><td colspan="2">□符合　□不符合</td></tr>
<tr><td>验收结论</td><td colspan="4">客户签字：
验收时间：</td></tr>
<tr><td>备注</td><td colspan="4"></td></tr>
</table>

学习环节六 评价反馈

学习目标

1. 能在教师的指导下，总结校园网络系统安装与调试的工作经验，分辨网络技术在双出口网络中的适用性。

2. 能采用独立工作的方式，解析新增用户需求，不断地对技术要点进行实践，具有勤学苦练的劳动精神。

建议学时

4 学时

学习要求

序号	学习步骤	学习内容	学时	备注
1	总结校园网络系统安装与调试工作经验	OSPF、高级 ACL、NAT、策略路由的部署经验（理论）	1	
2	实现校园网络系统新增需求	1. 校园网络系统新增需求的解析（实践） 2. 勤学苦练的劳动精神（素养）	3	

一、总结校园网络系统安装与调试工作经验

1. 查阅信息页中 OSPF、高级 ACL、NAT、策略路由部署经验的相关内容，回顾在校园网络系统安装与调试过程中运用了哪些部署经验，记录下来。

2. 结合个人部署过程，梳理网络技术配置流程，填入图 4-6-1 中的空格中。

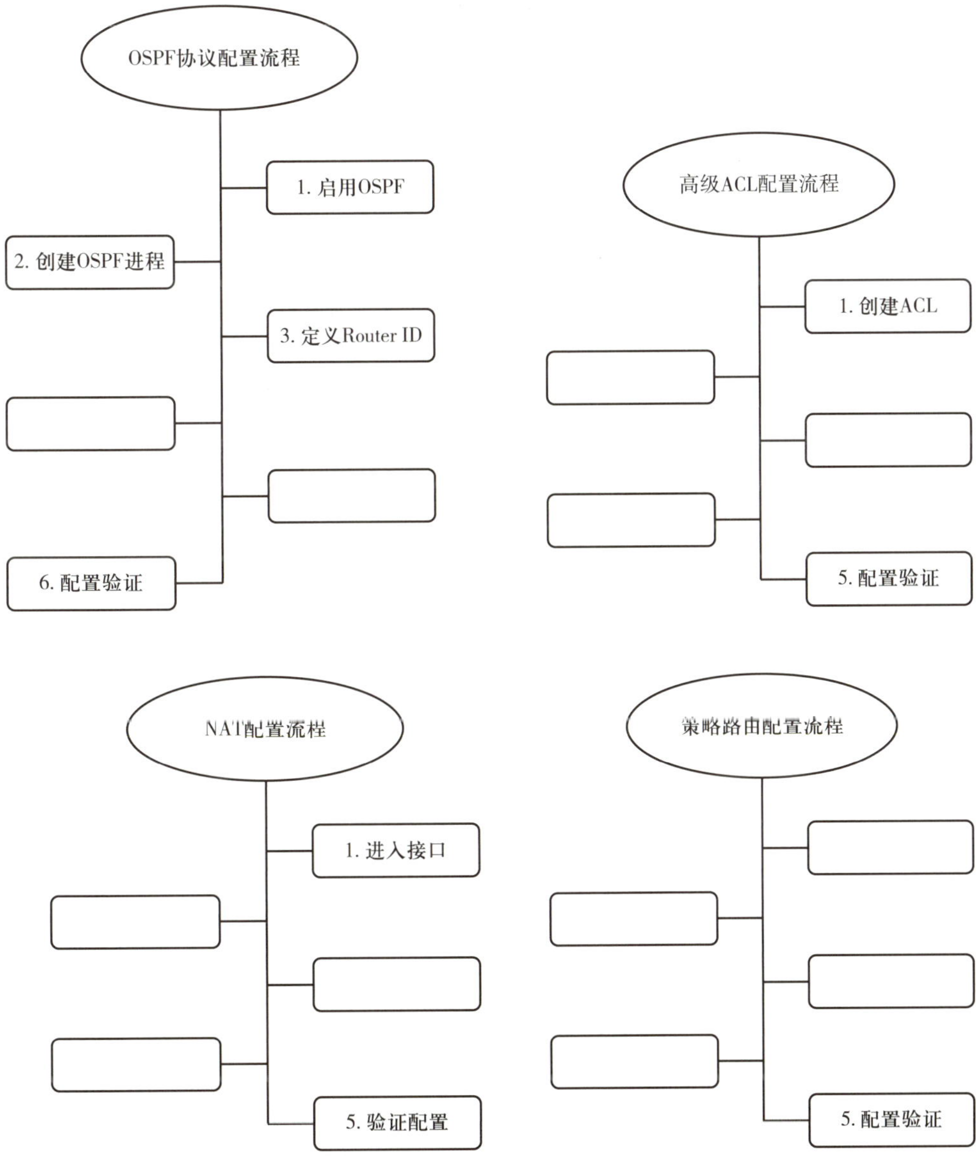

OSPF协议配置流程

1. 启用OSPF

2. 创建OSPF进程

3. 定义Router ID

6. 配置验证

高级ACL配置流程

1. 创建ACL

5. 配置验证

NAT配置流程

1. 进入接口

5. 验证配置

策略路由配置流程

5. 配置验证

图 4-6-1 校园网络系统网络技术配置流程图

3. 查阅信息页中的双出口网络案例，分辨网络技术在双出口网络中的适用性，在图 4-6-2 中的网络设备附近标注需配置的网络技术（如 OSPF 动态路由协议、高级 ACL 技术、NAT 技术、策略路由技术等）。

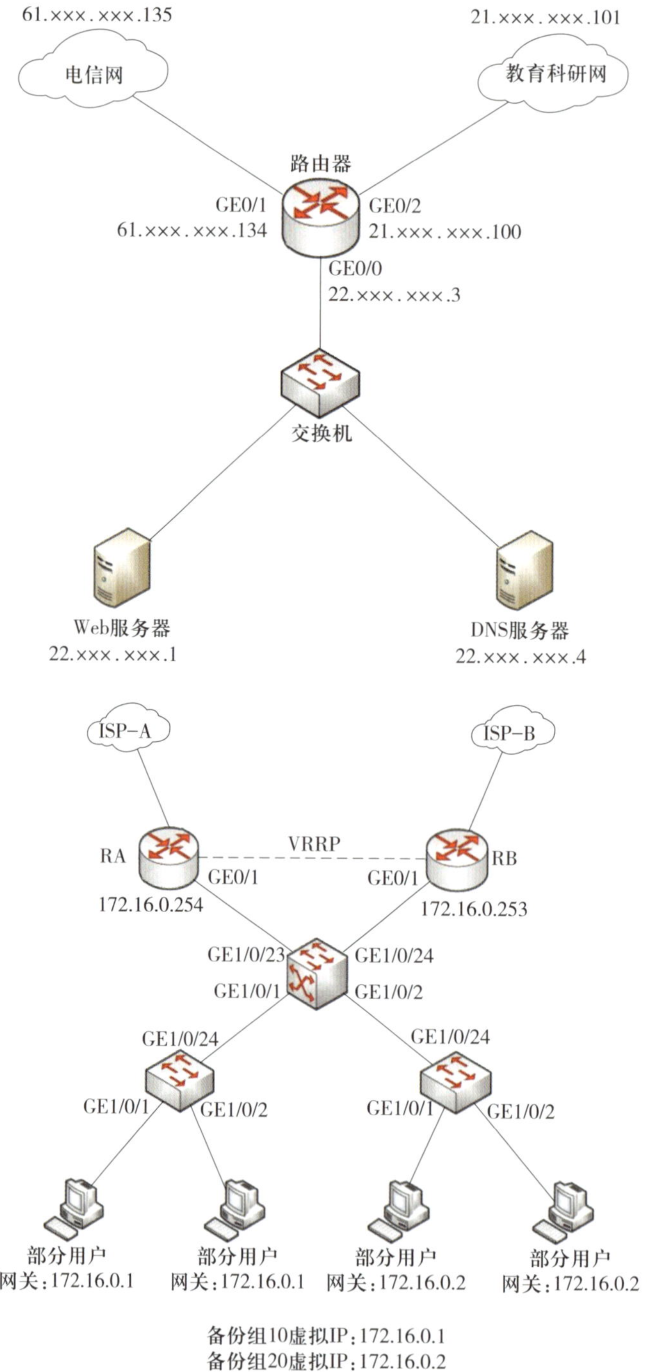

图 4-6-2　双出口网络案例

二、实现校园网络系统新增需求

1. 学校教学楼1层新设一家小型校园超市，现需学校网络中心进行相关网络配置，由教学楼1层交换机提供两个端口，一个端口用于连接刷卡机，只能在内网连接一卡通服务器，另一个端口连接终端设备，仅能访问外网，便于工作人员上网。解析新增客户需求，明确新增终端设备的位置，在图4-6-3中标注新增需求并填入表4-6-1中。

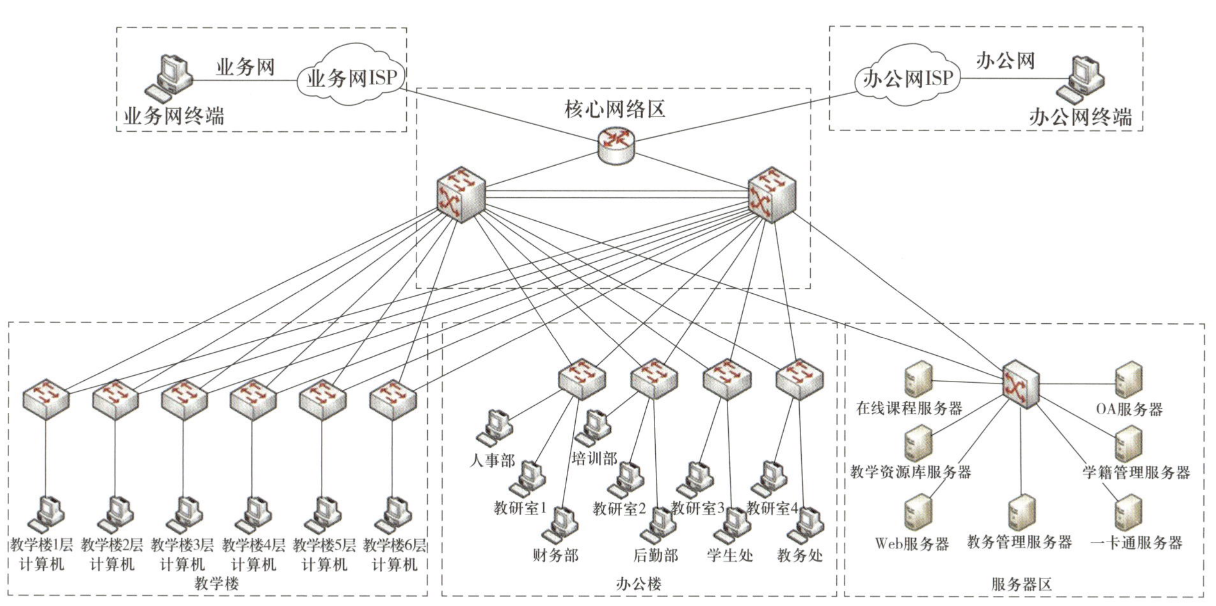

图4-6-3 校园网络系统拓扑图（新增需求）

表4-6-1 校园网络系统IP地址规划表（新增需求）

教学楼IP地址规划表				
楼层	VLAN ID	网段地址	网关地址	备注
教学楼1层	11	192.168.11.0/24	192.168.11.254	
教学楼2层	12	192.168.12.0/24	192.168.12.254	
教学楼3层	13	192.168.13.0/24	192.168.13.254	
教学楼4层	14	192.168.14.0/24	192.168.14.254	
教学楼5层	15	192.168.15.0/24	192.168.15.254	
教学楼6层	16	192.168.16.0/24	192.168.16.254	

2. 辨析新增需求与哪类用户已有使用需求更接近，提炼并拆解网络设备配置步骤，回答以下问题并填入图 4–6–4 中。

（1）实现教学楼 1 层一台终端设备只能连接一卡通服务器，需要配置的网络设备有：______________，需要配置的网络技术有：______________。

（2）实现教学楼 1 层一台终端设备只能访问外网，需要配置的网络设备有：______________，需要配置的网络技术有：______________。（从 VLAN、Trunk、VRRP、链路聚合、动态 NAT、静态 NAT、OSPF、高级 ACL、NAT、策略路由中选择）

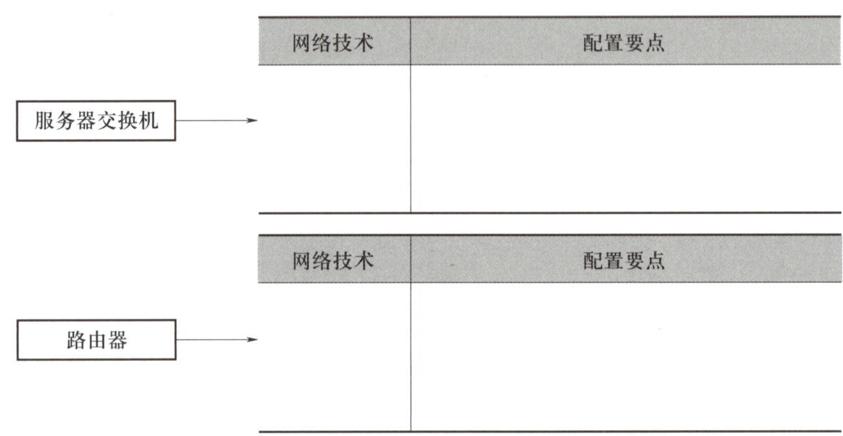

图 4–6–4　校园网络系统新增需求网络设备配置要点图

3. 根据表 4–6–2 所列“校园网络系统新增需求的配置”考核项目评分表对本环节进行评价。

表 4–6–2　“校园网络系统新增需求的配置”考核项目评分表

考核项目：校园网络系统新增需求的配置　组别：

评价项目	评分细则	互评（占比 40%）	师评（占比 60%）	总分
1. 接入交换机的 VLAN 配置	接入交换机的 VLAN 配置，共计 1 分。缺一项或错一处扣 0.5 分，不倒扣			
2. 核心交换机的 VLAN、OSPF 配置	核心交换机的 VLAN、OSPF 配置，共计 2 分。缺一项或错一处扣 0.5 分，不倒扣			
3. 服务器交换机的高级 ACL 配置	服务器交换机的高级 ACL 配置，共计 4 分。缺一项或错一处扣 0.5 分，不倒扣			
4. 路由器的 OSPF、NAT、策略路由配置	路由器的 OSPF、NAT、策略路由配置，共计 8 分。缺一项或错一处扣 1 分，不倒扣			
考核项目得分				

4. 在客户提出新增需求时，网络工程师应采取怎样的工作态度？阅读以下案例，用波浪线画出其中体现勤学苦练劳动精神行为的语句。

小张在接收到项目新增需求时，首先与客户进行了深入的沟通，详细了解具体需求。通过需求分析，明白客户需要的是一个高效、稳定的数据传输解决方案。

为了满足客户的需求，小张开始深入研究相关的网络技术。他阅读了大量的专业资料，了解了最新的数据传输技术和协议。同时，他还与同事进行了深入的讨论，借鉴了他们的经验和建议。

方案设计完成后，小张开始进行实践操作。他在公司的实验环境中搭建了一个模拟环境，对方案进行了反复的测试和调整。在这个过程中，他遇到了很多技术问题，但通过不断尝试和请教，最终成功地解决了这些问题。

在实践操作过程中，小张发现由于客户网络架构的特殊性，方案在实际应用中可能会遇到一些问题。为此他与客户进行了多次沟通，并对方案进行了针对性调整，最终，他成功地解决了所有潜在问题，确保了方案的顺利实施。

在整个过程中，小张及时向客户反馈方案的进展情况，并征求客户的意见和建议。这种良好的沟通方式不仅增强了客户对小张的信任感，也为方案的最终成功打下了坚实的基础。

小张非常重视文档的记录工作。他在设计、实践、问题解决等环节都详细记录了相关的技术细节和操作步骤。这些文档不仅为方案的实施提供了有力的支持，也为此后的类似项目提供了宝贵的参考资料。

项目完成后，小张并没有停止学习和进步的脚步。他定期收集客户的反馈意见，对方案进行持续改进和优化。通过这种持续改进的方式，他不仅满足了客户不断变化的需求，也提高了自己的专业技能和服务水平。

5. 汇总本学习任务各考核项目得分，填入表 4–6–3 中。

表 4–6–3 “校园网络系统安装与调试”学习任务考核成绩

考核项目	配分/分	考核方式及权重/%			考核项目得分
		自评	互评	师评	
校园网络系统项目设计方案的解读（能力素养）	10	30	30	40	
路由器的配置流程（学习成果）	25	30	30	40	
用于控制校园网络系统安装与调试质量的工程日志（学习成果）	10	30	30	40	
路由器的路由协议、NAT、策略路由配置（技能考核）	30	0	40	60	

续表

考核项目	配分 / 分	考核方式及权重 /%			考核项目得分
		自评	互评	师评	
项目验收材料保密行为的判别与执行（能力素养）	10	30	30	40	
校园网络系统新增需求的配置（技能考核）	15	0	40	60	
合计	100	—	—	—	

技工院校工学一体化课程教学资源
技工院校计算机网络应用专业工学一体化教材

小型网络安装与调试
工作页

主编 张 军

学习任务二
小型办公网络系统安装与调试

中国劳动社会保障出版社

简介

本书为技工院校计算机网络应用专业“小型网络安装与调试”工学一体化课程的工作页，依据《计算机网络应用专业国家技能人才培养工学一体化课程标准》编写，供各地技工院校开展工学一体化教学使用。

本书主要包括家庭网络安装与调试、小型办公网络系统安装与调试、小型企业网络系统安装与调试、校园网络系统安装与调试四个学习任务，每个学习任务包含获取信息、制订计划、做出决策、实施计划、过程控制、评价反馈六个学习环节。

完成本书中学习任务所需的相关素材可通过技工教育网（https://jg.class.com.cn）下载并使用。

图书在版编目（CIP）数据

小型网络安装与调试工作页 / 张军主编 . -- 北京 : 中国劳动社会保障出版社，2025. --（技工院校工学一体化课程教学资源）（技工院校计算机网络应用专业工学一体化教材）. -- ISBN 978-7-5167-7073-3

Ⅰ. TN915.05

中国国家版本馆 CIP 数据核字第 20256B9V56 号

小型网络安装与调试工作页

XIAOXING WANGLUO ANZHUANG YU TIAOSHI GONGZUOYE

中国劳动社会保障出版社出版发行

（北京市惠新东街 1 号　邮政编码：100029）

*

北京市艺辉印刷有限公司印刷装订　　新华书店经销

880 毫米 ×1230 毫米　16 开本　19.25 印张　431 千字

2025 年 8 月第 1 版　　2025 年 8 月第 1 次印刷

定价：50.00 元

营销中心电话：400-606-6496

出版社网址：https://www.class.com.cn

https://jg.class.com.cn

技工院校工学一体化课程教学资源

技工院校计算机网络应用专业工学一体化教材

开发院校

牵头院校： 北京市工贸技师学院

参与院校： 南京技师学院　苏州市电子信息技师学院
珠海市技师学院　淄博市技师学院

指导专家

张利芳　陈海娜　马　琳

本书编审人员

主　　编： 张　军

参　　编： 魏宝亮　孙　妍　李　永　韩　哲　许玲凤　张文库　王　俊
孙鲸鹏　张　洪　冯　彦　顾合英　史坤朋

主　　审： 邹伟民

指　　导： 张利芳

序

技工教育的本质是就业教育，其最显著的特征是职业性，其最好的培养模式就是“在工作中学习、在学习中工作”。培育大批高技能人才，既要适应新一轮科技革命和产业变革的需要，也要遵循技能人才成长发展规律，创新技能人才培养方式。推进工学一体化技能人才培养模式改革是推进校企融合、提质培优的重要途径，是技工院校服务制造业和实体经济发展的务实举措。

2009 年，人力资源社会保障部办公厅印发了《技工院校一体化课程教学改革试点工作方案》，分三批在部分技工院校试点开展工学一体化课程教学改革工作，到 2021 年已经覆盖 31 个专业 191 所部级试点院校。经过十多年的发展，理念得到认同、试点不断扩大、学生学习兴趣明显提高，取得了显著成效。2022 年 3 月，人力资源社会保障部印发了《推进技工院校工学一体化技能人才培养模式实施方案》，提出在全国技工院校大力推进工学一体化技能人才培养模式，实现百个专业、千所院校、万名教师的“百千万”工作目标，以促进技工院校人才培养模式变革、提升技能人才培养质量、带动形成技工院校改革创新新局面。

新一轮工学一体化课程教学改革开展聚焦“课程标准”“课程资源”“教师培养”三项重点工作，为持续推进技工院校工学一体化技能人才培养模式实施奠定了坚实基础。印发《〈国家技能人才培养工学一体化课程标准〉开发技术规程》，出版《工学一体化课程开发指导手册》，分三阶段指引完成 103 个专业国家技能人才培养工学一体化课程标准与课程设置方案开发；编制《工学一体化课程教学资源开发指

南》，开发第一批 14 个专业 37 门课程工学一体化课程教学资源；印发《技工院校工学一体化教师培训标准》，出版《工学一体化教师培训指导手册》，依托工学一体化教师培训基地培育师资队伍；印发《技工院校工学一体化课堂、课程、专业、院校建设标准》，出版《工学一体化课程教学实施指导手册》，指引 1 000 所技工院校对标开展工学一体化优质课堂、精品课程、示范专业、骨干院校的建设工作，实现以评促建的目标。

教材建设是教学改革成果固化的重要载体。本次工学一体化课程教学资源按照工作逻辑呈现实践、理论知识和素养，遵循工作过程六步法，从工作向“工作 + 学习”融合，通过引导问题层层递进，实现“输入—内化—输出—考核”的学习闭环，突出学生心智技能和思维的培养，强调学生个人成长的积累。近年来，通过指导专家、几百位试点院校的骨干教师以及编辑团队共同努力，产出了教学指导用书、工作页及答案、信息页及数字资源等形式的系列教材学材，以满足技工院校的教学使用需求。

本系列教材及配套资源的出版，不仅是对本轮技工院校工学一体化技能人才培养模式改革工作的阶段性总结，也是打通从课程标准到课堂实施最后一公里的全新尝试，意义深远。希望全国技工院校将推行工学一体化技能人才培养模式作为创新人才培养模式、提高人才培养质量的重要抓手，为加快培养具有良好工作思维与习惯、自主学习意识与能力、精湛专业技艺与技能的复合型技能人才作出新的更大贡献！

技工教育和职业培训教学指导委员会

2025 年 4 月

目录

学习任务二
小型办公网络系统安装与调试

任务描述

任务情境

某小型食品加工企业办公网络系统建成于 2013 年，为确保数据传输安全，按照工作部门对行政办公室、人力资源部、财务部、生产部和市场部进行了 VLAN（虚拟局域网）划分。2025 年，随着公司规模逐步扩大，员工发展到近 90 人，公司为市场部员工在办公楼 7 层租赁了多间办公室，连至 7 层设备间的两台交换机上，为新增的客服部员工在办公楼 8 层租赁了多间办公室，连至新购置的交换机上。结合此次网络扩容，公司对市场部员工的办公地点也进行了调整，为了更好地开展业务，将部分市场部员工调至 8 层，现需对公司的 3 台交换机重新进行规划部署。改造后的网络系统既要确保 7 层和 8 层市场部员工能够互相通信，还要满足新增客服部员工的网络使用需求，其他部门员工的网络使用需求不变。

网络工程师从项目经理处接到上述任务后，按照任务单、某小型食品加工企业办公网络系统建设项目设计方案、《交换机安装操作手册》，听取项目经理对某小型食品加工企业办公网络系统建设项目设计方案的解读，到项目实施现场进行勘察，与厂方交流沟通业务需求，确定项目实施的相关内容并协助项目经理编制某小型食品加工企业办公网络系统建设项目实施方案后，进入办公地点进行现场施工，工作内容包括交换机的开箱验收、加电、上架安装，交换机的基本功能配置，交换机的 Telnet 远程管理配置，交换机的 VLAN 配置、Trunk 配置等，配置完成后对某小型食品加工企业办公网络系统进行测试，测试通过后，将某小型食品加工企业办公网络系统建设项目设计方案、实施方案、设备到货验收单及某小型食品加工企业办公网络系统测试报告等材料交付项目经理并配合完成验收。

网络工程师在工作过程中应严格按照《基于以太网技术的局域网（LAN）系统验收测试方法》（GB/T 21671—2018）、《网络工程验收标准》（GB/T 51365—2019）、《综合布线系统工程设计规范》（GB 50311—2016）等国家标准和规范的要求实施任务，同时参阅《交换机安装操作手册》，严格执行行业企业安全守则、操作规范和 6S 管理规定等相关规定。

任务要求

1. 编制项目实施方案，应符合以下要求。

（1）IP 地址规划表与网络设备连接表的要求。

1）编制 IP 地址规划表，规划各部门 IP 地址，保证 IP 地址的利用率。

2）编制网络设备连接表，记录交换机间的级联端口，保证办公网络无环路。

（2）小型办公网络系统拓扑图的要求。

1）选择合适的网络设备进行网络系统搭建。

2）节点和连接线的布局合理，避免过于拥挤或分散。

3）节点和连接线的位置、类型和数量都应该与实际情况相符。

4）显示必要的节点和连接线以及相关的信息。

5）使用统一的符号、颜色和字体等。

2. 网络设备的安装应符合以下要求。

（1）连接保护地线，保证交换机正确接地。

（2）安装牢固，设备放置平稳、排列有序。

（3）保证相邻设备之间预留足够的空间供设备散热。

（4）设备间的连接方式正确，连接线路稳定。

3. 交换机的配置应符合以下要求。

（1）远程管理配置的服务类型、认证方式正确，实现交换机的安全远程登录和管理。

（2）VLAN 配置 ID 号与交换机端口划分正确，实现不同部门间网络的逻辑隔离。

（3）Trunk 配置交换机端口类型正确，实现不同交换机相同部门的网络连通。

任务资料

一、设备清单

序号	产品名称	规格	数量	备注
1	二层交换机	24 口千兆电接口、4 口千兆光纤接口	1	改造前
2	二层交换机	48 口千兆电接口、4 口千兆光纤接口	1	改造前
3	二层交换机	48 口千兆电接口、4 口千兆光纤接口	1	改造后新增

二、网络拓扑图

改造前：

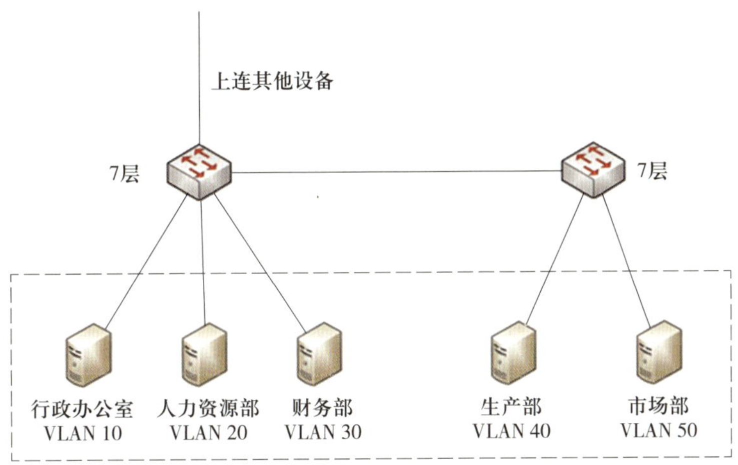

改造后：

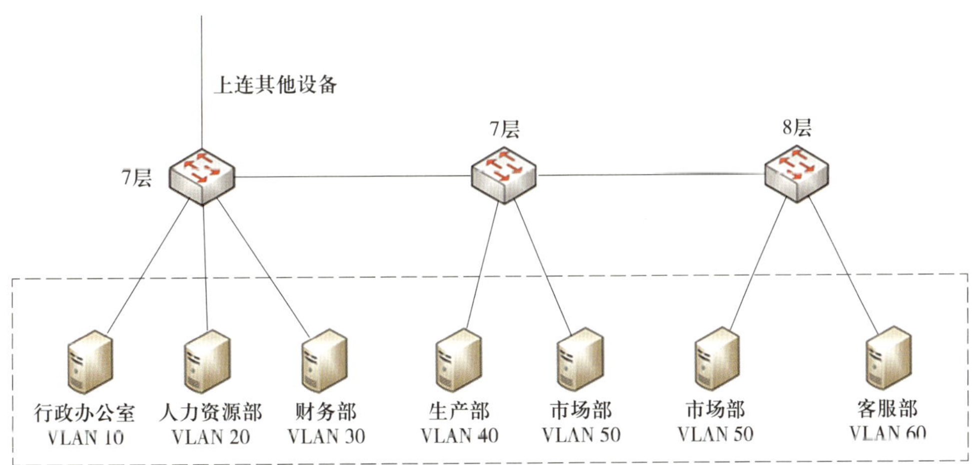

三、IP 地址及 VLAN 划分规则

采用 C 类地址段 192.168.0.0 至 192.168.255.255 供小型办公网络系统内部使用（VLAN ID 和网段地址一一对应，如 192.168.10.0 网段对应的 VLAN ID 为 10），分配原则如下。

（1）按部门划分 VLAN，每个部门 VLAN 使用 1 个 C 类网段。

（2）网络设备管理地址为 192.168.254.0 网段。

（3）网段的最后一个 IP 地址为该网段的网关地址。

四、任务单

编号	XT-0601-001	派工时间	2025 年 6 月 18 日
施工地点	×× 省 ×× 市 ×× 区 ×× 号 ×× 公司网络设备间		
派工人	张经理	工作人员	李 ××
工时	32	任务交付时间	2025 年 6 月 20 日
工作内容	某公司是一家小型食品加工企业。为确保数据传输安全，按照工作部门对行政办公室、人力资源部、财务部、生产部和市场部进行了 VLAN 划分。2025 年，随着公司规模逐步扩大，员工发展到近 90 人，公司为市场部员工在办公楼 7 层租赁了多间办公室，连入 7 层设备间的两台交换机上，为新增的客服部员工在办公楼 8 层租赁了多间办公室，连入新购置的交换机上。 结合此次网络扩容，公司对市场部员工的办公地点也进行了调整，为了更好地开展业务，将部分市场部员工调至 8 层，现需对公司的 3 台交换机重新进行规划部署。改造后的办公网络系统，应保证 7 层和 8 层市场部员工能够互相通信，满足新增客服部员工的网络使用需求，其他部门员工的网络使用需求不变。		
完成情况		工作人员签字	
注意事项	1. 遵守作业中的安全要求 2. 严格按照操作规程进行操作		
备注			

学习目标及学时

1. 能阅读任务单并解读项目设计方案，准确提取任务基本信息与 Telnet 技术、VLAN 技术、IP 地址规划等关键信息，结合现场勘察资料，完成需求分析表。

2. 能叙述接入层的网络结构与功能，识读接入交换机的主要参数并说明选用理由，说明项目实施的网络技术，梳理 IP 地址组成要素并描述项目交付内容。

3. 能依据项目设计方案、IP 地址及 VLAN 划分规则、各部门联网需求，编制 IP 地址规划表与网络设备连接表，并绘制出详细准确的网络拓扑图。

4. 能参考网络技术配置步骤与配置内容，编写接入交换机的配置流程，安装软件、程序与工具，并依据 IP 地址规划表、网络拓扑图等资料编制项目实施方案。

5. 能梳理验收货品流程并核对货品相关信息，完成验收货品，上架安装交换机并加电自检，完成网络设备的连接，填写安装确认单。

6. 能依据接入交换机的配置流程、IP 地址规划表和拓扑图，完成接入交换机的配置。

7. 能依据业务需求与项目实施方案进行网络测试，整理测试结果并填写测试报告，收集与整理项目验收材料，模拟并完成项目验收流程、交付验收材料。

8. 能展示 IP 地址规划表、网络拓扑图、接入交换机配置流程，听取反馈意见并修改，提升实施方案质量。在教师指导下，总结工作经验，检查并细化配置文档。

9. 在任务完成过程中，具备语言表达、与人合作、书面表达等通用职业能力，服务意识、责任意识、安全意识、流程意识、标准意识等职业素养，踏实肯干、认真细致、尽职尽责的劳动精神等思政素养。

建议学时

32 学时

学习路径

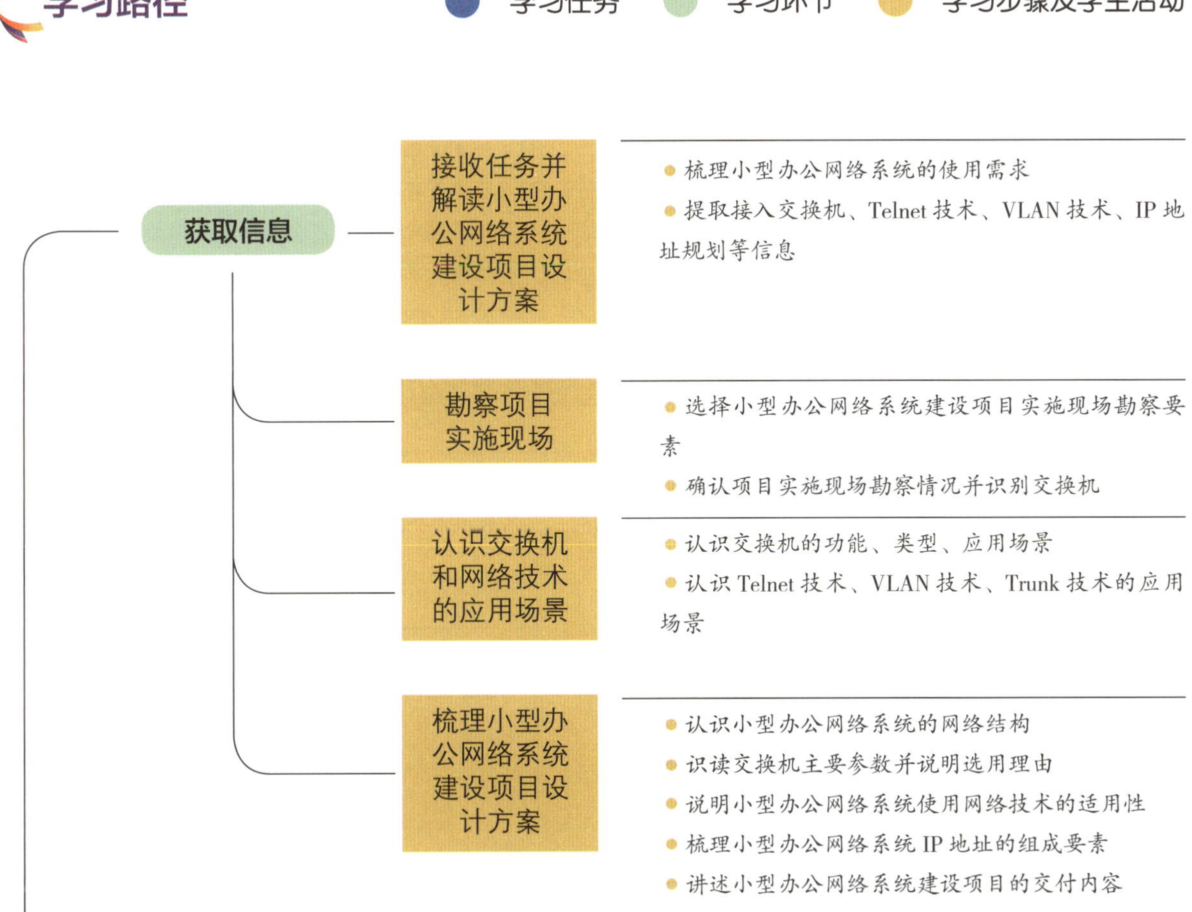

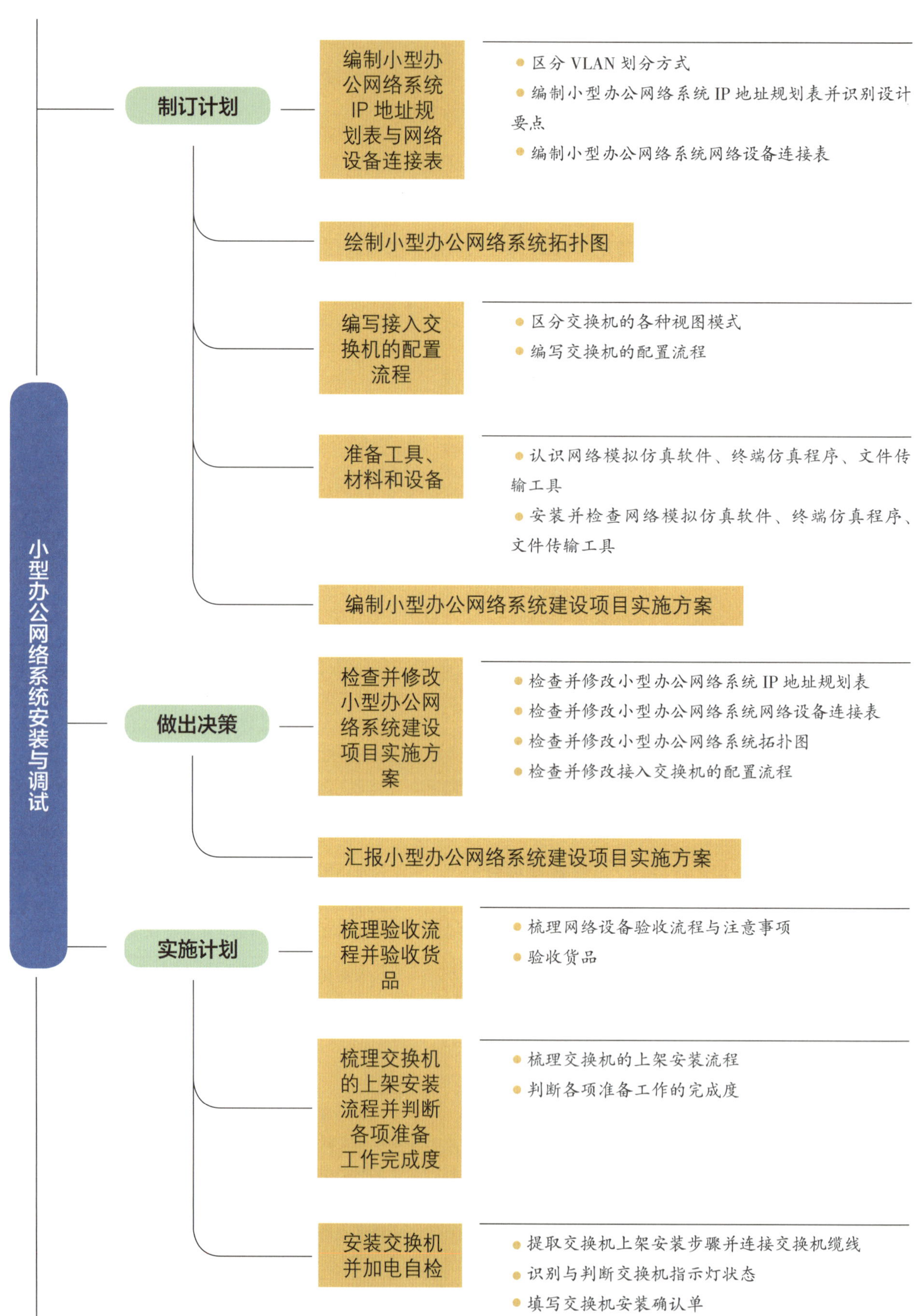
小型办公网络系统安装与调试
制订计划
编制小型办公网络系统IP地址规划表与网络设备连接表
● 区分VLAN划分方式
● 编制小型办公网络系统IP地址规划表并识别设计要点
● 编制小型办公网络系统网络设备连接表
绘制小型办公网络系统拓扑图
编写接入交换机的配置流程
● 区分交换机的各种视图模式
● 编写交换机的配置流程
准备工具、材料和设备
● 认识网络模拟仿真软件、终端仿真程序、文件传输工具
● 安装并检查网络模拟仿真软件、终端仿真程序、文件传输工具
编制小型办公网络系统建设项目实施方案
做出决策
检查并修改小型办公网络系统建设项目实施方案
● 检查并修改小型办公网络系统IP地址规划表
● 检查并修改小型办公网络系统网络设备连接表
● 检查并修改小型办公网络系统拓扑图
● 检查并修改接入交换机的配置流程
汇报小型办公网络系统建设项目实施方案
实施计划
梳理验收流程并验收货品
● 梳理网络设备验收流程与注意事项
● 验收货品
梳理交换机的上架安装流程并判断各项准备工作完成度
● 梳理交换机的上架安装流程
● 判断各项准备工作的完成度
安装交换机并加电自检
● 提取交换机上架安装步骤并连接交换机缆线
● 识别与判断交换机指示灯状态
● 填写交换机安装确认单

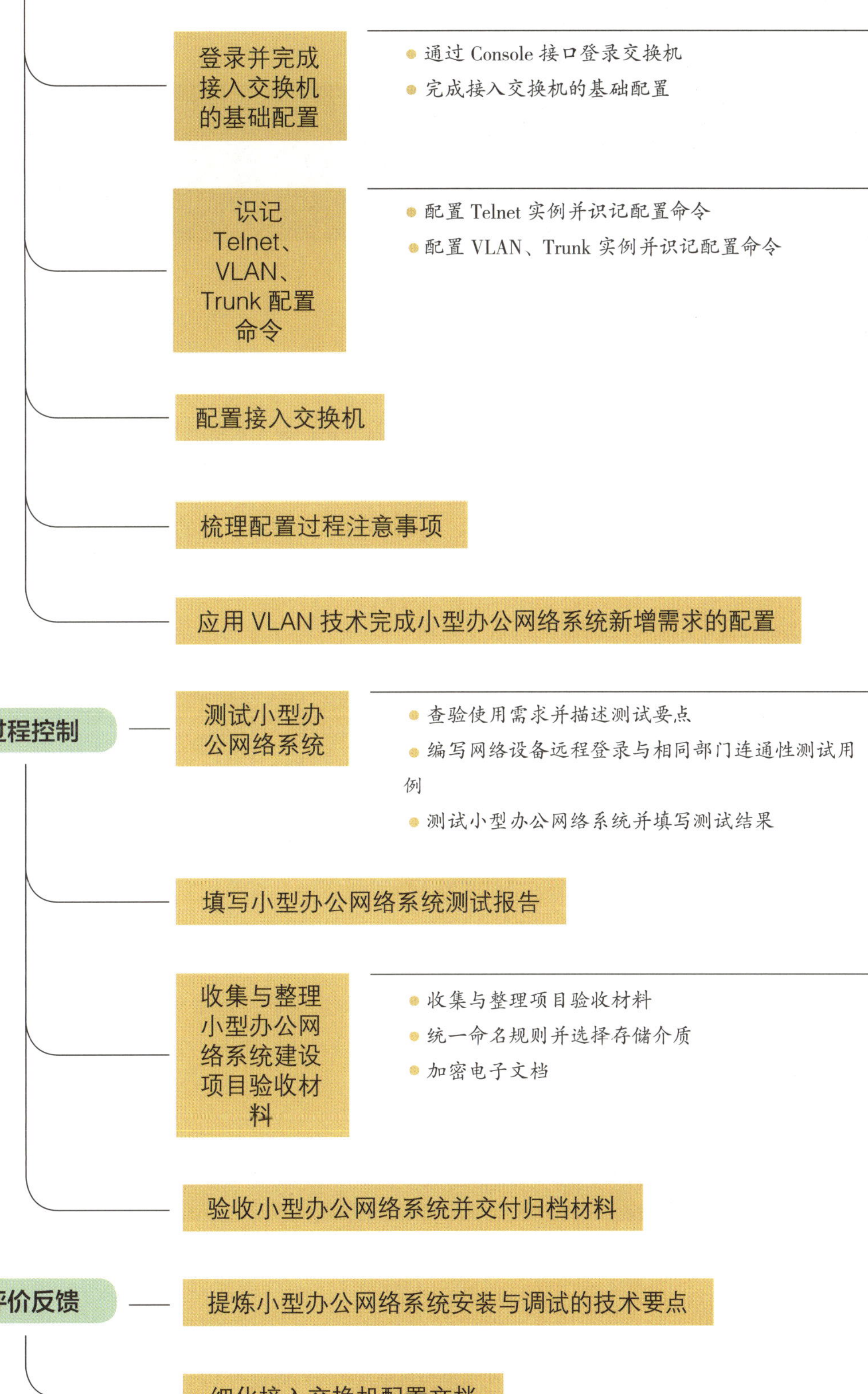
小型办公网络系统安装与调试
登录并完成接入交换机的基础配置
通过 Console 接口登录交换机
完成接入交换机的基础配置
识记 Telnet、VLAN、Trunk 配置命令
配置 Telnet 实例并识记配置命令
配置 VLAN、Trunk 实例并识记配置命令
配置接入交换机
梳理配置过程注意事项
应用 VLAN 技术完成小型办公网络系统新增需求的配置
过程控制
测试小型办公网络系统
查验使用需求并描述测试要点
编写网络设备远程登录与相同部门连通性测试用例
测试小型办公网络系统并填写测试结果
填写小型办公网络系统测试报告
收集与整理小型办公网络系统建设项目验收材料
收集与整理项目验收材料
统一命名规则并选择存储介质
加密电子文档
验收小型办公网络系统并交付归档材料
评价反馈
提炼小型办公网络系统安装与调试的技术要点
细化接入交换机配置文档

学习环节一 获取信息

学习目标

1. 能独立阅读任务单，并与小组成员共同阅读小型办公网络系统建设项目设计方案，采用信息记录法与关键词提取法，提取任务交付时间、项目实施地点、小型办公网络系统的使用需求、Telnet 技术、VLAN 技术、IP 地址规则等信息，记录小型办公网络系统的使用需求。

2. 能与小组成员合作进行项目实施现场勘察，采用实地勘察法，收集设备间的位置及环境、办公楼建筑平面图、员工终端设备数量等资料，填写小型办公网络系统安装与调试任务需求分析表。

3. 能与小组成员交流合作，采用小组讨论与汇报的方式，认识接入层网络结构与功能，识读接入交换机主要参数并说明选用理由，说明项目实施的网络技术，梳理 IP 地址组成要素并讲述项目交付内容，具有较好的语言表达能力和踏实肯干的劳动精神。

建议学时

4 学时

学习要求

序号	学习步骤	学习内容	学时	备注
1	接收任务并解读小型办公网络系统建设项目设计方案	1. 小型办公网络系统安装与调试任务单信息的收集与梳理（实践） 2. 接入交换机外观的认识（实践） 3. 小型办公网络系统功能的整理（实践） 4. Telnet 技术的说明（实践） 5. VLAN 技术的特点（理论） 6. IP 地址及 VLAN 划分规则的应用（实践）	1	

续表

序号	学习步骤	学习内容	学时	备注
2	勘察项目实施现场	1. 项目实施现场勘察要素的选择（实践） 2. 设备间的概念与功能（理论） 3. 接入交换机外观的认识（实践） 4. 公司现有信息资料的收集（实践）	1	
3	认识交换机和网络技术的应用场景	1. 接入交换机的应用场景（理论） 2. Telnet 技术的应用场景（理论） 3. VLAN 技术的应用场景（理论） 4. Trunk 技术的应用场景（理论）	1	
4	梳理小型办公网络系统建设项目设计方案	1. 接入层网络功能的认识（理论） 2. 接入交换机选用理由的说明（实践） 3. 接入层网络技术适用性的说明（实践） 4. 小型办公网络系统 IP 地址的组成要素（理论） 5. 语言表达能力（素养） 6. 踏实肯干的劳动精神（素养）	1	

一、接收任务并解读小型办公网络系统建设项目设计方案

（一）梳理小型办公网络系统的使用需求

1. 查阅任务资料中的任务单，提取时间、地点等基本信息，完成以下问题。

（1）任务交付时间：______________________________。

（2）任务实施地点：______________________________。

（3）任务网络需求：____。

2. 查阅信息页中的小型办公网络系统典型使用需求，分析本学习任务，梳理小型办公网络系统的使用需求，选择合适的选项填入括号中。

A. 财务服务器　　B. 客服服务器　　C. 客服部网络　　D. 行政办公室网络

E. 人力资源部网络　　F. 财务部网络　　G. 市场部网络　　H. 生产部网络

I. 市场部共享打印机

（1）客服部员工能够访问（　　）。

（2）行政办公室员工能够访问（　　）。

（3）人力资源部员工能够访问（　　）。

（4）财务部员工能够访问（　　）。

（5）市场部员工能够访问（　　）。

（6）生产部员工能够访问（　　）。

根据以上分析，小型办公网络系统的使用需求可以简单概括为____。

（二）提取接入交换机、Telnet 技术、VLAN 技术、IP 地址规划等信息

1. 查阅信息页项目设计方案中设备选型的相关内容，明确接入交换机接口信息，认识接入交换机的外观，完成以下问题。

本学习任务新增接入交换机应为（　　）图所示交换机。【单选题】

A. 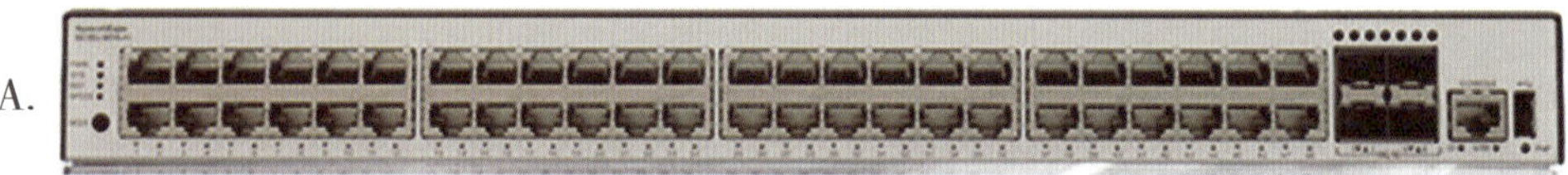

B. 

2. 查阅信息页项目设计方案中对 Telnet 技术和 VLAN 等相关网络技术的介绍，明确其对应实现的小型办公网络系统功能，完成以下问题。

（1）网络运维人员在工作中使用的 Telnet 技术能实现的工作内容包括（　　）。【多选题】

A. 在家办公　　B. 串口直连交换机

C. 集中监控　　D. 在办公室远程实时监控机房设备运行状况

E. 在办公室进行交换机配置

（2）虚拟局域网的功能包括（　　）。【多选题】

A. 根据用户需求对连接到第二层交换机端口的网络用户进行逻辑分段，不受网络用户的物理位置限制

B. 可以根据网络用户的位置、作用、部门或者根据网络用户所使用的应用程序和协议来进行分组

C. 能够为局域网解决冲突域、广播域、带宽等问题

D. 将有限范围内（如一个实验室、一层办公楼或者校园）的各种计算机、终端与外部设备互联成网

3. 查阅信息页项目设计方案中的 IP 地址及 VLAN 划分规则和 IP 地址规划设计思路，梳理并说明 IP 地址及 VLAN 划分规则，确定 IP 地址范围，填入表 2-1-1 中。

表 2-1-1 IP 地址及 VLAN 划分规则说明

部门 IP 地址及 VLAN 划分规则			
序号	部门	IP 地址范围	VLAN ID
1	行政办公室	192.168.10.1 至 192.168.10.253	VLAN 10
2	人力资源部		
3	财务部		
4	生产部		
5	市场部		
6	客服部		
网络设备管理 IP 地址及 VLAN 划分规则			
序号	设备名称	网络地址	VLAN ID
1	办公楼 7 层接入交换机 01		
2	办公楼 7 层接入交换机 02		
3	办公楼 8 层接入交换机 03		

二、勘察项目实施现场

（一）选择小型办公网络系统建设项目实施现场勘察要素

查阅信息页中的项目设计方案，选择项目实施现场勘察要素，填入表 2-1-2 中。

表 2-1-2 小型办公网络系统建设项目实施现场勘察要素清单

序号	项目实施现场勘察要素	填写已有信息的详细描述
1	各部门对应的楼层以及房间号	7 层：行政办公室、人力资源部、财务部、市场部、生产部，房间号未知
2	各部门所连接接入交换机的信息	
3	原有交换机的位置信息	
4	办公楼的建筑平面图	
5	现有网络地址规划表	
6	原有交换机的产品规格	
7	新增交换机的产品规格	

（二）确认项目实施现场勘察情况并识别交换机

1. 查阅信息页中对设备间的介绍，明确设备间的概念与功能，完成以下问题。

（1）设备间的位置、大小一般根据＿＿＿＿＿＿、＿＿＿＿＿＿、＿＿＿＿＿＿和＿＿＿＿＿＿来综合考虑。

（2）设备间内需要预留维修空间，方便维修人员操作，机架或机柜前面的净空不应小于＿＿＿＿＿mm，后面的净空不应小于＿＿＿＿＿mm。

2. 查阅信息页中的公司现有信息资料，模拟勘察项目实施现场，梳理并确认项目实施现场勘察情况，填入表 2–1–3 中。

表 2–1–3　　小型办公网络系统建设项目实施现场勘察情况记录单

序号	项目实施现场勘察要素	项目实施现场勘察情况的详细描述
1	各部门对应的楼层以及房间号	例：7 层行政办公室房间号 712
2	办公楼的建筑平面图	
3	现有网络地址规划表	

3. 查阅信息页中的交换机产品外观介绍，识别交换机的接口类型，观察图 2–1–1，完成以下问题。

图 2–1–1　交换机接口信息图

图中以太网电接口的编号是＿＿＿＿，以太网光纤口的编号是＿＿＿＿，Console 接口的编号是＿＿＿＿。其中编号＿＿＿＿是 RJ–45 接头的 Console 接口，编号＿＿＿＿是串行接口的 Console 接口。

4. 依据项目实施现场勘察情况，按照各部门进行整理并细化小型办公网络系统使用需求，填入表 2–1–4 中。

表 2-1-4 小型办公网络系统安装与调试任务需求分析表

序号	部门	部门楼层	联网设备类型	设备数量	需求分析描述
1	财务部	7	计算机	5	独立网络
2	行政办公室			12	
3	人力资源部			3	
4	市场部 -7 层			6	实现与 8 层市场部通信
5	市场部 -8 层			14	实现与 7 层市场部通信
6	生产部			33	
7	客服部			19	

三、认识交换机和网络技术的应用场景

（一）认识交换机的功能、类型、应用场景

1. 查阅信息页中对交换机的介绍，认识并说明交换机的功能，在表 2-1-5 中勾选正确的选项。

表 2-1-5 交换机的功能描述

序号	交换机工作描述	交换机的功能
1	当数据帧的目的地址在 MAC 地址表中有映射时，交换机将该数据帧转发到与目的节点相连的端口，而不是所有端口	□转发过滤 □学习功能 □消除回路 □扩大网络 □划分局域网
2	允许交换机了解并记住连接到每个端口的设备的 MAC 地址	□转发过滤 □学习功能 □消除回路 □扩大网络 □划分局域网
3	当交换机存在冗余回路时，可通过生成树协议来避免回路的产生	□转发过滤 □学习功能 □消除回路 □扩大网络 □划分局域网
4	由于每种传输介质的传输距离都是有限的，当网络覆盖范围较大时，交换机通过中继功能可以成倍地扩展网络传输距离，从而扩大网络的覆盖范围	□转发过滤 □学习功能 □消除回路 □扩大网络 □划分局域网
5	交换机通过将局域网划分为多个冲突域，每个冲突域都拥有独立的网段，从而避免了数据传输时的冲突	□转发过滤 □学习功能 □消除回路 □扩大网络 □划分局域网

2. 查阅信息页中交换机应用场景的相关内容，认识交换机的类型并辨认其应用场景，在表 2-1-6 中填空并勾选对应选项。

表 2-1-6　　　　　　　　　　　　　　　交换机应用场景

交换机图片	应用场景
	在小型办公网络场景中，主要使用＿＿＿＿＿＿将员工的计算机、打印机等办公设备连接起来，以保障网络的稳定运行与资源的高效利用，若网络规模较小且只需简单的终端连接与快速交换功能，则一般会选用（□二层交换机　□三层交换机）
	在企业网络环境中，接入交换机连接各类设备，其带宽控制、流量管理和VLAN功能有助于管理网络资源与流量，中大型企业网络的核心交换部分，多采用（□二层交换机　□三层交换机）

（二）认识 Telnet 技术、VLAN 技术、Trunk 技术的应用场景

查阅信息页中 Telnet 技术、VLAN 技术、Trunk 技术应用场景的相关内容，认识并说明其应用场景，完成以下问题。

（1）在网络运维人员利用 Telnet 技术远程管理网络设备的场景中，下列说法中正确的有（　　）。【多选题】

A. Telnet 技术允许运维人员在任何有网络连接的计算机上远程操作网络设备

B. Telnet 技术能够使运维人员无须到达设备现场即可监控网络设备的端口状态

C. Telnet 技术可以完全保障远程操作过程中的数据安全

D. 采用 Telnet 技术有助于提高网络运维工作的效率

（2）同楼层的不同部门之间不能互相访问，需要使用的技术为（　　）；不同楼层的同部门之间需要互相访问，需要使用的技术为（　　）。【单选题】

A. VLAN　　　B. Telnet　　　C. Trunk　　　D. FTP

四、梳理小型办公网络系统建设项目设计方案

（一）认识小型办公网络系统的网络结构

查阅信息页中对接入层网络的介绍，认识并说明接入层网络的功能，完成以下问题。

（1）接入层通常指网络中＿＿＿＿＿＿＿＿＿＿＿＿的部分。

（2）接入层网络为了实现与用户连接，并进行业务和带宽的分配，能够利用的传输介质有（　　）。【多选题】

A. 光纤　　　B. 双绞线

C. 红外线　　　D. 无线电波

（二）识读交换机主要参数并说明选用理由

1. 查阅信息页中的交换机主要参数列表，识读交换机主要参数并匹配其含义，填入表 2–1–7 中。

表 2–1–7 交换机的主要参数及其含义

<table>
<tr><th>序号</th><th>主要参数
（填写对应的参数详解字母）</th><th>参数详解</th></tr>
<tr><td>1</td><td>端口数量（ ）</td><td rowspan="12">A. 交换机应支持 VLAN 技术，能够将不同终端设备划分到不同的虚拟网络中
B. 交换机应具备一定的安全性防护措施，如支持 802.1X 认证、端口安全等功能
C. 交换机应具备较高的转发性能，能够快速地转发数据包，以降低网络时延和提高用户体验
D. 交换机应具备监控和统计功能，能够实时监控网络流量、端口使用情况等
E. 交换机接口处理器或接口卡和数据总线间所能吞吐的最大数据量
F. 交换机应有足够的端口数量，能够满足接入终端设备的需求，还可以提供足够端口供其他交换机或路由器连接
G. 交换机应具备较高的可靠性，能够提供稳定的网络连接和数据传输服务，防止因交换机故障导致的网络中断
H. 交换机应支持服务质量（QoS）技术，能够根据不同数据包的优先级进行流量控制和优化
I. 交换机应支持远程管理，能够通过网络对交换机进行配置和监控，方便管理员对网络进行管理和维护
J. 交换机应具有良好的可扩展性，能够适应不断增加的终端设备数量和网络规模扩大的需求
K. 交换机应支持多种速率的端口，以满足不同终端设备的需求
L. 交换机一般支持存储转发和直接转发</td></tr>
<tr><td>2</td><td>传输速率（ ）</td></tr>
<tr><td>3</td><td>转发时延（ ）</td></tr>
<tr><td>4</td><td>转发模式（ ）</td></tr>
<tr><td>5</td><td>VLAN 支持（ ）</td></tr>
<tr><td>6</td><td>QoS 支持（ ）</td></tr>
<tr><td>7</td><td>管理方式（ ）</td></tr>
<tr><td>8</td><td>安全性（ ）</td></tr>
<tr><td>9</td><td>可靠性（ ）</td></tr>
<tr><td>10</td><td>背板带宽（ ）</td></tr>
<tr><td>11</td><td>监控与统计（ ）</td></tr>
<tr><td>12</td><td>可扩展性（ ）</td></tr>
</table>

2. 查阅信息页中不同型号交换机产品属性的相关内容，比较各类交换机的主要参数，说明选用理由，填入表 2–1–8 中。

表 2–1–8 交换机产品信息

序号	交换机型号	传输速率	端口数量	远程管理	VLAN 支持	是否满足项目需求
1	S1060					□是 □否
2	S2024					□是 □否
3	S2048					□是 □否

选用理由：

（三）说明小型办公网络系统使用网络技术的适用性

查阅信息页中项目设计方案中的需求分析，分析交付内容的网络系统使用需求、网络设备与网络技术，说明网络技术的适用性，将正确的选项填入表 2–1–9 的空格中。

表 2–1–9　小型办公网络系统使用需求、网络设备与网络技术

序号	网络系统使用需求	网络设备或网络技术
1	新增网络设备实现 8 层的客服部和市场部接入办公网络系统	
2	实现交换机设备远程管理	
3	实现不同部门网络隔离	
4	实现不同楼层（不同交换机）的同部门设备能互相访问	
选项：A. VLAN 技术　B. Trunk 技术　C. 交换机　D. 路由器　E. Telnet 技术　F. SSH 技术		

（四）梳理小型办公网络系统 IP 地址的组成要素

查阅信息页中的 IP 地址规划表样例与网络设备连接表样例，结合 IP 地址及 VLAN 划分规则说明表，细化并梳理 IP 地址的组成要素，在表 2–1–10 中勾选相应选项。

表 2–1–10　小型办公网络系统 IP 地址规划表与网络设备连接表组成要素

序号	类别	组成要素
1	IP 地址规划表	部门 IP 地址规划表： □设备名称　□设备类型　□设备型号　□网段地址 □子网掩码　□默认网关　□接口号　□ DNS 地址 □ VLAN ID　□部门 / 楼层　□描述信息　□地址分配范围
		网络设备管理 IP 地址规划表： □设备名称　□设备类型　□设备命名　□网段地址 □网络地址　□部门 / 楼层　□管理 VLAN ID　□地址分配范围
2	网络设备连接表	□设备名称　□设备类型　□设备型号　□网络地址 □默认网关　□接口号　□ VLAN ID　□描述信息

（五）讲述小型办公网络系统建设项目的交付内容

1. 根据表 2–1–11 所列“小型办公网络系统建设项目交付内容的讲述”考核项目评分表对本环节进行评价。

表 2-1-11　“小型办公网络系统建设项目交付内容的讲述”考核项目评分表

考核项目：小型办公网络系统建设项目交付内容的讲述　　组别：

评价项目	评分细则	自评（占比 20%）	互评（占比 20%）	师评（占比 60%）	总分
1. 小组成员之间的配合程度以及成员个人的表现	小组成员之间配合默契、积极讨论、主动承担，共计 3 分。其中，配合默契占 1 分，积极讨论占 1 分，主动承担占 1 分。一处不满足要求，视情况扣 0.5 或 1 分				
2. 小型办公网络系统建设项目交付内容的讲述	小型办公网络系统建设项目的交付内容完整且正确，共计 12 分。其中，准确描述小型办公网络系统建设项目的使用需求计 4 分；明确说明实现需求所使用的网络设备或者网络技术计 4 分；语言表达简明、业务逻辑清晰计 4 分				
考核项目得分					

2. 复盘汇报的过程和效果，列出 3～5 点你认为最能影响语言表达能力的因素。

3. 回顾与教师反复确认工作的过程，体会踏实肯干的劳动精神，简述反复确认工作对完成任务的积极作用。

学习环节二 制订计划

学习目标

1. 能采用小组合作的方式，依据 IP 地址及 VLAN 划分规则，分析各部门联网需求，编制小型办公网络系统 IP 地址规划表与网络设备连接表。

2. 能采用小组合作的方式，依据项目设计方案、IP 地址规划表与网络设备连接表，绘制小型办公网络系统拓扑图，确保网络系统拓扑图绘制详细、网络结构清晰且设备无遗漏，图中的 Telnet 管理地址正确、VLAN 部门划分明确、Trunk 端口标注准确，具有与人合作能力。

3. 能采用小组合作的方式，参考 Telnet 技术、VLAN 技术、Trunk 技术的配置步骤与配置内容，编写接入交换机的配置流程，确保网络设备配置流程齐全、步骤完整、内容正确。

4. 能采用独立工作的方式，完成网络模拟仿真软件、终端仿真程序、文件传输工具的安装与检查，确保各类软件能够正常运行。

5. 能通过小组合作的方式，依据 IP 地址规划表、网络设备连接表、网络系统拓扑图、网络设备配置流程等资料，编制小型办公网络系统建设项目实施方案，具有较好的书面表达能力。

建议学时

6 学时

学习要求

序号	学习步骤	学习内容	学时	备注
1	编制小型办公网络系统 IP 地址规划表与网络设备连接表	1. VLAN 的划分方式（理论） 2. 小型办公网络系统 IP 地址规划表的编制（实践） 3. 小型办公网络系统 IP 地址规划表的设计要点（理论） 4. 网络设备连接表的识读（实践） 5. 小型办公网络系统网络设备连接表的编制（实践）	1.5	

续表

序号	学习步骤	学习内容	学时	备注
2	绘制小型办公网络系统拓扑图	1. 小型办公网络系统拓扑图的绘制要点（理论） 2. 小型办公网络系统拓扑图的绘制（实践） 3. 与人合作能力（素养）	1	
3	编写接入交换机的配置流程	1. 交换机视图模式的区分（实践） 2. 交换机的基础配置步骤与配置内容（理论） 3. Telnet 技术的配置步骤与配置内容（理论） 4. VLAN 技术的配置步骤与配置内容（理论） 5. Trunk 技术的配置步骤与配置内容（理论）	1.5	
4	准备工具、材料和设备	1. 网络模拟仿真软件、终端仿真程序、文件传输工具的功能和应用场景（理论） 2. 网络模拟仿真软件、终端仿真程序、文件传输工具的安装与检查（实践）	1	
5	编制小型办公网络系统建设项目实施方案	1. 项目实施方案编制要点的提取（实践） 2. 书面表达能力（素养）	1	

一、编制小型办公网络系统 IP 地址规划表与网络设备连接表

（一）区分 VLAN 划分方式

查阅信息页中 VLAN 划分方式的相关内容，认识并区分不同的 VLAN 划分方式，完成以下问题。

（1）某广告公司网络拓扑图如图 2-2-1 所示，在交换机 SWA 上划分了 VLAN，按照 VLAN 信息表的设计，SWA 是通过基于（　　）的方式划分 VLAN 的。**【单选题】**

A. 端口　　B. MAC 地址　　C. IP 地址　　D. 协议类型

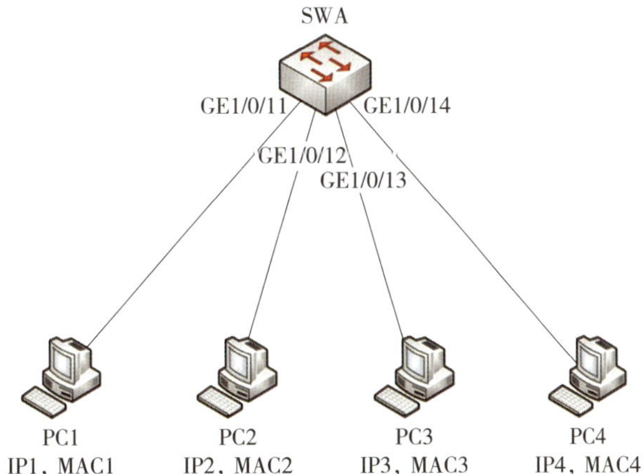

VLAN 信息表

VLAN 10	VLAN 20	VLAN 30
GE1/0/11	GE1/0/12、GE1/0/13	GE1/0/14

图 2-2-1　某广告公司网络拓扑图

（2）PC1 与 PC3 的设备使用者为市场部员工，PC2 的设备使用者为设计部员工，PC4 的设备使用者为财务部员工，员工经常需要在会议室集中办公，为了保证数据的安全性，需要按部门重新进行 VLAN 划分，根据该情况，采用合适的 VLAN 划分方式，将新的 VLAN 信息填入表 2–2–1 中。

表 2–2–1　　　　VLAN 信息（新）

部门			
VLAN ID			
划分信息			

（二）编制小型办公网络系统 IP 地址规划表并识别设计要点

1. 查阅信息页项目设计方案中的 IP 地址及 VLAN 划分规则，提炼网段与 VLAN 信息，填入表 2–2–2 中。

表 2–2–2　　　　小型办公网络系统 IP 地址规划表

部门 IP 地址规划表					
序号	部门 / 楼层	VLAN ID	网段地址	地址分配范围	默认网关
1	行政办公室（7 层）	10	192.168.10.0	192.168.10.1 至 192.168.10.100	192.168.10.254
2					
3					
4					
5					
6					

网络设备管理 IP 地址规划表				
序号	设备名称	设备命名	网络地址	管理 VLAN ID
1	办公楼 7 层接入交换机 01			
2	办公楼 7 层接入交换机 02			
3	办公楼 8 层接入交换机 03			

2. 查阅信息页学习任务一中的 IP 地址规划表，与本学习任务进行比较，识别小型办公网络系统 IP 地址规划表的设计要点，完成以下问题。

（1）本学习任务的 IP 地址规划表主要是针对__________与__________________设计的。

（2）学习任务一的 IP 地址规划表与本学习任务的________________均为私网地址中的终端设备进行规划，学习任务一的 IP 地址规划表中的 IP 地址包含了________与________，而在本学习任务中，未明确具体的 IP 地址，而是提供________与________________。

（三）编制小型办公网络系统网络设备连接表

1. 查阅信息页中的网络设备连接表基础知识，识读网络设备连接表样例中的条目信息，在图 2–2–2 中填写网络设备名称，进行连线并补充接口名称。

SW1

SW2

PC1　　PC2

图 2–2–2　网络系统拓扑图（网络设备连接表样例识读）

2. 查阅信息页项目设计方案中的网络系统拓扑图，选定本端与对端网络设备及接口信息，填入表 2–2–3 中。

表 2–2–3　　网络设备连接

序号	设备名称	本端设备接口	对端设备名称	对端设备接口
1	SW1	GE1/0/47	连接至 7 层的交换机	GE1/0/47
2				
3				
4				

二、绘制小型办公网络系统拓扑图

1. 查阅信息页中的小型办公网络系统拓扑图绘制要点，在图 2–2–3 中标注网络技术信息（Telnet、VLAN、Trunk）。

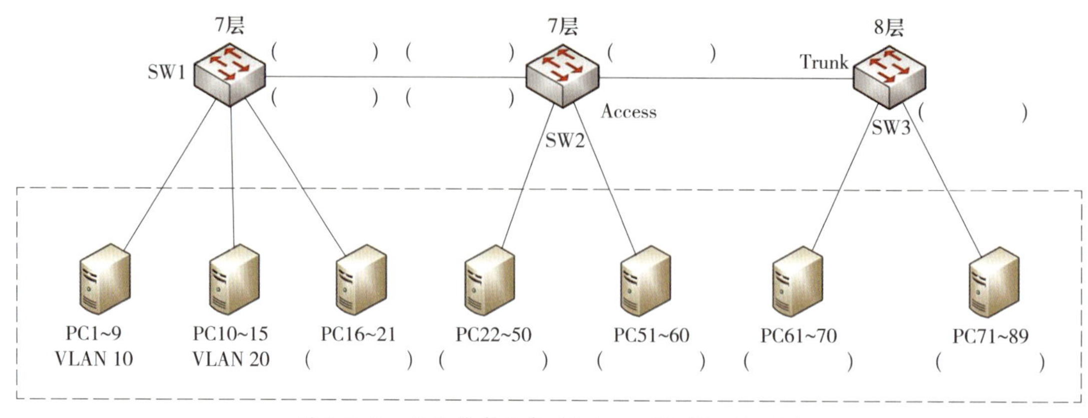

图 2-2-3　网络技术信息（Telnet、VLAN、Trunk）

2. 查阅信息页中的小型办公网络系统拓扑图绘制样例，绘制小型办公网络系统拓扑图（可在计算机中完成绘制，打印后粘贴于此处）。

小型办公网络系统拓扑图：

3. 回顾绘制小型办公网络系统拓扑图的工作过程，列出 3 ~ 5 个最能体现与人合作能力的活动。

____

____

三、编写接入交换机的配置流程

（一）区分交换机的各种视图模式

查阅信息页中对交换机视图模式的介绍，区分各种视图模式并能识别不同视图模式下的权限及功能，将视图模式和对应的命令行界面用线连接起来。

视图模式	命令行界面
系统视图	[SW]ospf 1 [SW-ospf-1]route id 1.1.1.1
用户视图	[SW-GigabitEthernet1/0/1]display this # interface GigabitEthernet1/0/1 port link - mode bridge combo enable fiber
接口视图	<SW>display current configuration # version 7.1.075, Alpha 7571
协议视图	[SW]display interface brief Interface Link Protocol Primary IP Description InLoop00 UP UP(s) -- -- MGE0/0/0 DOWN DOWN -- -- NULL0 UP UP(s) -- -- REG0 UP -- -- --

（二）编写交换机的配置流程

1. 查阅信息页中交换机基础配置流程的相关内容，梳理本学习任务中接入交换机的基础配置步骤与配置内容，完成以下问题。

（1）接入交换机在（　　）场景下通常不需要配置默认网关。**【单选题】**

A. 只连接同一网段的终端设备，且不需要与其他网段通信

B. 连接的终端设备分布在多个不同网段，且需要相互通信

C. 需要通过互联网远程访问其他网络设备进行管理

D. 作为网络中的核心设备，要转发不同网段间的数据

（2）结合小型办公网络系统 IP 地址规划表，检索管理 IP 地址相关信息，可以确定本学习任务中的管理 VLAN ID 为________。

2. 查阅信息页中的 Telnet 技术、VLAN 技术、Trunk 技术配置步骤与配置内容等内容，梳理流程、整理步骤、提炼要点，完成以下问题。

（1）Telnet 技术配置步骤正确顺序是________________________。

A. 进入系统视图（system-view）

B. 配置用户界面的用户角色（user-role）

C. 进入 VTY 用户界面视图（user-interface vty）

D. 开启 Telnet 服务功能（telent server enable）

E. 配置 Telnet 的验证方式（authentication-mode password）

F. 设置用户密码（set authentication password simple admin@x）

（2）创建 VLAN 时，配置内容为________，默认为______，最大可用值为______。

（3）配置以太网接口的链路类型，配置内容为________与________。

3. 查阅信息页中的 Telnet 技术、VLAN 技术、Trunk 技术配置步骤与配置内容等内容，编写接入交换机的配置流程，填入表 2-2-4 中。

表 2-2-4　　接入交换机的配置流程

配置流程	配置步骤	配置内容
设备命名		
管理 IP 地址		
Telnet 远程管理		
VLAN 划分		
Trunk 部署		

4. 根据表 2-2-5 所列“接入交换机的配置流程”考核项目评分表对本环节进行评价。

表 2-2-5　　“接入交换机的配置流程”考核项目评分表

考核项目：接入交换机的配置流程　　组别：

评价项目	评分细则	自评（占比 20%）	互评（占比 20%）	师评（占比 60%）	总分
1. 接入交换机的配置流程	接入交换机的配置流程，共计 5 分。配置流程不齐全的，错一处或遗漏一处扣 1 分，不倒扣				
2. 接入交换机 Telnet、VLAN、Trunk 的配置步骤	接入交换机 Telnet、VLAN、Trunk 的配置步骤，共计 5 分。配置步骤不完整的，错一处或遗漏一处扣 1 分，不倒扣				

续表

评价项目	评分细则	自评（占比20%）	互评（占比20%）	师评（占比60%）	总分
3. 接入交换机Telnet、VLAN、Trunk的配置内容	接入交换机Telnet、VLAN、Trunk的配置内容，共计5分。配置内容不正确的，错一处或遗漏一处扣1分，不倒扣				
4. 接入交换机配置流程的书写情况	接入交换机配置流程的书写情况，共计5分。书写工整、美观计5分；书写较为工整计4分；书写较乱，基本能识别计3分；半数内容难以识别计2分；书写混乱，无法识别计1分或0分				
考核项目得分					

四、准备工具、材料和设备

（一）认识网络模拟仿真软件、终端仿真程序、文件传输工具

1. 查阅信息页中对网络模拟仿真软件的介绍，区分各厂商网络模拟仿真软件的特点，填入表2–2–6中。

表2–2–6　不同厂商网络模拟仿真软件

序号	网络模拟仿真软件图标	厂商名称
1	HCL	
2	eNSP	
3		

2. 查阅信息页中的终端仿真程序介绍，分析各类终端仿真程序的特点，完成以下问题。

（1）Windows操作系统自带的终端是（　　）。【单选题】

A. Terminator　　B. Secure CRT

C. Windows Terminal　　D. PuTTY

（2）利用操作系统中的终端仿真程序可以对网络设备进行配置。（　　）【判断题】

3. 查阅信息页中的文件传输工具介绍，辨认文件传输工具的适用场景，完成以下问题。

（1）某用户经常通过 TFTP（简易文件传送协议）传输文件，TFTP 基于（　　）进行传输。**【单选题】**

A. IP 和 TCP　　B. FTP　　C. ICMP　　D. UDP

（2）TFTP 比 FTP 更适合传输大文件。（　　）**【判断题】**

（3）XFTP 工具的主要功能是上传和下载。（　　）**【判断题】**

（二）安装并检查网络模拟仿真软件、终端仿真程序、文件传输工具

查阅信息页中的网络模拟仿真软件、终端仿真程序、文件传输工具安装说明，整理流程并安装检查，完成以下问题。

（1）如果计算机没有安装 Oracle VM VirtualBox 等虚拟机软件，在安装网络模拟仿真软件过程中，会出现相应的安装提示信息。（　　）**【判断题】**

（2）在 HCL 中，可以通过（　　）方式添加网络设备。**【多选题】**

A. 从设备库中直接拖曳　　B. 使用命令行

C. 导入设备配置文件　　D. 在菜单栏中选择“添加设备”选项

（3）使用 SecureCRT 连接交换机时，通常需要设置的参数不包括（　　）。**【单选题】**

A. 波特率　　B. 数据位

C. 交换机品牌　　D. 停止位

（4）在使用 TFTP 升级交换机的过程中，用于在交换机命令行界面中指定从 TFTP 服务器获取升级文件并开始升级的步骤是（　　）。**【单选题】**

A. 通过控制台电缆连接计算机与交换机，进入交换机命令行界面，配置计算机（TFTP 服务器）的 IP 地址

B. 将交换机的升级文件（.bin 格式）放置在安装了 tftpd32.exe 软件的计算机的 tftpboot 文件夹中

C. 在交换机命令行界面使用“boot-loader file XXX. bin all”命令（XXX. bin 为升级文件名称）

D. 确保在升级过程中不中断交换机的电源和网络连接

（5）出现“无法启动 TFTP 服务”的错误提示信息的可能原因是（　　）。**【单选题】**

A. 系统内存不足

B. 未正确安装 tftpd32.exe 软件

C. 未联网且软件依赖网络资源启动 TFTP 服务

D. 操作系统不兼容

五、编制小型办公网络系统建设项目实施方案

1. 查阅信息页中的项目实施方案样例，结合本学习任务的项目设计方案，对比分析各类文档大纲内容，提取项目实施方案编制要点，填入表 2-2-7 中。

表 2-2-7　　　　各类文档大纲对比分析

<table>
<tr><th colspan="2">小型办公网络系统建设项目设计方案</th><th colspan="2">项目实施方案样例</th><th colspan="2">小型办公网络系统建设项目实施方案（编制要点）</th></tr>
<tr><td colspan="2">一、需求分析</td><td colspan="2">一、项目需求</td><td colspan="2"></td></tr>
<tr><td rowspan="5"></td><td></td><td rowspan="5"></td><td></td><td rowspan="5"></td><td></td></tr>
<tr><td></td><td></td><td></td></tr>
<tr><td></td><td></td><td></td></tr>
<tr><td></td><td></td><td></td></tr>
<tr><td></td><td></td><td></td></tr>
<tr><td colspan="2"></td><td colspan="2"></td><td colspan="2"></td></tr>
<tr><td colspan="2"></td><td colspan="2"></td><td colspan="2"></td></tr>
<tr><td colspan="2"></td><td colspan="2"></td><td colspan="2"></td></tr>
<tr><td colspan="2"></td><td colspan="2"></td><td colspan="2"></td></tr>
</table>

2. 对小型办公网络系统建设项目实施方案编制要点涉及的具体材料进行汇总，编制小型办公网络系统建设项目实施方案（采用电子版形式）。

3. 回顾编制项目实施方案的过程，讨论编写网络工程实施方案对书面表达能力的要求，将正确的字母填入表 2-2-8 的空格中。

表 2-2-8　　　　对书面表达能力的具体要求

<table>
<tr><th>序号</th><th>书面表达能力
（填写对应的字母）</th><th>具体要求</th></tr>
<tr><td>1</td><td>技术准确性
（　　）</td><td rowspan="4">A. 实施方案应涵盖项目各关键方面，从需求分析、方案设计（包括网络架构、IP 地址规划、相关技术）、设备选型到网络部署等都要完整呈现
B. 避免使用过多生僻词汇和复杂句式，尽量用简洁语言表述清楚。如描述网络架构时，“办公网络系统使用交换机构建二层网络架构，接入交换机向下通过双绞线与计算机连接，交换机之间也通过双绞线进行互联”，简单直接，便于理解，不同专业背景人员都能读懂
C. 在书写格式上保持规范和一致。如在 IP 地址书写格式上，统一采用“×.×.×.×”的规范格式
D. 专业技术术语和精确参数的书面表达必须准确，通过 Telnet 实现设备远程管理、配置 VLAN 及 Trunk 等技术描述都不能出现错误或模糊表述，否则会影响方案实施</td></tr>
<tr><td>2</td><td>内容完整性
（　　）</td></tr>
<tr><td>3</td><td>简洁易懂性
（　　）</td></tr>
<tr><td>4</td><td>规范一致性
（　　）</td></tr>
</table>

学习环节三 做出决策

学习目标

能采用小组汇报的方式，展示并说明小型办公网络系统 IP 地址规划表、拓扑图、接入交换机的配置流程，并根据反馈意见对项目实施方案进行修改，具有服务意识。

建议学时

2 学时

学习要求

序号	学习步骤	学习内容	学时	备注
1	检查并修改小型办公网络系统建设项目实施方案	1. VLAN 划分合理性的判定（实践） 2. 小型办公网络系统 IP 地址规划表正确性与规范性的判断（实践） 3. 小型办公网络系统网络设备连接表对应性的判断（实践） 4. 小型办公网络系统拓扑图的核对（实践） 5. 接入交换机的配置步骤合理性的判断（实践） 6. 接入交换机的配置内容准确性的判断（实践）	1	
2	汇报小型办公网络系统建设项目实施方案	服务意识（素养）	1	

一、检查并修改小型办公网络系统建设项目实施方案

（一）检查并修改小型办公网络系统 IP 地址规划表

1. 查阅信息页中 IP 地址规划表核对要点的相关内容，梳理 IP 地址规划与 VLAN 划分的核对要点，判定 IP 地址规划的正确性和 VLAN 划分的合理性，填入表 2-3-1 中。

表 2-3-1　　IP 地址规划正确性和 VLAN 划分合理性的核对要点

序号	核对要点
1	
2	
3	VLAN 是否按公司部门划分
4	IP 地址预留是否足够
5	
6	

2. 查阅信息页项目实施方案中的 IP 地址规划表，对照检查并判断其正确性和规范性，提出修改意见并修改 IP 地址规划表，填入表 2-3-2 中。

表 2-3-2　　小型办公网络系统 IP 地址规划表修订

序号	检查人	问题描述	修改意见
1	张 ××	IP 地址预留不足	增加 IP 地址范围
2			
3			
4			

（二）检查并修改小型办公网络系统网络设备连接表

查阅信息页项目实施方案中的网络系统拓扑图，梳理端口信息，检查并判断网络设备连接表的对应性，提出修改意见并修改网络设备连接表，填入表 2-3-3 中。

表 2-3-3　　小型办公网络系统网络设备连接表修订

序号	检查人	问题描述	修改意见
1	王 ××	本端设备接口被使用 2 次	核对设备端口的一一对应性
2			
3			
4			

（三）检查并修改小型办公网络系统拓扑图

1. 查阅信息页项目实施方案中的网络系统拓扑图，观察图 2–3–1，找出其中 2 处有关设备连接的错误并在图中做标记。

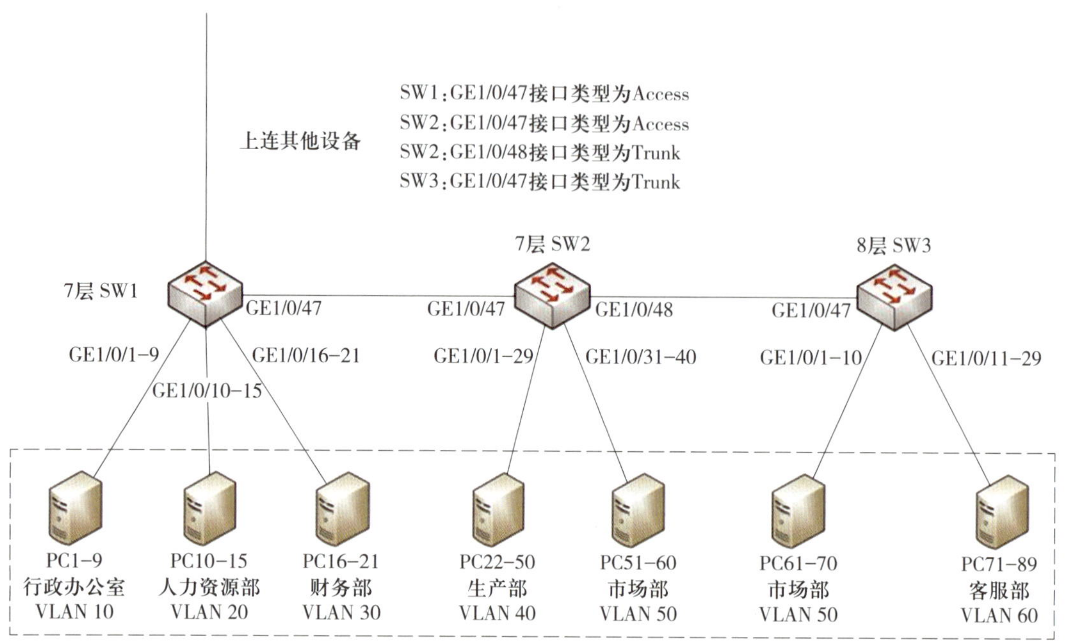

图 2–3–1　小型办公网络系统拓扑图（含错误）

（1）错误 1：____。

（2）错误 2：____。

2. 查阅信息页项目实施方案中的网络系统拓扑图，对照检查并判断其正确性和规范性，提出修改意见并修改网络系统拓扑图，填入表 2–3–4 中。

表 2–3–4　小型办公网络系统拓扑图修订

序号	检查人	问题描述	修改意见
1	赵 ××	接入交换机接口类型错误	确认接口类型是否为 Trunk
2			
3			
4			

（四）检查并修改接入交换机的配置流程

查阅信息页项目实施方案中的网络部署，对照检查并判断接入交换机配置步骤的合理性与配置内容的准确性，提出修改意见并修改配置流程，填入表 2–3–5 中。

表 2–3–5 接入交换机的配置流程修订

序号	检查人	问题描述	修改意见
1	陈 ××	VLAN 配置步骤缺少接口类型配置	按照正确配置流程进行补充与修改
2			
3			
4			

二、汇报小型办公网络系统建设项目实施方案

1. 汇报展示小型办公网络系统建设项目实施方案，听取反馈意见，修改小型办公网络系统实施方案（采用电子版形式），将反馈意见记录在表 2–3–6 中。

表 2–3–6 汇报反馈意见记录

组别	汇报要点	反馈意见	对本组方案修改的启发
1	IP 地址规划	IP 地址预留不足	是否每个 VLAN 的 IP 地址预留足够充分
2			
3			
4			

2. 在网络安装与调试的工作过程中，能够体现服务意识的工作行为包括（　　）。【多选题】

A. 在工作开始前，等待客户主动进行沟通，再详细了解客户的使用需求

B. 当客户对网络技术细节、设备选型等方面提出疑问时，用通俗易懂的语言耐心地进行解释

C. 若客户要求在某个信号屏蔽严重的区域实现和开阔区域一样的信号强度，则耐心地向客户解释物理环境对信号的影响，婉拒客户的要求

D. 在办公场所进行网络安装调试时，合理安排工作时间，避免在客户业务繁忙时段进行产生较大噪声或者影响网络使用的操作

3. 根据表 2-3-7 所列“小型办公网络系统建设项目实施方案修改”考核项目评分表对本环节进行评价。

表 2-3-7　“小型办公网络系统建设项目实施方案修改”考核项目评分表

考核项目：小型办公网络系统建设项目实施方案修改　　　　组别：

评价项目	评分细则	自评（占比20%）	互评（占比20%）	师评（占比60%）	总分
1. 团队协作与展示环节	小组成员分工明确，职责清晰，每人都能在规定时间内完成自己负责部分的展示且内容充实，共计 5 分。若存在分工混乱、部分成员展示内容空洞、超时严重、展示环节衔接不畅等问题，每项酌情扣 0.5 ~ 1 分，不倒扣				
2. 服务意识体现	认真倾听并完整记录反馈意见，主动询问不明确之处，在修改方案时考虑用户需求，共计 5 分。若存在未记录完整或未主动询问导致误解反馈意见、修改方案未考虑用户需求或与反馈意见背离等问题，每项酌情扣 0.5 ~ 1 分，不倒扣				
3. 讨论修改有效性	在讨论修改方案时，成员积极交流各自观点，发言踊跃且具有建设性，形成一个逻辑严密、完整可行的项目实施方案，共计 5 分。若存在讨论氛围沉闷、成员参与度低、修改方案存在明显漏洞或逻辑矛盾等问题，每项酌情扣 0.5 ~ 1 分，不倒扣				
考核项目得分					

学习环节四 实施计划

学习目标

1. 能采用小组合作的方式，梳理验收货品流程，进行货品的清点、外观的检查、装箱单的核对工作，确保货品信息正确，填写接入交换机到货验收单，具有认真细致的劳动精神。

2. 能采用小组合作的方式，与小组成员合作完成接入交换机的上架安装并加电自检，符合《交换机安装操作手册》的安装要求，根据网络设备连接表完成网络设备连接，确保接入交换机上架安装正确、设备正常运行，填写接入交换机安装确认单，具有尽职尽责的劳动精神。

3. 能采用独立工作的方式，依据接入交换机的配置流程、IP 地址规划表和拓扑图，完成接入交换机的基础配置，并配置接入交换机的 Telnet、VLAN、Trunk，通过使用 Telnet、VLAN 及 Trunk 查看命令，记录接入交换机 Telnet 远程登录状态、VLAN 划分情况及 Trunk 放行情况，确保能通过 Telnet 远程管理设备，使不同楼层相同部门的员工能互相通信。

建议学时

14 学时

学习要求

序号	学习步骤	学习内容	学时	备注
1	梳理验收流程并验收货品	1. 网络设备的验收流程与注意事项（理论） 2. 到货验收单的填写（实践） 3. 认真细致的劳动精神（素养）	1	
2	梳理交换机的上架安装流程并判断各项准备工作完成度	1. 交换机的上架安装流程（实践） 2. 交换机上架安装流程图的绘制（实践） 3. 交换机上架安装的注意事项与准备工作（理论）	1	

续表

序号	学习步骤	学习内容	学时	备注
3	安装交换机并加电自检	1. 接入交换机与缆线的连接（实践） 2. 接入交换机指示灯状态的含义（理论） 3. 接入交换机指示灯状态的识别与判断（实践） 4. 设备安装确认单的填写（实践） 5. 尽职尽责的劳动精神（素养）	2	
4	登录并完成接入交换机的基础配置	1. 通过 Console 接口登录交换机的操作步骤（实践） 2. 设备命名与管理 IP 地址的配置（实践）	2	
5	识记 Telnet、VLAN、Trunk 配置命令	1. Telnet 配置命令的解读（理论） 2. Telnet 实例的配置（实践） 3. Telnet 查看命令的解读（理论） 4. VLAN、Trunk 配置命令的解读（理论） 5. VLAN、Trunk 实例的配置（实践） 6. VLAN、Trunk 查看命令的解读（理论）	4	
6	配置接入交换机	1. 接入交换机 Telnet 的配置（实践） 2. 接入交换机 VLAN 的配置（实践） 3. 接入交换机 Trunk 的配置（实践）	2	
7	梳理配置过程注意事项	接入交换机配置问题的汇总归类（理论）	1	
8	应用 VLAN 技术完成小型办公网络系统新增需求的配置	VLAN 技术的实际应用（实践）	1	

一、梳理验收流程并验收货品

（一）梳理网络设备验收流程与注意事项

查阅信息页中网络设备验收流程与注意事项的相关内容，梳理验收流程与注意事项，完成以下问题。

（1）某公司新采购了一批网络设备，技术部李工程师负责验收工作，在查看设备外观时，发现一台设备外壳有轻微划痕，此时他应该进行的处理是（　　）。**【单选题】**

A. 忽略该划痕，继续进行后续验收流程，因为划痕不影响设备使用

B. 在验收结果登记中记录划痕情况，然后继续进行后续验收流程，最后综合判断设备是否合格

C. 直接判定该设备不合格，拒绝验收，并要求供应商更换设备

D. 尝试自行修复划痕，若修复成功则继续验收，若失败则要求供应商处理

（2）公司采购了一批网络设备，在验收时发现设备附带的网线水晶头制作工艺粗糙，但设备已顺利完成通电初步检查且功能测试正常。此时可以认为这批设备可以直接验收通过，因为设备主体功能没问题，网线可以后续进行更换。（　　）【判断题】

（二）验收货品

1. 查阅信息页项目实施方案中的设备选型清单，对照包装箱外的设备型号信息，依据验收流程与内容验收货品，记录相关信息，填入表 2–4–1 中。

表 2–4–1　　接入交换机到货验收单

序号	验收流程与内容	验收结果	其他应注明的内容
1	交货单与实际到货情况是否一致	□是　□否	
2	设备外观是否完好	□是　□否	
3	配件是否齐全	□是　□否	
4	设备型号是否与实施方案一致	□是　□否	
5	设备是否能够正常运行	□是　□否	

2. 回顾验收货品的过程，在下列能够体现认真细致的劳动精神的行为中，你做到了（　　）。【多选题】

A. 前期准备充分：在验收前，应该详细了解网络设备的配置要求、性能指标以及验收标准，这需要验收人员提前学习和熟悉相关的技术和规范

B. 细致入微检查：对网络设备的外观、硬件配置、软件版本等逐一进行检查，确保设备没有物理损伤，所有的指示灯显示正常，接口连接可靠

C. 严格遵循验收流程：按照预先制定的验收流程和标准进行，每一个步骤都不能遗漏，每一个环节都要有详细的记录

D. 文档记录详尽：验收过程中产生的所有文档，包括配件清单、验收合格证明等，都应该准确记录，保证字迹清晰、信息完整

E. 耐心解决问题：在验收过程中遇到问题，应该耐心分析原因，并与供应商或制造商沟通，寻求解决方案，确保问题得到妥善处理

二、梳理交换机的上架安装流程并判断各项准备工作完成度

（一）梳理交换机的上架安装流程

查阅信息页中交换机上架安装流程的相关内容，梳理上架安装流程，提炼重点工作步骤与工作内容，填入图 2–4–1 中。

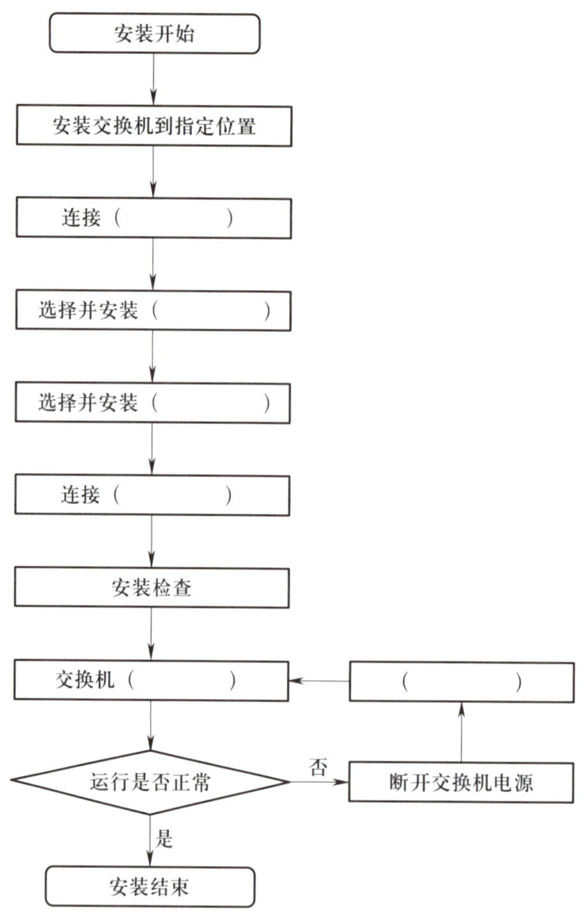

图 2-4-1　交换机上架安装流程图

（二）判断各项准备工作的完成度

查阅信息页中交换机上架安装准备工作的相关内容，检查安装前准备工作，判断各项准备工作的完成度，填入表 2-4-2 中。

表 2-4-2　安装前准备工作完成确认单

序号	准备工作	是否准备完成	欠缺内容
1	安装工具与材料	□是　□否	
2	网络模拟仿真软件	□是　□否	
3	终端仿真程序	□是　□否	
4	文件传输工具	□是　□否	
5	交换机	□是　□否	
6	熟悉上架与安装流程	□是　□否	

三、安装交换机并加电自检

（一）提取交换机上架安装步骤并连接交换机缆线

1. 查阅信息页中交换机上架安装流程的相关内容，提取交换机上架安装步骤，其正确的顺序是（　　）。【单选题】

A. ①②③④⑤⑥⑦　　B. ②①③⑤④⑥⑦

C. ①④②⑥③⑤⑦　　D. ④⑤③①⑦②⑥

①安装交换机到机柜　②安装 / 拆卸风扇模块　③连接电源线　④接地线　⑤安装 / 拆卸扩展卡　⑥安装 / 拆卸电源模块　⑦安装后检查

2. 查阅信息页项目实施方案中的网络设备连接表，连接交换机缆线，完成以下问题。

（1）本任务中可能使用的缆线类型为（　　）。【多选题】

A. 双绞线　　B. Console 线　　C. 光缆　　D. DTE-DCE

（2）7 层交换机 SW1 与 SW2 连接的端口损坏，更改为 G1/0/10，对端设备 SW2 的端口不需要更改。（　　）【判断题】

（二）识别与判断交换机指示灯状态

1. 查阅信息页中对交换机面板的介绍，观察交换机前面板与后面板，完成以下问题。

（1）交换机前面板上包含 SFP+ 端口、QSFP+ 端口、QSFP28 端口及对应的指示灯，在图 2-4-2 中画线的位置标出上述信息。

图 2-4-2　交换机前面板示意图

（2）交换机后面板上包含①__________指示灯、②____________________指示灯、③____________________指示灯、_____个可插拔风扇模块、_____个可插拔电源模块、④管理用以太网光纤口、⑤管理用以太网____端口、⑥ USB 端口、⑦________端口和⑧____________端口，在图 2-4-3 中画线的位置标出上述模块的名称和端口或指示灯前面对应的序号。

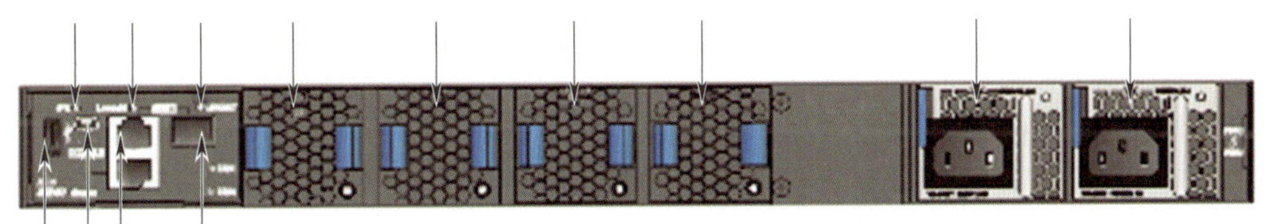

图 2-4-3　交换机后面板示意图

2. 查阅信息页中的交换机面板指示灯介绍，在交换机加电过程中，识别与判断交换机指示灯状态的含义并辨认其运行状态，填入表 2-4-3 中，并回答后面的问题。

表 2-4-3　　交换机指示灯状态的含义

序号	指示灯	状态	含义
1	系统状态指示灯	绿色______	交换机已经正常启动
		绿色______	系统正在加电自检
		______常亮	系统加电自检失败，存在故障
		______闪烁	部分端口加电自检失败，功能失效
		灭	交换机断电或系统没有正常启动
2	SFP+ 端口状态指示灯	绿色______	模块已安装，端口工作在______模式下且端口____________
		绿色______	端口工作在 10 Gb/s 模式下，______________________
		黄色常亮	模块已安装，端口工作在________模式下且端口__________
		黄色闪烁（3 Hz）	端口工作在 1 Gb/s 模式下，________________________
		灭	模块没有安装或端口连接未建立
3	管理用以太网电口指示灯	绿色常亮	管理用以太网电口工作在 10/100/1 000 Mb/s 且端口________
		绿色闪烁	管理用以太网电口________________
		灭	管理用以太网电口________________
	管理用以太网光纤口指示灯	灭	管理用以太网光纤口______________
		绿色常亮	管理用以太网光纤口工作在 100/1 000 Mb/s 且端口________
		绿色闪烁	管理用以太网光纤口______________________
4	QSFP+ 端口状态指示灯	绿色______	模块已安装，端口工作在________模式下且端口________
		绿色______	端口工作在 40 Gb/s 模式下，____________________
		黄色常亮	模块已安装，端口工作在______模式下且端口____________
		黄色闪烁（3 Hz）	端口工作在 10 Gb/s 模式下，____________________
		灭	模块没有安装或端口连接未建立
5	QSFP28 端口状态指示灯	绿色______	模块已安装，端口工作在____模式下且端口____________
		绿色______	端口工作在 100 Gb/s 模式下，____________________
		黄色常亮	模块已安装，端口工作在______或______模式下且端口________
		黄色闪烁（3 Hz）	端口工作在 10 Gb/s 或 40 Gb/s 模式下，__________________
		灭	模块没有安装或端口连接未建立
6	1/10 G Base-T 自适应以太网端口状态指示灯	绿色常亮	端口工作在______模式下且端口____________
		绿色闪烁	端口工作在 10 Gb/s 模式下，____________
		黄色常亮	端口工作在______模式下且端口____________
		黄色闪烁	端口工作在 1 Gb/s 模式下，______________
		灭	端口连接未建立
7	风扇指示灯	亮	风扇模块运行异常
		灭	风扇模块运行正常

（1）某网络运维工程师正在检查公司网络设备，发现一台交换机上一个 1/10 G Base-T 自适应以太网端口状态指示灯熄灭，且该端口连接着重要服务器，其他端口指示灯正常，此时应该（　　）。**【单选题】**

A. 立即重启交换机，恢复端口工作状态

B. 检查连接该端口和服务器的网线是否插好

C. 使用专业工具对交换机进行全面性能检测

D. 将服务器连接到其他正常端口，恢复数据传输

（2）某数据中心运维人员在日常巡检时，发现一台交换机的风扇模块上的告警指示灯亮起红灯。此时，最合理的第一步操作应该是（　　）。**【单选题】**

A. 立即关闭交换机，防止可能的硬件损坏

B. 记录告警信息，继续巡检其他设备，等待告警自行消失

C. 检查交换机所在机柜的温度，判断是否因环境温度过高导致告警

D. 查看交换机系统状态指示灯和其他端口指示灯状态，初步判断交换机运行状况

（三）填写交换机安装确认单

1. 各小组成员分别承担网络工程师和公司项目负责人角色，确认安装结果，填入表 2-4-4 中。

表 2-4-4　　交换机安装确认单

<table>
<tr><td>项目名称</td><td colspan="2">小型办公网络系统安装与调试</td><td>分项名称</td><td>交换机上架安装确认</td></tr>
<tr><td>实施单位</td><td colspan="2"></td><td>负责人</td><td></td></tr>
<tr><td rowspan="8">确认项目</td><td>序号</td><td></td><td>确认结果</td><td>负责人</td></tr>
<tr><td>1</td><td>安装位置符合设计要求，安装应平稳牢固，并便于操作维护</td><td></td><td></td></tr>
<tr><td>2</td><td>机柜内安装的设备有通风散热措施，内部插接件与设备连接牢固</td><td></td><td></td></tr>
<tr><td>3</td><td>保护接地线缆连接正确</td><td></td><td></td></tr>
<tr><td>4</td><td>跳线连接规范，线缆排列有序，线缆上有正确牢固的标签</td><td></td><td></td></tr>
<tr><td>5</td><td>选用的电源与交换机的标识电源一致</td><td></td><td></td></tr>
<tr><td>6</td><td>对交换机进行通电检查，设备工作正常</td><td></td><td></td></tr>
<tr><td>7</td><td>网络设备安装符合设计要求</td><td></td><td></td></tr>
<tr><td>实施单位意见</td><td colspan="4">签字：　　　年　　月　　日</td></tr>
<tr><td>使用单位意见</td><td colspan="4">签字：　　　年　　月　　日</td></tr>
</table>

2. 回顾交换机上架安装的过程，在下列能够体现尽职尽责劳动精神的行为中，你做到了（　　）。【多选题】

A. 工具材料精心准备：认真核对所需的安装工具，如螺钉旋具、扳手、钳子等是否齐全且功能完好

B. 深入熟悉安装流程：在上架安装前，通过仔细研读交换机的安装说明书，全面掌握上架与安装的详细步骤、技术要求及注意事项

C. 安装过程中的严谨操作：在将交换机安装到机柜时，严格遵循安装规范和标准流程，将机柜导轨准确安装到机柜立柱上，确保水平和垂直方向的精度

D. 安装后的全面检查与测试：安装完成后，查看交换机外壳是否有划痕、磕碰等损伤，面板上的指示灯是否正常亮起且显示状态符合预期

E. 后续整理记录完善：整理安装过程中使用的工具并清理周围环境，对交换机的安装位置、配置信息、线缆连接等情况进行详细记录，方便后续维护和管理

四、登录并完成接入交换机的基础配置

（一）通过 Console 接口登录交换机

查阅信息页中的通过 Console 接口登录交换机实例，提炼关键步骤和注意事项，并通过 Console 接口登录交换机，完成以下问题。

（1）当计算机没有串口时，通过 Console 接口登录交换机还需要准备（　　）。【单选题】

A. 额外的网络适配器　　　　B. USB 转串口的转接线及驱动

C. 特殊的 RJ–45 转接线　　　　D. 新的 Console 通信线缆

（2）根据通过 Console 接口登录交换机并进行相关配置的操作流程，按照正确顺序对以下步骤进行排序：____________________。

A. 安装 USB 转串口转接线的驱动（若计算机无串口）

B. 新建终端仿真软件连接并设置接口及通信参数

C. 连接 Console 通信电缆的 RJ–45 插头端到交换机 Console 接口

D. 打开终端仿真软件

E. 将 Console 通信电缆的 DB9（孔）插头插入计算机串口（若有串口）或已连接好的 USB 转串口转接线（若计算机无串口）

F. 配置本地认证以便下次登录

（二）完成接入交换机的基础配置

查阅信息页中的交换机基础配置命令与本任务项目实施方案中的接入交换机配置流程、IP 地址规划表和拓扑图，完成接入交换机的基础配置，填入表 2–4–5 中。

表 2-4-5 接入交换机的基础配置（以办公楼 7 层接入交换机 01 为例）

序号	配置流程	配置步骤	配置命令
1	设备命名	进入系统视图	
		设备命名	
2	管理 IP 地址	进入管理 VLAN 接口视图	
		配置 IP 地址	

（1）办公楼 7 层接入交换机 02，设备命名为______，管理 VLAN ID 为______，管理 IP 地址配置为____________________________________。

（2）办公楼 8 层接入交换机 03，设备命名为______，管理 VLAN ID 为______，管理 IP 地址配置为____________________________________。

五、识记 Telnet、VLAN、Trunk 配置命令

（一）配置 Telnet 实例并识记配置命令

1. 查阅信息页中的 Telnet 配置实例，参照图 2-4-4 所示的拓扑图，依据组网要求与配置命令，配置 Telnet 实例并识记配置命令，将配置命令填入表 2-4-6 中。

图 2-4-4 Telnnet 配置实例拓扑图

表 2-4-6 配置 Telnet 实例的步骤与命令

序号	配置步骤	配置命令
1	开启 Telnet 服务功能	telnet server________
2	进入 VTY 0～4 用户线视图	line vty________
3	认证方式为 AAA 认证	authentication-mode________
4	添加本地用户 admin，类别为 manage	local-user admin
5	设置密码类型为 simple，密码为 admin@123456	________________________________
6	设置服务类型为 Telnet	________________________________
7	将用户角色设置为权限级别用户（优先级为 15）	authorization-attribute ________________________________
8	查看当前配置信息	display____________________________

2. 查阅信息页中的 Telnet 查看命令，根据图 2-4-5 所示状态信息，完成以下问题。

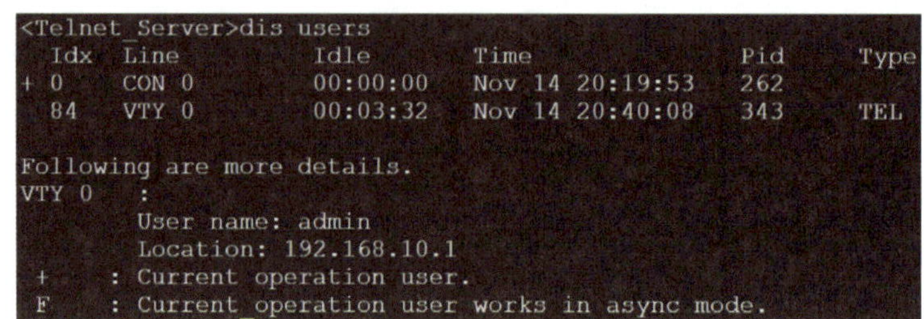

```
<Telnet_Server>dis users
  Idx  Line          Idle       Time                 Pid     Type
+ 0    CON 0         00:00:00   Nov 14 20:19:53      262
  84   VTY 0         00:03:32   Nov 14 20:40:08      343     TEL

Following are more details.
VTY 0      :
        User name: admin
        Location: 192.168.10.1
 +     : Current operation user.
 F     : Current operation user works in async mode.
```

图 2-4-5　Telnet 状态信息

（1）远程登录 Telnet_Server 的用户为____________，IP 地址为______________。

（2）最后一次登录时间为________________________。

（3）连接时间为__________________。

（二）配置 VLAN、Trunk 实例并识记配置命令

1. 查阅信息页中的 VLAN、Trunk 配置实例，参照图 2-4-6 所示的拓扑图，依据组网要求与配置命令，配置 VLAN、Trunk 实例并识记配置命令，将配置命令填入表 2-4-7 中。

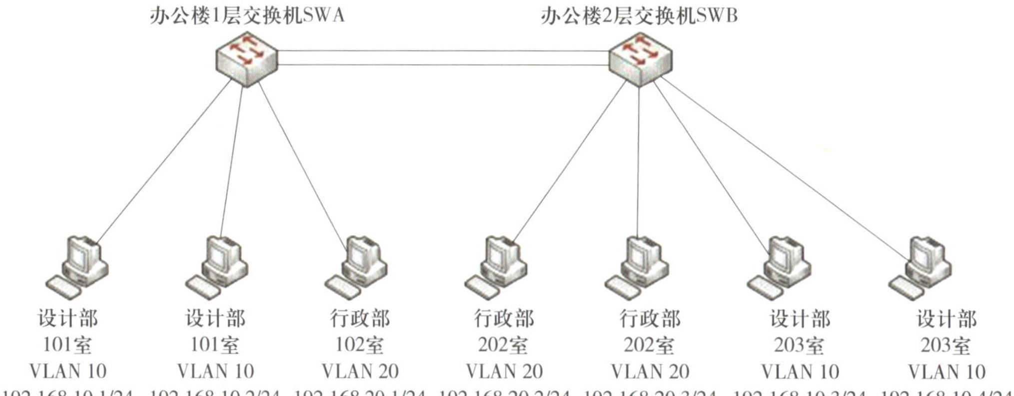

某公司网络系统拓扑图（原）

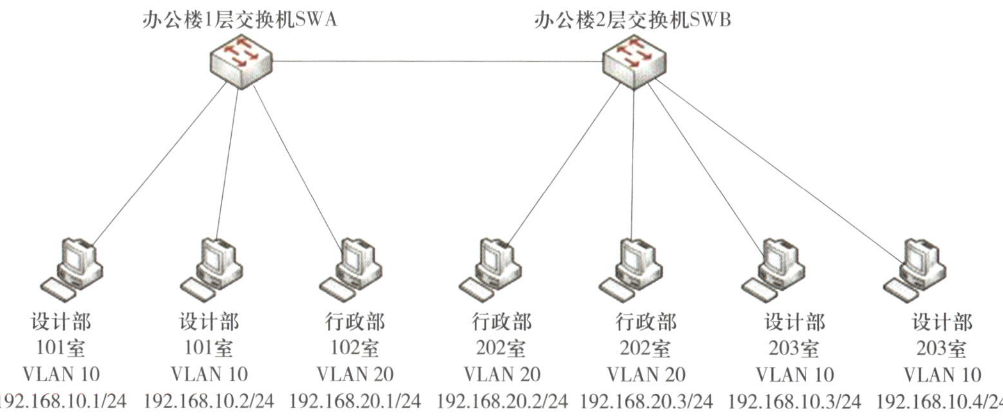

某公司网络系统拓扑图（现）

图 2-4-6　VLAN、Trunk 配置实例拓扑图

表 2-4-7 配置 Vlan、Trunk 实例（以办公楼 1 层接入交换机 SWA 为例）

序号	配置步骤	配置命令
1	进入系统视图	system-view
2	为设备命名	________________
3	创建 VLAN 10 和 VLAN 20	vlan______
4	配置连接设计部计算机的接口类型为 access，并将接口划分至 VLAN 10	interface__________________ port link-type______ port access vlan______
5	配置连接行政部办公室计算机的接口类型为 access，并将接口划分至 VLAN 20	interface__________________ port link-type______ port access vlan______
6	配置连接 SWB 的接口类型为 trunk，并放行允许通过的 VLAN	interface______________ port link-type________ port trunk permit vlan______
7	查看当前配置信息	display__________________

2. 查阅信息页中的 VLAN、Trunk 查看命令，根据图 2-4-7 所示状态信息，完成以下问题。

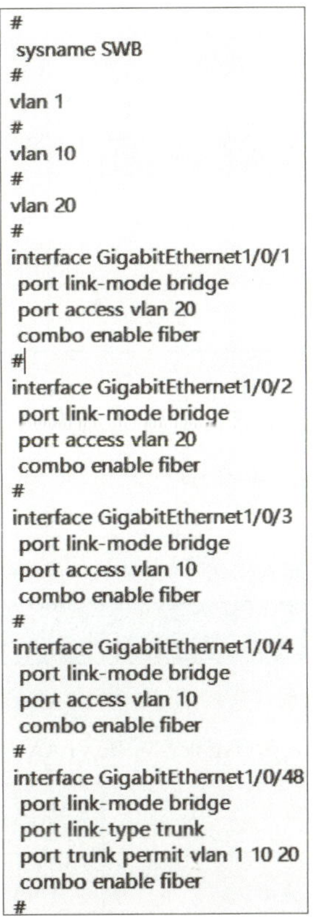

```
#
 sysname SWB
#
vlan 1
#
vlan 10
#
vlan 20
#
interface GigabitEthernet1/0/1
 port link-mode bridge
 port access vlan 20
 combo enable fiber
#
interface GigabitEthernet1/0/2
 port link-mode bridge
 port access vlan 20
 combo enable fiber
#
interface GigabitEthernet1/0/3
 port link-mode bridge
 port access vlan 10
 combo enable fiber
#
interface GigabitEthernet1/0/4
 port link-mode bridge
 port access vlan 10
 combo enable fiber
#
interface GigabitEthernet1/0/48
 port link-mode bridge
 port link-type trunk
 port trunk permit vlan 1 10 20
 combo enable fiber
#
```

图 2-4-7 VLAN、Trunk 状态信息

（1）以上命令创建了________个 VLAN。

（2）接口 GigabitEthernet1/0/1 的类型是____________，属于 VLAN__________。

（3）接口 GigabitEthernet1/0/48 的类型是____________，允许 VLAN____________通过。

六、配置接入交换机

1. 查阅信息页项目实施方案中的接入交换机配置流程、IP 地址规划表和拓扑图，配置接入交换机的 Telnet，将配置命令填入表 2-4-8 中。

表 2-4-8　　接入交换机的 Telnet 配置

序号	配置步骤		配置命令
备注：根据规划，需要在办公楼 8 层的交换机 SW3 配置 Telnet 的 AAA 认证，方便远程管理			
1	进入系统视图		system-view
2	开启 Telnet 服务功能		telnet server________
3	进入 VTY 0～4 用户线视图		line vty________
4	配置认证方式为 AAA		authentication-mode________
5	添加本地用户 administrator 并进入本地用户视图		________________________________
6	配置用户信息	密码类型为明文，密码为 admin112233@	password____________________________
		服务类型为 Telnet	________________________________
		用户角色为权限级别用户（优先级为 15）	authorization-attribute ________________________________
7	查看当前配置信息		display____________________
8	保存配置信息		________

2. 查阅信息页项目实施方案中的接入交换机配置流程、IP 地址规划表和拓扑图，配置接入交换机的 VLAN、Trunk，将配置命令填入表 2-4-9 中。

表 2-4-9　　接入交换机的 VLAN、Trunk 配置

序号	配置步骤	配置命令
备注：需要在办公楼 8 层的交换机 SW3 上创建 VLAN 50 和 VLAN 60，并将相关接口划入 VLAN 50 和 VLAN 60；将与办公楼 7 层的交换机 SW2 相连的接口设置为 Trunk，实现 VLAN 间的通信		
1	进入系统视图	system-view
2	创建 VLAN 50 和 VLAN 60	vlan________ vlan________

续表

序号	配置步骤	配置命令
3	配置连接市场部终端计算机的接口类型为 access，并将接口划分至 VLAN 50	interface______ port link-type______ port access vlan______ interface______ port link-type______ port access vlan______
4	配置连接客服部终端计算机的接口类型为 access，并将接口划分至 VLAN 60	interface______ port link-type______ port access vlan______ interface______ port link-type______ port access vlan______
5	配置办公楼 7 层交换机 SW2 的接口类型为 trunk，并放行允许通过的 VLAN	interface______ port link-type______ port trunk permit vlan______
6	查看当前配置信息	display______
7	保存配置信息	______

3. 根据表 2-4-10 所列“接入交换机的 Telnet、VLAN、Trunk 配置”考核项目评分表对本环节进行评价。

表 2-4-10　“接入交换机的 Telnet、VLAN、Trunk 配置”考核项目评分表

考核项目：接入交换机的 Telnet、VLAN、Trunk 配置　　　　组别：

评价项目	评分细则	互评（占比 30%）	师评（占比 70%）	总分
1. 接入交换机的 Telnet 配置	接入交换机的 Telnet 配置，共计 5 分。其中，开启 Telnet 服务功能、进入 VTY 用户线视图、配置认证方式、添加本地用户并进入本地用户视图、配置用户信息各占 1 分			
2. 接入交换机的 VLAN 配置	接入交换机的 VLAN 配置，共计 8 分。其中，创建 VLAN、进入接口视图、配置接口类型、接口划分至 VLAN 各占 2 分			

续表

评价项目	评分细则	互评（占比30%）	师评（占比70%）	总分
3. 接入交换机的 Trunk 配置	接入交换机的 Trunk 配置，共计 8 分。其中，进入接口视图、配置接口类型、接口划分至 VLAN、配置允许放行 VLAN 各占 2 分			
4. 查看命令的选择	查看命令选择正确，共计 4 分。其中，display users、display vlan、display port trunk、display interface 各占 1 分			
考核项目得分				

七、梳理配置过程注意事项

汇总接入交换机配置过程中的问题，梳理配置过程中的注意事项，明确配置要点，填入表 2-4-11 中。

表 2-4-11　　接入交换机的配置要点

序号	配置要点	有关配置命令
1	先创建______才能将有关接口划入______	________vlan-id port link-type________ port access________vlan-id
2	交换机与交换机之间的接口类型一般是________	port link-type________ port trunk permit vlan______________
3	Telnet 的 AAA 认证方式需要创建用户并配置密码	local-user username ________________________________ ________________________________
4	查看当前配置信息	display________________________________
5	保存配置信息	________

八、应用 VLAN 技术完成小型办公网络系统新增需求的配置

解读小型办公网络系统新增需求，判断 VLAN 技术解决新增需求的适用性，完成新增需求的配置，将配置命令填入表 2-4-12 中。

表 2-4-12 应用 VLAN 技术改变所属分组配置命令

<table>
<tr><th>序号</th><th>配置步骤</th><th>配置命令</th></tr>
<tr><td colspan="3">新增需求：总经理和副总经理的计算机原来在行政部办公室所在的 VLAN，即 VLAN 10，现因保密需要，要将总经理和副总经理的计算机放至新的 VLAN 15 中，请完成配置。总经理的计算机连在办公楼 7 层交换机 SW1 的接口 GigabitEthernet1/0/2 上，副总经理的计算机连在办公楼 7 层交换机 SW1 的接口 GigabitEthernet1/0/3 上</td></tr>
<tr><td>1</td><td>进入系统视图</td><td>system-view</td></tr>
<tr><td>2</td><td>创建 VLAN 15</td><td>vlan________</td></tr>
<tr><td>3</td><td>配置 GigabitEthernet1/0/2、GigabitEthernet1/0/3 的接口类型为 access，并将接口划分至 VLAN 15</td><td>int________________________________
port link-type________
port access vlan________
int________________________________
port link-type________
port access vlan________</td></tr>
<tr><td>4</td><td>保存配置信息</td><td>__________</td></tr>
</table>

学习环节五 过程控制

学习目标

1. 能采用小组合作的方式，依据业务需求及项目实施方案，使用网络测试命令，进行小型办公网络系统测试，确保能够远程管理网络设备、相同部门的员工能够互相通信。

2. 能采用小组合作的方式，整理小型办公网络系统测试结果，共同填写小型办公网络系统测试报告，确保数据准确，具有责任意识。

3. 能通过小组合作的方式，收集与整理项目验收材料，确保材料齐全、命名规范，具有安全意识。

4. 能采用小组合作的方式，模拟验收小型办公网络系统建设项目，完成验收流程并交付验收材料，确保项目顺利交付验收，具有流程规范意识。

建议学时

4 学时

学习要求

序号	学习步骤	学习内容	学时	备注
1	测试小型办公网络系统	1. 网络设备远程登录的测试（实践） 2. 相同部门连通性的测试（实践） 3. 测试结果的整理（实践） 4. 测试数据有效性的判断（实践）	1.5	
2	填写小型办公网络系统测试报告	1. 网络测试报告的填写要点（理论） 2. 责任意识（素养）	0.5	

续表

序号	学习步骤	学习内容	学时	备注
3	收集与整理小型办公网络系统建设项目验收材料	1. 项目文档的形式（理论） 2. 电子文档的命名规则（理论） 3. 存储介质的选择（实践） 4. 电子文档加密方法的使用（实践） 5. 安全意识（素养）	1	
4	验收小型办公网络系统并交付归档材料	1. 网络系统建设项目验收流程（理论） 2. 流程规范意识（素养） 3. 验收材料的交付归档（实践）	1	

一、测试小型办公网络系统

（一）查验使用需求并描述测试要点

查阅信息页项目实施方案中的需求分析，复核客户对小型办公网络系统的使用需求并描述测试要点，填入表 2-5-1 中。

表 2-5-1 小型办公网络系统使用需求复核

序号	功能需求	是否为系统使用需求	测试要点
1	需在不同楼层增加一台交换机	□是 □否	
2	需重新划分不同部门的 VLAN	□是 □否	
3	需要新增 IP 地址网络段	□是 □否	
4	需要配置 Telnet 远程登录	□是 □否	
5	需要配置默认路由	□是 □否	
6	需要配置 Trunk 功能	□是 □否	
7	需要修改服务器配置	□是 □否	
8	需要使用 SSH 认证进行登录	□是 □否	

（二）编写网络设备远程登录与相同部门连通性测试用例

1. 查阅信息页中的 Telnet 远程登录测试指南与相同部门连通性的测试指南，整理测试方法，填入图 2-5-1 中并完成后面的问题。

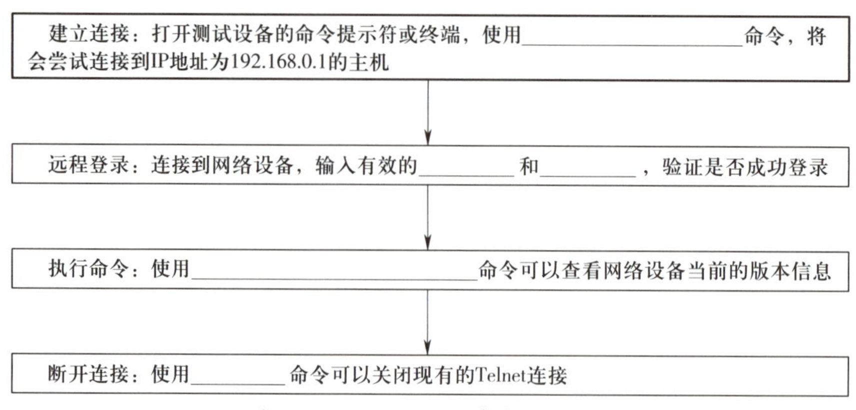

图 2-5-1　Telnet 远程登录测试流程

（1）在某小型办公网络系统中，疑似同一 VLAN 内的两台网络设备之间的连通性出现问题，已经确认网络设备接口的物理连接正常。用于测试这两台设备之间连通性的最佳命令是（　　）。**【单选题】**

A. display vlan　　B. display current-configuration

C. ping　　D. display interface

（2）在检查公司网络的 Trunk 链路时，如要查看 Trunk 接口的详细状态和配置信息，应该使用的命令是（　　）。**【单选题】**

A. ping　　B. display port trunk

C. display vlan　　D. display current-configuration

2. 依据整理各功能的测试命令，编写网络设备远程登录与相同部门连通性测试用例，填入表 2-5-2 中。

表 2-5-2　　网络设备远程登录与相同部门连通性测试用例

<table>
<tr><th colspan="4">网络设备远程登录测试用例（办公楼 7 层交换机 SW1）</th></tr>
<tr><td>发起端</td><td>设备名：测试计算机</td><td colspan="2">IP 地址：192.168.254.100（示例）</td></tr>
<tr><td>目标端</td><td>设备名：SW1</td><td colspan="2">IP 地址：192.168.254.1（示例）</td></tr>
<tr><td colspan="2">测试命令</td><td>预测结果</td><td>实际结果</td></tr>
<tr><td colspan="2"></td><td>登录成功</td><td></td></tr>
<tr><th colspan="4">相同部门连通性测试用例（行政部办公室）</th></tr>
<tr><td>发起端</td><td>设备名：行政部办公室计算机</td><td colspan="2">IP 地址：192.168.10.6（示例）</td></tr>
<tr><td>目标端</td><td>设备名：行政部办公室计算机</td><td colspan="2">IP 地址：192.168.10.10（示例）</td></tr>
<tr><td colspan="2">测试命令</td><td>预测结果</td><td>实际结果</td></tr>
<tr><td colspan="2"></td><td>不丢包</td><td></td></tr>
<tr><td>发起端</td><td>设备名：行政部办公室计算机</td><td colspan="2">IP 地址：192.168.10.6（示例）</td></tr>
<tr><td>目标端</td><td>设备名：财务部计算机</td><td colspan="2">IP 地址：192.168.30.31（示例）</td></tr>
<tr><td colspan="2">测试命令</td><td>预测结果</td><td>实际结果</td></tr>
<tr><td colspan="2"></td><td>丢包</td><td></td></tr>
</table>

（三）测试小型办公网络系统并填写测试结果

1. 根据上表完成网络设备远程登录测试用例（办公楼 7 层交换机 SW1）与相同部门连通性测试用例（行政部办公室），截图保存测试结果，并填入表 2–5–2 中。

2. 分别针对所有网络设备与部门编写测试用例并测试小型办公网络系统功能，截图保存测试结果。

3. 查阅信息页中关于测试数据有效性的判断的相关内容，整理并拣选测试数据，填写测试结果与数据，填入表 2–5–3 中。

表 2–5–3 小型办公网络系统功能测试结果记录

序号	网络设备或部门	测试类别	测试结果与数据	问题描述
1	7 层交换机 SW1	网络设备远程登录测试	成功登录，无明显卡顿与延迟，登录后可执行相关命令	无
2	7 层交换机 SW2	网络设备远程登录测试		
3	8 层交换机 SW3	网络设备远程登录测试		
4	行政部办公室	相同部门连通性测试		
5	财务部	相同部门连通性测试		
6	人力资源部	相同部门连通性测试		
7	市场部	相同部门连通性测试		
8	生产部	相同部门连通性测试		

4. 根据表 2–5–4 所列“小型办公网络系统测试”考核项目评分表对本环节进行评价。

表 2–5–4 “小型办公网络系统测试”考核项目评分表

考核项目：小型办公网络系统测试　　组别：

评价项目	评分细则	互评（占比 30%）	师评（占比 70%）	总分
1. Telnet 远程登录测试	Telnet 远程登录测试，共计 4 分。测试点应无遗漏，测试数据记录翔实，截图清晰，错一处扣 0.5 分，不倒扣			
2. VLAN 连通性测试	VLAN 连通性测试，共计 4 分。测试点应无遗漏，测试数据记录翔实，截图清晰，错一处扣 0.5 分，不倒扣			
3. Trunk 功能测试	Trunk 功能测试，共计 4 分。测试点应无遗漏，测试数据记录翔实，截图清晰，错一处扣 0.5 分，不倒扣			

续表

评价项目	评分细则	互评（占比30%）	师评（占比70%）	总分
4. 小组活动中的成员表现	小组成员能够积极讨论，主动将测试结果与改造后的业务需求进行对比，共计3分。主动进行对比计3分，教师提醒后进行对比计2分，教师说明业务需求后进行对比计1分，未进行对比计0分			
考核项目得分				

二、填写小型办公网络系统测试报告

1. 查阅信息页中的网络系统测试报告的填写要点，梳理要点并结合本学习任务测试信息，对“小型办公网络系统测试报告（大纲）”进行补充（可采用电子版形式）。

小型办公网络系统测试报告（大纲）

项目名称：（1）____________________

测试功能：（2）____________________

测试日期：（3）____________________

测试人员：（4）____________________

……

三、测试步骤

（5）____

（6）____

（7）____

（8）____

四、结论

（9）____

……

2. 回顾在小型办公网络系统测试的准备工作中，自查工作行为是否符合责任意识的要求，填写表2-5-5。

表 2-5-5 小型办公网络系统测试准备工作自检

序号	检查项目	检查内容	是否检查	备注
1	设备状态	所有网络设备已开机并运行正常	□是 □否	
2	连接状态	所有网络线缆连接正确，没有松动或损坏	□是 □否	
3	IP 地址配置	所有设备 IP 地址、子网掩码和默认网关配置正确	□是 □否	
4	Telnet 配置	远程登录功能设置正确，符合安全策略	□是 □否	
5	VLAN 配置	VLAN 划分符合网络设计，接口与 VLAN 的映射关系正确	□是 □否	
6	Trunk 配置	Trunk 端口数目可满足终端数量，接口与 VLAN 映射关系正确	□是 □否	

三、收集与整理小型办公网络系统建设项目验收材料

（一）收集与整理项目验收材料

查阅信息页中对项目文档的介绍，收集与整理项目验收材料，按顺序进行梳理并检查其完整性，填写表 2-5-6。

表 2-5-6 小型办公网络系统建设项目验收材料清单

序号	材料名称	文档用途	文档形式	检查项目		
				内容是否完整	是否符合业务需求	组员是否签字确认
1	项目设计方案			□是 □否	□是 □否	□是 □否
2				□是 □否	□是 □否	□是 □否
3				□是 □否	□是 □否	□是 □否
4				□是 □否	□是 □否	□是 □否
5				□是 □否	□是 □否	□是 □否
6				□是 □否	□是 □否	□是 □否
7				□是 □否	□是 □否	□是 □否
（1）可按照文档用途（商务类、技术类等）或文档形式（图表类、电子文档类等）等对项目验收材料进行整理 （2）所有项目验收材料应按照项目实施流程进行填写						

（二）统一命名规则并选择存储介质

查阅信息页中的文档命名规则与存储介质类型要求，统一各类文档的命名规则并选择合适的存储介质，填入表 2-5-7 中。

表 2-5-7　　　　小型办公网络系统验收材料命名清单

序号	材料名称	命名规则	对应的文档命名	存储的目录等级（1 级、2 级等）	存储介质
1					
2					
3					
4					
5					
6					
7					

（三）加密电子文档

1. 查阅信息页中电子文档加密方法的相关内容，识别各种加密方法，加密电子文档，完成以下操作。

现有一个含有敏感信息的 Word 文档，需要确保只有拥有正确密码的用户才能访问该文档。设置密码为“Aa202406”，根据加密步骤进行加密，并对每一步骤进行截图。

（1）访问信息保护选项：打开文字处理软件，切换到“文件”选项卡，选择“信息”选项。在右侧窗格中单击“保护文档”按钮，出现一个下拉菜单（截图保存）；

（2）选择加密方式：从下拉菜单中选择“加密文档”，在弹出的对话框中设置密码（截图保存）；

（3）输入密码：在弹出的“加密文档”对话框中输入密码“Aa202406”，确保记住这个密码，失去密码将无法恢复对文档的访问（截图保存）；

（4）确认密码：再次输入密码以确认，确保两次输入的密码完全一致（截图保存）；

（5）单击“确定”按钮后，文档即加密完成，保存文档后加密生效（截图保存）；

（6）测试密码：为了确认加密是否成功、密码是否正确，关闭文档后重新尝试打开文档，系统会提示用户输入密码，只有输入正确的密码才能访问文档内容（截图保存）。

2. 在小型办公网络系统安装与调试过程中，网络工程师需要对一份包含办公网络设备初始配置信息（如用户名和密码等敏感信息）的电子文档进行保护。下列选项中，能体现其安全意识，符合对文档进行加密的操作行为包括（　　）。【单选题】

A. 将文档属性设置为“只读”，防止内容被修改

B. 把文档存储在一个有密码保护的文件夹中，访问文件夹时需要输入密码

C. 使用加密软件对文档进行加密，只有通过正确的密钥才能打开文档

D. 定期备份文档，将备份文件存储在外部硬盘中

四、验收小型办公网络系统并交付归档材料

1. 查阅信息页中的网络系统建设项目验收流程，提炼验收流程关键内容，填入图 2–5–2 中。

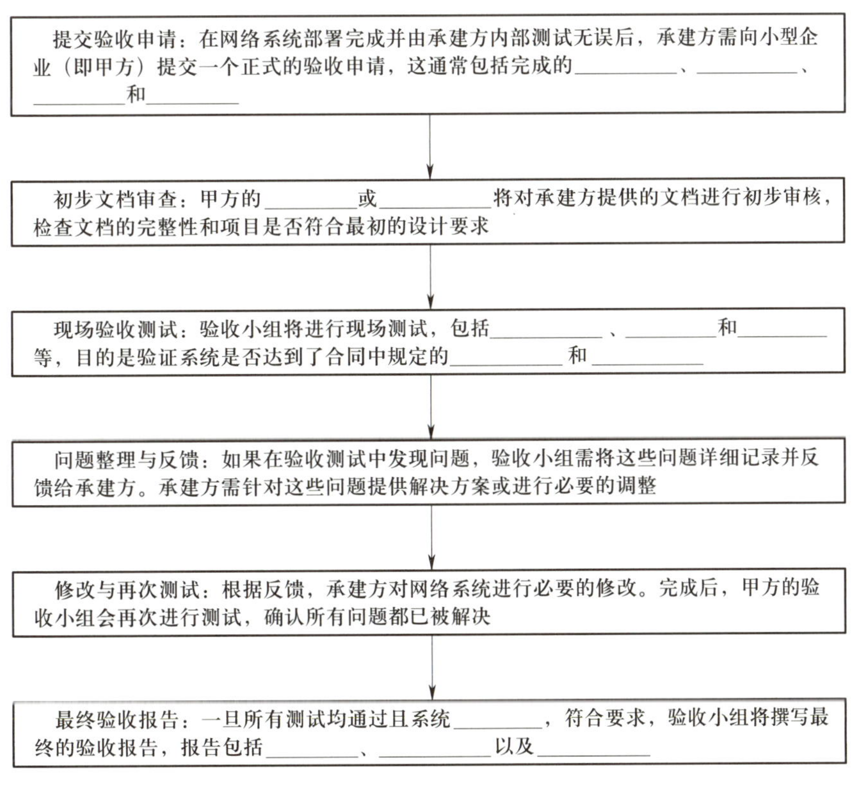

图 2–5–2　项目验收流程图

2. 模拟验收小型办公网络系统建设项目，自查验收流程是否符合规范，是否具有流程规范意识。在小型办公网络系统建设项目验收过程中，能体现规范的流程意识的工作安排有（　　）。【多选题】

A. 施工方提交竣工报告，验收小组依据合同标准进行现场测试、检查文档，双方评估整体情况后形成验收意见

B. 验收小组先测试网络性能，发现问题即要求整改，然后检查设备安装与文档等，最后得出结论

C. 建设单位试用一周后将问题反馈给施工方，施工方解决后验收小组仅依解决报告就通过验收，未再检查

D. 施工方完成建设要初步验收，整改后验收小组再全面验收，检查网络功能等多个方面，依结果判定是否通过

3. 查阅信息页中的网络系统建设项目验收案例，提取并交付归档材料，完成以下问题。

（1）在此案例中，需要归档的材料有（　　）。【多选题】

A. 网络拓扑系统图　　B. 设备配置文档

C. 安全策略文件　　D. 系统操作手册和故障排除指南

E. 性能优化报告

（2）关于网络管理员发现的问题，以下描述中正确的是（　　）。【多选题】

A. 配置文档未及时更新　　B. 安全策略文件缺少必要的章节

C. 操作手册中存在过时信息　　D. 故障排除指南缺少实际案例

（3）网络管理员为提高文档质量采取的措施有（　　）。【多选题】

A. 增加实用故障排除案例　　B. 组织小组会议复审文档

C. 修订更新后的文档　　D. 直接归档旧版文档

（4）文档资料的重要性体现在（　　）。【多选题】

A. 方便未来的维护和问题排查　　B. 支持日常操作的标准流程

C. 提供技术支持的详细指导　　D. 减少公司对外部技术支持的依赖

（5）网络工程师在项目验收后，将材料提交给行政部门，这样的行为符合工作规范。（　　）【判断题】

（6）如何确保文档资料的长期可用性和准确性？

____

____

____

（7）根据该案例，说说完善的文档资料对公司 IT 管理和维护工作有哪些具体影响。

____

____

____

学习环节六 评价反馈

学习目标

能在教师指导下，总结小型办公网络系统安装与调试的工作经验，梳理 Telnet、VLAN、Trunk 的技术要点，检查并细化接入交换机的配置文档，添加命令行备注信息，具有标准意识。

建议学时

2 学时

学习要求

序号	学习步骤	学习内容	学时	备注
1	提炼小型办公网络系统安装与调试的技术要点	Telnet 技术、VLAN 技术、Trunk 技术的要点说明（理论）	1	
2	细化接入交换机配置文档	1. 接入交换机配置文档的检查（实践） 2. 配置命令行备注的添加和细化（实践） 3. 标准意识（素养）	1	

一、提炼小型办公网络系统安装与调试的技术要点

查阅信息页中的 Telnet 技术、VLAN 技术、Trunk 技术要点说明，提炼技术要点，填入表 2-6-1 中（可采用电子版形式）。

表 2-6-1　　Telnet、VLAN、Trunk 的技术要点

序号	网络技术	关键配置步骤	技术要点
1	Telnet 技术		

续表

序号	网络技术	关键配置步骤	技术要点
2	VLAN 技术		
3	Trunk 技术		

二、细化接入交换机配置文档

1. 查阅信息页中的配置命令说明细则，检查并细化接入交换机的配置文档，添加命令行备注信息，填入表 2-6-2 中。

表 2-6-2　　交换机配置命令的细化

VLAN 划分命令配置
配置命令
[H3C] user-interface vty 0 4 [H3C] sysname Test [Test] interface GigabitEthernet 1/0/1 [Test] interface vlan 10 [Test-Vlan-interface10] ip address 10.65.1.1 255.255.0.0
细化前
[H3C] user-interface vty 0 4 // 进入 VTY 用户线视图 [H3C] sysname Test // 为交换机命名 [Test] interface GigabitEthernet 1/0/1 // 进入接口视图 [Test] interface vlan 10 // 进入 VLAN [Test-Vlan-interface10] ip address 10.65.1.1 255.255.0.0 // 配置 VLAN 的 IP 地址
细化后
[H3C] user-interface vty 0 4　// 进入 VTY 0 ~ 4 用户线视图 [H3C] sysname Test　// 将交换机命名为 Test [Test] interface GigabitEthernet 1/0/1 // 进入交换机 GigabitEthernet 1/0/1 接口视图 [Test] interface vlan 10 // 进入 VLAN 10 接口视图 [Test-Vlan-interface10] ip address 10.65.1.1 255.255.0.0 // 配置 VLAN IP 地址 10.65.1.1 255.255.0.0
备注信息：需对接口等信息进行细化
Telnet 远程登录配置
配置命令
（可采用电子版形式）
细化前
（可采用电子版形式）

续表

Telnet 远程登录配置
细化后
（可采用电子版形式）
备注信息：

Trunk 功能配置
配置命令
（可采用电子版形式）
细化前
（可采用电子版形式）
细化后
（可采用电子版形式）
备注信息：

2. 某网络技术公司技术经理提供给客户两份交换机有关无线局域网配置命令的文档，如图 2-6-1 所示。客户更愿意选择哪份配置技术文档？简述原因，体会在编写配置文档过程中标准意识的重要作用。

文档一

5.1 项目准备工作

步骤 1 VLAN 部署

在交换机以及 AC 上配置 VLAN、Trunk。配置接入交换机 S1 的 G0/0/1-3 接口为 Trunk 接口，并加入 VLAN 100 和 VLAN 101。G0/0/1、G0/0/2 接口的默认 VLAN 为 VLAN 100，当 AP1、AP2 加电启动后会加入 VLAN 100，VLAN 100 是 AP 的管理 VLAN。G0/0/3 接口的默认 VLAN 保持为默认值 VLAN 1。

```
[S1]vlan batch 100 101                       \\ 创建两个 VLAN
[S1]interface gi 0/0/1                        \\ 进入接口
[S1-GigabitEthernet0/0/1]port link-type trunk        \\创建 trunk
[S1-GigabitEthernet0/0/1]port trunk pvid vlan 100       \\ 配置 vlan100
[S1-GigabitEthernet0/0/1]port trunk allow-pass vlan 100 100 \\ 放行 vlan
[S1-GigabitEthernet0/0/1]quit                 \\退出
[S1]interface gigabitethernet 0/0/2            \\进入接口
[S1-GigabitEthernet0/0/2]port link-type trunk          \\创建 trunk
[S1-GigabitEthernet0/0/2]port trunk pvid vlan 100        \\配置 vlan100
[S1-GigabitEthernet0/0/2]port trunk allow-pass vlan 100 101      \\放行 vlan
[S1-GigabitEthernet0/0/2]quit        \\退出
[S1]interface gigabitethernet 0/0/3   \\ 进入接口
[S1-GigabitEthernet0/0/3]port link-type trunk    \\创建 trunk
[S1-GigabitEthernet0/0/3]port trunk allow-pass vlan 100 101   \\放行 vlan

[S1-GigabitEthernet0/0/3]quit   \\退出
```

配置 AC 的接口 G0/0/1 加入 VLAN 100 和 VLAN 101，接口 G0/0/2 加入 VLAN 101。

```
[AC]vlan batch 100 101
[AC]interface gigabitethernet 0/0/1
[AC-GigabitEthernet0/0/1]port link-type trunk
[AC-GigabitEthernet0/0/1]port trunk allow-pass vlan 100 101
[AC-GigabitEthernet0/0/1]quit
[AC]interface gigabitethernet 0/0/2
[AC-GigabitEthernet0/0/2]port link-type trunk
[AC-GigabitEthernet0/0/2]port trunk allow-pass vlan 101
[AC-GigabitEthernet0/0/2]quit
```

a)

文档二

步骤 2 IP 地址部署

AC、R1 上配置 IP 地址。在 AC 上配置 VLANIF 100 接口、VLANIF 101 接口的 IP 地址。在 R1 上配置 VLAN 101 子接口 G0/0/0.101 的 IP 地址；创建 LoopBack 10 接口用于测试，该接口地址也模拟为 DNS 服务器的地址。

```
[AC]interface vlanif 100    \\ 进入接口 VLANIF 100
[AC-Vlanif100]ip address 10.23.100.1 24 \\ 配置 VLANIF100 的 IP 地址 10.23.100.1   24
[AC-Vlanif100]quit   \\退出
[AC]interface vlanif 101   \\ 进入接口 VLANIF101
[AC-Vlanif101]ip address 10.23.101.1 24      \\配置 VLANIF101 的 IP 地址 10.23.101.1   24
[AC-Vlanif101]quit   \\退出
[R1]interface GigabitEthernet0/0/0/1   \\ 进入接口 g0/0/1
[R1-GigabitEthernet0/0/0.101]dot1q termination vid 101   \\子接口允许 vlan101 通过
[R1-GigabitEthernet0/0/0.101]ip address 10.23.101.2 255.255.255.0   \\配置 IP 地址 10.23.101.2 255.255.255.0
[R1-GigabitEthernet0/0/0.101]quit \\ 退出
[R1]interface LoopBack 10   \\进入回环接口 10
[R1-LoopBack10]ip address 10.10.10.10 24 \\ 配置 IP 地址 10.10.10.10 24
[R1-LoopBack10]quit \\退出
```

以下以 AC 为例，检查各设备的 IP 地址配置，R1 上操作类似。

```
[AC]display ip interface brief
*down: administratively down
^down: standby
(l): loopback
(s): spoofing
(E): E-Trunk down
The number of interface that is UP in Physical is 3
The number of interface that is DOWN in Physical is 0
The number of interface that is UP in Protocol is 3
The number of interface that is DOWN in Protocol is 0

Interface                IP Address/Mask      Physical   Protocol
NULL0                      unassigned            up          up(s)
Vlanif100                 10.23.100.1/24       up         up

Vlanif101                 10.23.101.1/24       up         up
```

b)

图 2-6-1 技术经理提供的文档

a）文档一 b）文档二

选择的原因：____

3. 根据表 2–6–3 所列“接入交换机配置文档的细化”考核项目评分表对本环节进行评价。

表 2–6–3　　“接入交换机配置文档的细化”考核项目评分表

考核项目：接入交换机配置文档的细化　　　　组别：

评价项目	评分细则	自评（占比 20%）	互评（占比 20%）	师评（占比 60%）	总分
1. 命令行备注信息的正确性	命令行备注信息能准确阐述每条命令在接入交换机配置中的核心功能，无错误或模糊不清的表述，共计 5 分。若存在少量不准确但不影响整体理解的情况，扣 1 分；若存在多处错误或关键功能解释错误，扣 2 ~ 3 分；若对命令功能完全错误解读或无法提供合理说明，计 0 分				
2. 命令行备注信息的简洁性与可读性	命令行备注信息无冗长复杂的句子，能用简洁的语言表达完整意思，易于阅读和理解，共计 5 分。若存在较多多余词汇或重复表述，影响阅读效率，导致阅读困难，扣 1 ~ 3 分				
考核项目得分					

4. 汇总本学习任务中各考核项目评价得分，填入表 2–6–4 中。

表 2–6–4　　“小型办公网络系统安装与调试”学习任务考核成绩表

考核项目	配分 / 分	考核方式及权重 /%			考核项目得分
		自评	互评	师评	
小型办公网络系统建设项目交付内容的讲述（能力素养）	15	20	20	60	
接入交换机的配置流程（学习成果）	20	20	20	60	
小型办公网络系统建设项目实施方案修改（能力素养）	15	20	20	60	
接入交换机的 Telnet、VLAN、Trunk 配置（技能考核）	25	0	30	70	
小型办公网络系统测试（技能考核）	15	0	30	70	
接入交换机配置文档的细化（学习成果）	10	20	20	60	
合计	100	—	—	—	